普通高等教育“十二五”规划教材

泛函分析引论

徐景实　林诗游　编著

机 械 工 业 出 版 社

本书是数学系高年级本科生或工科研究生的泛函分析课程入门教材.

全书主要内容有:度量空间、紧性、线性赋范空间、压缩映射原理、凸集与不动点、内积空间、线性算子和线性泛函的定义、Baire 纲推理、开映像定理、线性泛函延拓定理、共轭空间、弱收敛、自反空间、Riesz 定理及其应用、Lp 的共轭空间、线性空间上的微分学、谱的概念和基本性质、紧算子及其谱性质、投影算子、自伴算子、正常算子和酉算子、Hilbert 空间上的紧自伴算子、谱定理、解析泛函演算等. 每节后配有练习,书后配有名词索引.

本书可作为相关课程教材,也可作为教师和研究人员的参考书.

图书在版编目(CIP)数据

泛函分析引论/徐景实,林诗游编著. —北京:机械工业出版社,2014.3(2023.1 重印)
普通高等教育"十二五"规划教材
ISBN 978-7-111-45713-8

Ⅰ.①泛…　Ⅱ.①徐…②林…　Ⅲ.①泛函分析—高等学校—教材　Ⅳ.①O177

中国版本图书馆 CIP 数据核字(2014)第 023486 号

机械工业出版社(北京市百万庄大街 22 号　邮政编码 100037)
策划编辑:韩效杰　责任编辑:韩效杰　汤　嘉
封面设计:路恩中　责任印制:郜　敏
北京盛通商印快线网络科技有限公司印刷
2023 年 1 月第 1 版第 2 次印刷
184mm×240mm · 11.25 印张 · 231 千字
标准书号:ISBN 978-7-111-45713-8
定价:36.00 元

电话服务	网络服务
客服电话: 010-88361066	机　工　官　网: www.cmpbook.com
010-88379833	机　工　官　博: weibo.com/cmp1952
010-68326294	金　　书　　网: www.golden-book.com
封底无防伪标均为盗版	机工教育服务网: www.cmpedu.com

前言

泛函分析兴起于20世纪20年代, 它是从变分法、数学物理方程、函数论等研究中发展起来的一门重要的独立学科. 当时人们试图用统一的数学观点来阐述自19世纪以来取得的重大数学成果, 并考虑将之从有穷维欧氏空间推广到无穷维抽象空间中去. 此外, 对量子力学方面的一些相关数学问题的研究也推动了泛函分析的形成和发展. 1932年, 波兰数学家Banach出版了第一部泛函分析专著, 开启了泛函分析学科化的先河.

线性泛函分析的基本理念是通过各种映射来探寻两个拓扑线性空间之间的关系, 其主要特点是运用几何与代数的思想方法研究分析学方面的相关课题, 因此可以看作是无穷维的分析学. 泛函分析以其他数理学科所提供的研究思路和成果来不断提取出自己的研究课题, 并形成了许多重要分支；广泛应用于概率论、计算数学、量子物理、控制论、最优化理论等学科中, 强有力地推动了科学的发展.

本书是一部关于泛函分析的入门教材, 主要面向高校数学系本科生及工科研究生, 内容包含了线性泛函分析中的基础知识和理论, 本书关注有穷维空间相关定理在无穷维空间的推广及应用, 力求以最简明的方式去阐述其中最为核心的内容, 并更加接近科学研究中的实际应用. 本书与已有的泛函分析教材在内容的处理方面主要有以下几个不同: ①关于度量空间的完备化, 是通过把它嵌入到一个完备空间从而得到完备化空间的存在性, 这样省去了学生对经典的完备化构造过程理解的困难. ②指出了开映像定理、闭图像定理、逆算子定理、范数等价定理的等价性, 帮助学生更好的理解这些重要的定理. ③证明凸函数控制的线性泛函的延拓定理, 将次线性泛函的延拓定理作为推论, 不但简化了证明, 而且扩大了定理的应用范围. ④对应用中很重要的Lebesgue函数空间的一致凸性作了详细的介绍, 由此给出Lebesgue函数空间的对偶空间. ⑤对无穷维空间上的微分理论和凸分析做了简单的介绍. 这些内容将会促使学生继续学习现代数学的最新内容.

全书共分为3章.

第1章介绍度量空间的相关概念和性质, 这是学习泛函分析需要的预备知识, 其中包括完备赋范线性空间(Banach空间)、完备内积空间(Hilbert空间)、不动点定理以及应用等.

第2章讲解各类算子, 特别是有界线性算子和线性泛函, 介绍了Riesz定理、开映像定理、共鸣定理、Hahn-Banach定理等一系列线性泛函分析中经典而重要的成果.

第3章论述了线性算子的谱的基本理论, 特别是对紧算子的谱性质进行了较大篇幅的阐述.

全书的符号多是通用的, 为了方便读者, 向量在许多地方用黑体表示, 但是在不至于混淆的地方也未用黑体表示, 特别地, 0可能表示数字零, 零向量, 零函数. 读者是容易分辨它们在不同情况下的含义的. 符号$\langle\cdot,\cdot\rangle$表示内积也可能表示泛函对元素的作用.

本书是作者在多年给本科生、数学教育硕士和特岗硕士的授课讲义的基础上修改而成的. 在此感谢同学们在学习过程中给我们提出的一些建议. 由于作者水平有限, 书中难免出现一些问题和疏漏, 希望读者能不吝指出其中的不足之处, 在此不甚感激. 本书部分地得到国家自然科学基金(11226167,11361020), 海南省自然科学基金(113004)和海南师范大学自编教材计划的资助, 同时感谢他们的支持, 最后也要特别感谢机械工业出版社编辑同志们的帮助和支持.

目　录

第 1 章　度量空间

泛函分析的研究对象是线性赋范空间. 它们是度量空间, 当然更是拓扑空间. 因此泛函分析的许多基本概念可以从度量空间或者拓扑空间说起. 虽然度量空间在数学分析中已经出现, 但是可能有些读者还不够熟悉, 所以本章先介绍度量空间, 然后再介绍线性赋范空间和内积空间.

1.1　度量空间简介

定义1.1.1 设X是一个非空集合, ρ是$X \times X$上一个实函数, 对所有x, y, $z \in X$满足:

(i) $\rho(x,y) \geqslant 0$;

(ii) $\rho(x,y) = 0$, 当且仅当$x = y$;

(iii) $\rho(x,y) \leqslant \rho(x,z) + \rho(y,z)$, 即三角不等式.

则称ρ为X上的一个距离或度量. 此时(X,ρ)称为度量空间. 有时为了简便称X为度量空间.

若ρ是X上的一个度量, 则由条件(ii), 条件(iii)知对$\forall x, y \in X$, 有$\rho(x,y) = \rho(y,x)$, 即度量是对称函数.

常见的度量空间有:

例1.1.1 (a) 记$\mathbb{R}$为全体实数的集合. $\forall x, y \in \mathbb{R}$, 定义$\rho(x,y) = |x-y|$, 则$(\mathbb{R},\rho)$为一度量空间. 这就是数学分析中$\mathbb{R}$上的度量.

(b) 设X是一个非空集合, 定义$\rho: X \times X \longrightarrow \mathbb{R}$为

$$\rho(x,y) = \begin{cases} 0, & 若x = y, \\ 1, & 若x \neq y. \end{cases}$$

则(X,ρ)为度量空间, 此时称ρ为离散度量, (X,ρ)为离散度量空间.

例1.1.2 设$1\leqslant p<+\infty$, 定义ρ_p: $\mathbb{R}^n\times\mathbb{R}^n\to\mathbb{R}$为

$$\rho_p(\boldsymbol{x},\boldsymbol{y})=\left(\sum_{i=1}^{n}|x_i-y_i|^p\right)^{1/p};$$

$$\rho_\infty(\boldsymbol{x},\boldsymbol{y})=\max\{|x_i-y_i|:1\leqslant i\leqslant n\},$$

这里$\boldsymbol{x}=(x_1,x_2,\cdots,x_n)$, $\boldsymbol{y}=(y_1,y_2,\cdots,y_n)\in\mathbb{R}^n$. 则$(\mathbb{R}^n,\rho_p)$为度量空间, 当$p=2$时, 称为欧氏空间.

显然ρ_p满足定义1.1.1中的条件(i)和条件(ii), 而条件(iii)可以由如下的Minkowski不等式得到,

$$\left(\sum_{i=1}^{n}|a_i+b_i|^p\right)^{1/p}\leqslant\left(\sum_{i=1}^{n}|a_i|^p\right)^{1/p}+\left(\sum_{i=1}^{n}|b_i|^p\right)^{1/p},\ \forall a_i,b_i\in\mathbb{R},\ 1\leqslant i\leqslant n.$$

当(X,ρ)是一个度量空间时, 很容易将$\mathbb{R}$上的概念推广到(X,ρ)上. 设$a\in X$, $r>0$, 集合$B(a,r)=\{x\in X:\rho(a,x)<r\}$ 称为以a为球心, r为半径的开球. 集合$\overline{B}(a,r)=\{x\in X:\rho(a,x)\leqslant r\}$ 称为以a为球心, r为半径的闭球.

定义1.1.2 设(X,ρ)是一个度量空间, $E\subset X$.

(i) 若$\exists r>0$使得$B(a,r)\subset E$, 则称a为E的内点, E的所有内点的全体称为E的内部. 记为$\operatorname{int}E$或$\overset{\circ}{E}$;

(ii) 若a为E的内点, 则称E为a的邻域;

(iii) 若E的每个点都是E的内点, 则称E为开集;

(iv) 若a的任意邻域有E中异于a的点, 则称a为E的聚点;

(v) E与E的全体聚点的并集称为E的闭包. 记为$\bar{E}$;

(vi) 若E的聚点全体包含在E内, 则称E为闭集;

(vii) 若存在$r>0$使得$B(a,r)\cap E=\{a\}$, 则称a为E的一个孤立点;

(viii) 若对任意$r>0$, $B(a,r)\cap E\neq\varnothing$, $B(a,r)\cap E^{\mathrm{C}}\neq\varnothing$, 则称$a$为$E$的一个边界点. 边界点的全体称为边界.

例1.1.3 若x为离散度量空间中的任意点, 则$\{x\}$既是开集又是闭集. 事实上离散度量空间中的任意点集既是开集又是闭集. 离散度量空间中的任意点集没有聚点, 因为每一个点都是孤立点.

只有离散度量空间具有上面的性质. 但是在后面我们要学习的空间多数不是离散度量空间. 习惯上约定空集既是开集又是闭集. 任意集合的内部为开集, 因为任意开球是开集. 任意集合的闭包是闭集, 因为若a是集合E的闭包的聚点, 则必是E的聚点. 下面的命题说明开集与闭集具有对偶性.

命题1.1.1 设E是度量空间(X,ρ)的子集, 则E是开集等价于E的余集E^{C}为闭集.

证明 若E为开集, 则对任意$x\in E$, 存在$r>0$使得$B(x,r)\subset E$, 即x不是E^{C}的聚点, 故E^{C}的聚点包含在E^{C}内, 所以E^{C}为闭集.

反之, 若E^{C}为闭集, 则E中的任意点不是E^{C}的聚点, 所以存在$r>0$使得$B(x,r)\cap E^{\mathrm{C}}=\varnothing$, 即$x$为$E$的内点. 故$E$为开集. □

很容易证明任意个开集的并为开集, 任意个闭集的交为闭集. 有限个开集的交为开集, 有限个闭集的并为闭集.

若E是度量空间(X,ρ)的子集, 则ρ限制在$S\times S$上也是一个度量, 称为由ρ在S上导出的度量, 此时称(S,ρ)为X的度量子空间. 若$x\in S$, $r>0$, 则$S\cap B(x,r)$和$S\cap\overline{B}(x,r)$分别是x在子空间S内以x为球心, r为半径的开球和闭球. 不但S中的开球和闭球具有此形式, 一般地, 子空间S中的开集和闭集也有这种形式.

命题1.1.2 设S是度量空间(X,ρ)的子空间, A是S中的子集, 则A是S内的开集, 当且仅当存在X中的开集E使得$A=S\cap E$, A是S内的闭集当且仅当存在X中的闭集E使得$A=S\cap E$.

证明 只对开集的情况进行证明. 闭集的情况类似可证. 设$A=S\cap E$, E是X的开集, 若$x\in A$, 则存在$r>0$ 使得$B(x,r)\in E$. 因此有

$$x\in S\cap B(x,r)\subset S\cap E.$$

而$S\cap B(x,r)$即是S内中心在x, 半径为r的球, 即x是$S\cap E$在子空间S内的内点. 因此$A=S\cap E$是S内的开集.

反之, 设A是S内的开集, $\forall x\in A$, 存在$r_x>0$使得$S\cap B(x,r_x)\subset A$, 因此

$$A=\bigcup_{x\in A}(S\cap B(x,r_x))=S\cap\bigcup_{x\in A}B(x,r_x).$$

而$\cup_{x\in A}B(x,r_x)$是X中的开集. □

定义1.1.3 设(X,ρ)为度量空间, $\{x_n\}$是X中的点列, $x\in X$. 若对于任意$r>0$, 存在N使得当$n>N$时, 有$x_n\in B(x,r)$, 则称$\{x_n\}$收敛到x. 记为$\lim\limits_{n\to\infty}x_n=x$. 此时又称点列收敛.

由于(X,ρ)为度量空间, 因此若$\lim\limits_{n\to\infty}x_n$存在, 则此极限必是唯一的. 什么样的点列存在极限呢? 下面先看必要条件.

设$\{x_n\}$是度量空间(X,ρ)中的点列, 若对任意$\varepsilon>0$, 存在N使得当$n,m>N$时有$\rho(x_n,x_m)<\varepsilon$, 则称$\{x_n\}$为基本列, 或Cauchy列. 由极限的定义可知, 若$\{x_n\}$收敛, 则$\{x_n\}$必为基本列. 但反之不成立.

若度量空间X中的每一个基本列在X中都存在极限, 则称X为完备空间.

在前面我们定义了闭集. 之所以称闭集为闭集, 是因为闭集对极限运算封闭.

命题1.1.3 *S是度量空间X中的闭集, 当且仅当若$\{x_n\} \subset S$且$\lim\limits_{n\to\infty} x_n = a$, 必有$a \in S$.*

证明 若S为闭集, 则S^{C}为开集, 若$\{x_n\} \subset S$, 且$\lim\limits_{n\to\infty} x_n = a$, 则必有$a \in S$. 否则, 若$a \in S^{\mathrm{C}}$, 则存在一个$r > 0$, 使得$B(a,r) \subset S^{\mathrm{C}}$. 由极限的定义知$a$不可能是$x_n$的极限.

反之, 若S不是闭集, 即S^{C}不是开集, 则存在$a \in S^{\mathrm{C}}$, 但a不是S^{C}的内点, 则对$\forall n \in \mathbb{N}$, 存在$x_n \in S$, 使得$\rho(a, x_n) < 1/n$, 即$\lim\limits_{n\to\infty} x_n = a$. 这与假设$a \in S$矛盾. □

下面的命题说明了完备性与闭集的关系.

命题1.1.4 *度量空间的完备子空间必是闭集, 完备度量空间的闭子空间必是完备的.*

证明 设S是度量空间X的完备子空间. 若$\{x_n\} \subset S$且$\lim\limits_{n\to\infty} x_n = x$. 则$\{x_n\}$是$S$中的基本列, 由$S$的完备性, 则$x \in S$. 由命题1.1.3知$S$为闭集.

设S是完备度量空间X的闭子集. 若$\{x_n\} \subset S$是基本列, 则有$x \in X$, 使得$\lim\limits_{n\to\infty} x_n = x$. 由于$S$是闭集. 由命题1.1.3知$x \in S$. 由此说明$S$是完备的. □

例1.1.4 *$[0,1]$作为$\mathbb{R}$中的子空间是完备的, 但是$(0,1)$就不是完备的.*

设A, B是X中的子集, 若$B \subset \overline{A}$, 则称A是B的稠密集. 若$\overline{A} = X$, 则称A在X内稠密, 或处处稠密. A是B的稠密集等价于B中的任意元素可以由A中的元素任意逼近, 或者说对$\forall y \in B$, 存在A中的点列$\{x_n\}$ 使得$\lim\limits_{n\to\infty} x_n = y$.

若X存在一个可数的稠密子集, 这里的可数包括空集、有限集和可数无穷集, 则称X为可分的. $\mathbb{R}$是可分的是因为全体有理数是$\mathbb{R}$的可数稠密集; 同样的对于任意正整数n, $\mathbb{R}^n$也是可分的.

命题1.1.5 *设X是一个可分的度量空间, 则X中的任何子集都是可分的.*

证明 设$\{x_n\}_{n=1}^{\infty}$是X的稠密子集. E是X的一个非空子集. 对任意$n \in \mathbb{N}$, $\forall k \in \mathbb{N}$, 则任取$y_{n,k} \in B(x_n, \frac{1}{k}) \cap E$. 那么$\bigcup_{n=1}^{\infty} \bigcup_{k=1}^{\infty} \{y_{n,k}\}$至多为可数集. 下证此集合是$E$的稠密集.

对任意$z \in E$, 任意$\varepsilon > 0$, 存在$k \in \mathbb{N}$使得$1/k < \varepsilon$, 则存在x_n使得$z \in B(x_n, 1/2k)$. 这对于$y_{n,2k}$, (此时$y_{n,\frac{1}{2k}}$存在, 因为$z \in B(x_n, \frac{1}{2k}) \cap E$), 则有$z \in B(y_{n,2k}, \frac{1}{k}) \subset B(y_{n,2k}, \varepsilon)$. □

这个结论导出在一般的拓扑空间中的一个定义, 设X是一个可分的拓扑空间, 若X中的任何子集都是可分的, 则称X是可分遗传的. 命题1.1.5说明可分的度量空间是可分遗传的.

由命题1.1.4知$I = (0,1]$在实数集$\mathbb{R}$上的通常度量下不完备. 虽然一个度量空间不一定完备, 但由命题1.1.4和练习1.1中14题, 它可以看成是某个完备空间的稠密子集. 设X为度量空间, Y是包含X的完备度量空间, 若$\overline{X}=Y$, 则称Y是X的完备化空间. 由练习1.1中14题知任意度量空间必有完备化空间. 不难证明在等距同构的意义下完备化空间是唯一的.

设X, Y是度量空间, f是从X到Y内的映射, 若对$\forall\varepsilon>0$, 存在$\delta>0$, 使得当$x\in B(a,\delta)$时, 有$f(x)\in B(f(a),\varepsilon)$, 则称$f$在$a$处连续. 否则称$f$在$a$处间断. 若$f$在$X$内的每一个点处都连续, 则称$f$在$X$上连续.

在整个空间X上的连续性, 有下列等价判别. 记$f^{-1}(A)=\{a\in X: f(a)\in A\}$.

命题1.1.6 设X, Y是度量空间, f是从X到Y内的映射, 则下面三个陈述等价:

(i) f在X上连续;

(ii) 对任意Y中的开集A, $f^{-1}(A)$为X的开集;

(iii) 对任意Y中的闭集A, $f^{-1}(A)$为X的闭集.

证明 (i)⇒(ii) 设f在X上连续, A是Y中的开集, 若$a\in f^{-1}(A)$, 即$f(a)\in A$. 由于A为开集, 则存在$\varepsilon>0$使得$B(f(a),\varepsilon)\subset A$. 再由于$f$在$a$处连续, 则存在$\delta>0$使得当$x\in B(a,\delta)$时有$f(x)\in B(f(a),\varepsilon)\subset A$. 即$B(a,\delta)\subset f^{-1}(A)$. 也就是$a$为$f^{-1}(A)$的内点. 由$a$的任意性得$f^{-1}(A)$为开集.

(ii)⇒(i) 若$a\in X$, $\forall\varepsilon>0$, 记$A=B(f(a),\varepsilon)$, 则A为Y中的开集, 且$a\in f^{-1}(A)$. 由于$f^{-1}(A)$为开集, 所以存在$\delta>0$使得$B(a,\delta)\subset f^{-1}(A)$, 即当$x\in B(a,\delta)$, 就有$f(x)\in B(f(a),\varepsilon)$. 因此$f$在$a$处连续. 由$a$的任意性知$f$在$X$上连续.

(ii)⇔(iii) 这是因为A为闭集, 当且仅当A^{C}为开集, 且$[f^{-1}(A)]^{\mathrm{C}}=f^{-1}(A^{\mathrm{C}})$. □

此命题说明若f是两个度量空间之间的映射, 则f在整个空间连续等价于任何开集的逆像(原像)都是开集, 但一般地, f不是将开集映射到开集. 例如直线$\mathbb{R}$上的常量函数是连续的, 但是它将开集映射到闭集.

下面是映射的基本性质, 其证明留作练习.

命题1.1.7 设X, Y, Z是度量空间, f, g是从X到Y内的映射, h是从Y到Z内的映射.

(i) 若f在a处连续, 而h在$f(a)$处连续, 则$h\circ f$在a处连续;

(ii) 若Y为数域$\mathbb{R}$, f, g在a处连续, 则$f\pm g$, $f\cdot g$, $\max\{f(x),g(x)\}$, $\min\{f(x),g(x)\}$, $f(x)/g(x)(g(a)\neq 0)$都在a处连续.

定义1.1.4 设(X,ρ), (Y,d)为度量空间, f是从X到Y内的映射, 若$\forall\varepsilon>0$, $\exists\delta>0$, 使得当$\rho(x,y)<\delta$时, 有$d(f(x),f(y))<\varepsilon$, 则称f一致连续.

若对任意$x,y\in X$, 有$d(f(x),f(y))<\rho(x,y)$, 则称f为非扩张映射.

因此, 非扩张映射必是一致连续的. 下面的延拓定理是非常有用的.

定理1.1.1 设(X,ρ)是度量空间, (Y,d)是完备度量空间, D是X的稠密子集. 若f是从D到Y内的一致连续映射, 则存在X上的唯一连续映射使得$F(x)=f(x)$, $\forall x\in D$且F在X上一致连续.

证明 由F在D上一致连续, 则有对$\forall\varepsilon>0$, 存在$\delta>0$, 使得当$x,y\in D$且$\rho(x,y)<\delta$时, 有$d(f(x),f(y))<\varepsilon$. 由于D 是X的稠密子集, $\forall x\in X$, 存在$x_n\in D$使得$\lim\limits_{n\to\infty}x_n=x$. 即$\exists N$使得当$n,m>N$时有$\rho(x_n,x_m)<\delta$. 此时有$d(f(x_n),f(x_m))<\varepsilon$. 因此$f(x_n)$是$Y$的基本列. 由$Y$的完备性, 存在极限$\lim\limits_{n\to\infty}f(x_n)$, 记此极限为$F(x)$. 则$F(x)$与$x_n$的选取无关. 因为若$x_n'\to x$, 则$x_1,x_1',x_2,x_2',\cdots,x_n,x_n',\cdots$也收敛到$x$, 且$f(x_1),f(x_1'),f(x_2),f(x_2'),\cdots,f(x_n)$, $f(x_n'),\cdots$收敛. 故$\lim\limits_{n\to\infty}f(x_n)=\lim\limits_{n\to\infty}f(x_n')$. 显然$\forall x\in D$, 有$F(x)=f(x)$. 下面说明$F(x)$一致连续, $\forall\varepsilon>0$, 设$x,y\in X$, 若$\rho(x,y)<\delta/3$, 任取$x_n,y_n\in D$使得$x_n\to x,y_n\to y$. 因此有$F(x)=\lim\limits_{n\to\infty}f(x_n)$, $F(y)=\lim\limits_{n\to\infty}f(y_n)$, 且$\rho(x,y)=\lim\limits_{n\to\infty}\rho(x_n,y_n)$. 所以存在$N$, 当$n>N$时有$d(F(y),f(y_n))<\varepsilon$, $d(F(x),f(x_n))<\varepsilon$ 且$\rho(x_n,y_n)<\delta$. 因此

$$d(F(x),F(y))\leqslant d(F(x),f(x_n))+d(f(x_n),f(y_n))+d(f(y_n),F(y))<3\varepsilon.$$

故$F(x)$在D上一致连续. □

上面的延拓结论是对一般的映射而言, 对连续函数, 则有如下的Tietze延拓定理.

定理1.1.2 设X是度量空间, Y是X的闭子空间, f是从Y到$\mathbb{R}$内的有界连续函数, 则存在从X到$\mathbb{R}$内的有界连续函数F, 满足:

(i) $F(y)=f(y),\forall y\in Y$;

(ii) $\inf\{F(x):x\in X\}=\inf\{F(y):x\in Y\}$;

(iii) $\sup\{F(x):x\in X\}=\sup\{F(y):x\in Y\}$.

此定理的证明在这里略去, 有兴趣的读者可见参考文献[5]的144-145页.

若S是X的非空子集, $x\in X$, 则x到集合S的距离定义为

$$\rho(x,S)=\inf\{\rho(x,s):s\in S\}.$$

第一个问题是$\rho(x,S)$能否取到? 若对任意$x\in X$, 存在$u\subset S$使得$\rho(x,S)=\rho(x,u)$, 则称S为可近集. 同时称u为x在S中的最佳逼近元. 第二个问题是当S是可近集时, 最佳逼近元是否唯一. 如果对任意$x\in X$在S内存在唯一的逼近元, 则称S为Chebyshev集. 第三个问题是最佳逼近元具有什么性质或函数$\rho(x,S)$具有什么性质. 在这里我们不想深入讨论这三个问题. 在后面章节里我们会讨论第一个问题和第二个问题.

若T是X的非空子集, 则定义S与T之间的距离为

$$\rho(S,T)=\inf\{\rho(s,t):s\in S,t\in T\}.$$

下面的命题说明$\rho(x,S)$是X上的一致连续函数, 其证明留作练习.

命题1.1.8 设S是X的非空子集, $\forall x,y\in X$, 则有

$$|\rho(x,S)-\rho(y,S)|\leqslant\rho(x,y).$$

若S是X的非空子集, S的直径定义为

$$\operatorname{diam}(S)=\sup\{\rho(x,y):x\in S,y\in S\}.$$

设S为X的子集, 若S的直径有限, 则称S为有界集. 换言之, 若S能被一个球所覆盖, 则S就是有界集.

练习1.1

1. 设$C^m[a,b]$为闭区间$[a,b]$上有直到m阶连续导数的一切函数的全体, 对任意$x,y\in C^m[a,b]$, 令

$$\rho(x,y)=\sum_{k=0}^{m}\max_{t\in[a,b]}|x^{(k)}(t)-y^{(k)}(t)|.$$

证明ρ是$C^m[a,b]$上的度量.

2. 设$C(\mathbb{R})$为$\mathbb{R}$上所有连续函数的全体, 对任意$x,y\in C(\mathbb{R})$, 令

$$\rho(x,y)=\sum_{k=1}^{\infty}\frac{1}{2^k}\frac{\max\limits_{-k\leqslant t\leqslant k}|x(t)-y(t)|}{1+\max\limits_{-k\leqslant t\leqslant k}|x(t)-y(t)|}.$$

证明ρ是$C(\mathbb{R})$上的度量.

3. 证明命题1.1.1.

4. 设X为度量空间, 证明:

(i) X中任意个开集的并为开集, 有限个开集的交为开集;

(ii) X中任意个闭集的交为闭集, 有限个闭集的并为闭集;

(iii) 举例说明可列个开集的交不一定为开集;

(iii) 举例说明可列个闭集的并不一定为闭集.

5. 设A为度量空间X中的子集. 证明A在X内稠密当且仅当X中的非空开集含有A中的点.

6. 证明度量空间X中可数个可分子空间的并是可分的.

7. 设x是度量空间X中的点, 若存在$r > 0$使得$B(x,r) = \{x\}$, 则称x为X中的孤立点, 证明可分度量空间的孤立点全体为可数集.

8. 证明可分度量空间中的一族互不相交开集的全体为可数集.

9. 设S是度量空间X中的非空集, 则S是闭的当且仅当$\forall x \in X, \rho(x,S) > 0$.

10. 举例说明存在$\mathbb{R}$上非空集S和T, $\rho(S,T) = 0$, 但$S \cap T = \varnothing$.

11. 度量空间X是完备的充要条件是X中半径趋于0的闭球套有非空的交.

12. 记$I = (0,1]$. 定义$I \times I$上的映射ρ为: $\rho(x,y) = |1/x - 1/y|, \forall x,y \in I$. 证明$(I,\rho)$为完备空间.

13. 设A,B是度量空间的完备子集, 证明$A \cup B$和$A \cap B$都是完备子集.

14. 设(X,d)为度量空间, 记$\ell^\infty(X)$是由X上的所有有界实函数组成的度量空间, 其度量为

$$\rho(f,g) = \sup\{|f(x) - g(x)|:\ x \in X\}.$$

证明: (i) $\ell^\infty(X)$为完备的;

(ii) (X,d)可以等距嵌入到$\ell^\infty(X)$. (提示：任选一个基点$x_0 \in X$, 考虑映射$x \mapsto f_x:\ X \to \mathbb{R}$, $f_x(z) := d(x,z) - d(y_0,z)$)

15. 设$Tx(t) = \displaystyle\int_a^b K(t,s)|t-s|^{-\alpha}x(s)\,\mathrm{d}s$.
(i) 若$K(t,s)$在$[a,b] \times [a,b]$上连续且$\alpha < 1$, 证明T是从$C[a,b]$到$C[a,b]$内连续的;
(ii) 若$K(t,s)$在$[a,b] \times [a,b]$上有界可测且$\alpha < 1/2$, 证明T是从$L^2[a,b]$到$L^2[a,b]$内连续的;
(iii) 若$K(t,s)$在$[a,b] \times [a,b]$上连续且$\alpha < 1/2$, 证明T是从$L^2[a,b]$到$C[a,b]$内连续的.

16. 设$Tx(t) = \displaystyle\int_a^b K(t,s)x(s)\,\mathrm{d}s$. 若$K(t,s)$在$[a,b] \times [a,b]$上连续可微, 证明$T$是从$C[a,b]$到$C^1[a,b]$内连续的映射.

17. 证明命题1.1.8.

18. 证明Uryson引理: 设S和T是度量空间X中不相交的闭子集. 存在连续函数$f:\ X \to [0,1]$使得$f(S) = \{0\}$, $f(T) = \{1\}$. (提示: 函数$f(x) = \frac{\rho(x,S)}{\rho(x,S)+\rho(x,T)}$即是所求)

1.2 紧性

设S是度量空间(X,ρ)的子集, $\mathscr{U}$是X的子集族, 若$S \subset \bigcup_{V\in\mathscr{U}} V$, 则称$\mathscr{U}$覆盖$S$.

若每一个$V \in \mathscr{U}$都是开集, 则称$\mathscr{U}$是S的开覆盖. 若$\mathscr{U}$还是有限集, 则称$\mathscr{U}$为S的有限覆盖. 若F是$\mathscr{U}$的子集且覆盖S, 则称F是S的一个子覆盖.

若X的任意开覆盖都存在有限的子覆盖, 称X为紧的度量空间. 若S是X的子集, 且S由ρ导出的度量空间为紧时, 称S为X内的紧子集. 由前面的命题1.1.2 知S为X内的紧子集等价于S在X内的任意开覆盖存在有限的子覆盖. 由数学分析知道$\mathbb{R}^n$中的有界闭集为紧集.

命题1.2.1 度量空间的紧子集必是可分的有界集.

证明 不妨设S是度量空间X的非空紧子集. $\forall n \in \mathbb{N}$, $\{B(s,n^{-1}) : s \in S\}$ 是S的一个开覆盖, 因此存在S的有限子集F_n, 使得$S \subset \bigcup_{s\in F_n} B(s,n^{-1})$. 故$\bigcup_{n=1}^{\infty} F_n$在$S$内稠密. 而$\bigcup_{n=1}^{\infty} F_n$为可数子集, 所以$S$可分.

任取$s_1 \in F_1$, 记$R = \max\{\rho(s,\ s_1), s \in F_1\}$. $\forall x \in S$, 任取$s \in F_1$, 使得$\rho(x,\ s) < 1$, 则有

$$\rho(x,\ s_1) \leqslant \rho(x,\ s) + \rho(s,\ s_1) < 1 + R.$$

故S为有界集. □

命题1.2.2 度量空间中的紧集是闭的.

证明 设S为X中的一个紧子集. 不妨设$X\backslash S = S^{\mathrm{C}}$非空, 只需证$S^{\mathrm{C}}$ 为开集.

设$x \in S^{\mathrm{C}}$, $\forall y \in S$. 则$x \neq y$. 因此有$B(x,r_{xy})\bigcap B(y,r_{xy}) = \varnothing$. 这里$0 < r_{xy} < \rho(x,y)/2$. 显然$S \subset \bigcup_{y\in S} B(y,\ r_{xy})$. 由于$S$为紧集, 因此存在$y_1,\ \cdots,\ y_m \in S$, 使得$S \subset \bigcup_{i=1}^{m} B(y_i,\ r_{xy_i})$.

令$r = \min\{r_{xy_i},\ i = 1,\ \cdots,\ m\}$. 则有$B(x,r)\bigcap B(y,r_{xy_i}) = \varnothing$. 因此$B(x,\ r)\bigcap S = \varnothing$. 即$B(x,\ r) \subset S^{\mathrm{C}}$. 由$x$的任意性知$S^{\mathrm{C}}$为开集, 所以$S$为闭集. □

命题1.2.3 紧度量空间必是完备的.

证明 设X是紧度量空间, 它的完备化空间记为$\hat{X}$. 则由命题1.2.2知X是$\hat{X}$的一个闭子空间. 由于$\hat{X}$是完备的, 因此由命题1.1.4知X也是完备的. □

命题1.2.4 紧度量空间的闭子集必是紧的.

证明 设S是紧度量空间X的闭子集, 设$\mathscr{U}$是S的一个开覆盖, 由命题1.1.2 知对任意$U \in \mathscr{U}$存在X内的开子集V_U使得$U = S\bigcap V_U$. 因此S^{C}和V_U, $U \in \mathscr{U}$ 构成了X的一个开覆盖. 由于X是紧的, 存在$\mathscr{U}$内的有限个集合$U_1,\ \cdots,\ U_m$使得

$$S^{\mathrm{C}} \bigcup \{V_{U_1},\ \cdots,\ V_{U_m}\}$$

为X的一个开覆盖. 显然$\{V_{U_1},\ \cdots,\ V_{U_m}\}$为$S$的有限开覆盖, 故$S$为紧的. □

命题1.2.5 设f是从紧度量空间X到度量空间Y内的连续映射, 则$f(X)$也是紧集.

证明 设$\mathscr{U}$是$f(X)$的一个开覆盖, 则$\{f^{-1}(U)\}_{U\in\mathscr{U}}$就是$X$的一个开覆盖. 由于$X$是紧的, 则存在$\mathscr{U}$的有限个子集$U_1,\ \cdots,\ U_m$, 使得$\{f^{-1}(U_i) :\ i = 1,\cdots,m\}$为$X$的开覆盖, 所以$\{U_i :\ i = 1,\cdots,m\}$就是$f(X)$的开覆盖, 即$f(X)$为紧集. □

度量空间中描述有限逼近思想的还有：若X中的任意序列必有收敛子列，称X为序列紧.

命题1.2.6 若S是度量空间X的序列紧集，则S是可近的.

此命题的证明留作练习.

若对$\forall\varepsilon>0$，X能被有限个直径小于ε的开球覆盖，则称X为完全有界(准紧).

由定义可知序列紧与紧是拓扑概念，而完全有界仅是度量概念.

在度量空间中有下面的等价定理.

定理1.2.1 设X为度量空间，则下面三个叙述等价.

(i) X是紧的；

(ii) X是序列紧的；

(iii) X是完全有界且完备的.

证明 (i)$\Rightarrow$(ii) 设X是紧的，$\{x_n\}$是X中的点列，记F_n为$\{x_n, x_{n+1}, \cdots\}$在X内的闭包，则$(F_n)_{n=1}^{\infty}$满足有限交性质. 因此由练习1.2中的第2题知存在$a\in X$，使得$a\in\bigcap_{n=1}^{\infty}F_n$. 设$U$是$a$的任意邻域，对于任意$n\in\mathbb{N}$，由于$a\in F_n$，所以存在$m\geqslant n$，$x_m\in U$. 因此$U$包含无穷多个$x_k$. 因此，存在$\{x_n\}$的子列收敛到$a$，即$X$是序列紧.

(ii)$\Rightarrow$(iii) 设X是序列紧的. 若$\{x_n\}$是X的基本列，又由于$\{x_n\}$必有收敛的子列，所以$\{x_n\}$在X内收敛. 故X是完备的.

若X不是完全有界的，由归纳法可得存在$\alpha>0$和点列$\{x_n\}$使得$\rho(x_m, x_n)\geqslant\alpha, m\neq n$. 显然$\{x_n\}$不能含有任何收敛的子列，这与序列紧矛盾.

(iii)$\Rightarrow$(i) 设X是完全有界且完备的，$\mathscr{U}$是X的一个开覆盖，但不含有限子覆盖. 令$B_0=X$，则存在X中的一列闭球$(B_n)_{n=1}^{\infty}$满足：

(a) B_n的半径为2^{-n}；

(b) $B_n\bigcap B_{n-1}\neq\varnothing$；

(c) $\mathscr{U}$中任何有限子族不覆盖B_{n-1}.

假若已经构造了具有上式性质的$B_0, \cdots, B_{n-1}$. 设$(V_j)_{j=1}^{m}$是球心在B_{n-1}内半径为2^{-n}的球，它们是B_{n-1}的有限覆盖. 由于X完全有界，故这是存在的，则在V_j中至少存在一个球，记为B_n不能被$\mathscr{U}$中有限个开集所覆盖.

记x_n为B_n的球心，则有$\rho(x_n, x_{n-1})\leqslant 2^{-(n-2)}$，$n\in\mathbb{N}$. 因此$\{x_n\}$为基本列. 由于$X$是完备的，则存在$a\in X$，$\lim\limits_{n\to\infty}x_n=a$. 选取$U\in\mathscr{U}$，使得$a\in U$. U为开集，所以存在$r>0$，使得$B(a, r)\subset U$. 选取$N>1$，使得$\rho(a, x_N)<r/2$且$2^{-N}<r/2$. 则对于任意$x\in B_N$，有

$$\rho(x, a)\leqslant\rho(x, x_N)+\rho(x_N, a)<2^{-N}+\frac{r}{2}<r.$$

即$B_N \subset B(a,\ r) \subset U$. 这与条件(c)矛盾. 因此$X$为紧的. □

由数学分析知道函数的一致连续性是一个重要的概念. 在度量空间上映射的一致连续性与Lebesgue 覆盖性质密切相关.

若对X的任意开覆盖$\mathscr{U}$, 存在$r>0$使得X的任意半径为r的开球包含在某个$U\in\mathscr{U}$中, 则称X具有Lebesgue覆盖性质, 其中r称为$\mathscr{U}$的Lebesgue数.

命题1.2.7 紧度量空间具有Lebesgue覆盖性质.

证明 设X为紧度量空间, $\mathscr{U}$是X中的开覆盖. $\forall x\in X$, 选取$r_x>0$使得$B(x,\ 2r_x)\subset U$, $U\in\mathscr{U}$. 则$\{B(x,\ r_x),\ x\in X\}$构成X的一个覆盖, 因此存在有限子覆盖, 即

$$X\subset\bigcup_{i=1}^{m}B(x_i,\ r_{x_i}).$$

令$r=\min\{r_{x_1},\ \cdots,\ r_{x_m}\}$. 则$r>0$. 任取$x\in X$, 选取$i$使得$x\in B(x_i,\ r_{x_i})$. 则$\forall y\in B(x,\ r)$,

$$\rho(y,\ x_i)\leqslant\rho(x,\ y)+\rho(x,\ x_i)<r+r_{x_i}\leqslant 2r_{x_i}.$$

即

$$B(x,\ r)\subset B(x_i,\ 2r_{x_i})\subset U.$$ □

定理1.2.2 设(X,ρ)为度量空间, 则下列三个命题等价.

(i) X具有Lebesgue覆盖性质;

(ii) X上到另外一个度量空间内的连续映射必一致连续;

(iii) 从X到$\mathbb{R}$内的任意连续映射必一致连续.

证明 (i)⇒(ii) 若命题(i)成立且f是从X到一个度量空间(Y,d)内的连续映射, 设$\varepsilon>0$, 则对任意$t\in X$ 存在$\delta_t>0$使得若$\rho(x,t)<\delta_t$, 则$d(f(x),f(t))<\varepsilon/2$. 因此当$x,y\in B(t,\delta_t)$, 有$d(f(x),f(y))<\varepsilon$. 设$\delta>0$为$\{B(t,\delta_t)\}_{t\in X}$在$X$内的Lebesgue数. 若$x,y\in X$, $\rho(x,y)<\delta$, 则存在某个t使得$B(x,\delta)\subset B(t,\delta_t)$, 故$x,y\in B(x,\delta)\subset B(t,\delta_t)$, 所以$d(f(x),f(y))<\varepsilon$. 即$f$一致连续.

(ii)⇒(iii)是显然的.

(iii)⇒(i) 若X不具有Lebesgue覆盖性质, 则存在X的一个开覆盖$\mathscr{U}$没有Lebesgue数. 因此对任意$n\in\mathbb{N}$, 存在$x_n\in X$使得对任意$U\in\mathscr{U}$有$B(x_n,1/n)\backslash U$非空. 则存在$y_n\in B(x_n,1/n)\backslash\{x_n\}$. 否则存在$U\in\mathscr{U}$使得$B(x_n,1/n)=\{x_n\}\subset U$. 则$\{x_n\}$和$\{y_n\}$都没有收敛的子列. 事实上若$\{x_n\}$存在子列收敛到$\xi\in X$, 则存在$U\in\mathscr{U}$使得$\xi\in U$, 因此存在$n$使

得$B(x_n,1/n)\subset U$. 这是矛盾的. 若$\{y_n\}$存在收敛子列, 则$\{x_n\}$存在收敛子列, 如前所述这是不可能的. 设$n_1=1$. 假设已选取$n_1<n_2<\cdots<n_k$使得

$$S_k=\{x_{n_1},x_{n_2},\cdots,x_{n_k}\},$$

$$T_k=\{y_{n_1},y_{n_2},\cdots,y_{n_k}\}$$

互不相交. 则存在$n_{k+1}>n_k$使得$x_{n_{k+1}}\notin T_k$, $y_{n_{k+1}}\notin S_k$. 否则有无穷多个j使得$x_j\in S_k$, 或者有无穷多个j使得$y_j\in T_k$. 从而$\{x_n\}$或者$\{y_n\}$有收敛的子列. 这与$\{x_n\}$和$\{y_n\}$都没有收敛的子列矛盾. 因此递归可得存在严格递增的序列$\{n_k\}$使得

$$S=\{x_{n_k}:\ k\in\mathbb{N}\},$$

$$T=\{y_{n_k}:\ k\in\mathbb{N}\}$$

互不相交. 再由$\{x_n\}$和$\{y_n\}$都没有收敛的子列知S和T是X中的闭子集. 所以由Uryson引理(见练习1.1中18题), 存在连续函数$f:\ X\to[0,1]$使得$f(S)=\{0\}$, $f(T)=\{1\}$. 可是$\rho(x_{n_k},y_{n_k})<1/n_k$, 而$|f(x_{n_k})-f(y_{n_k})|=1$. 这样$f$就不是一致连续的. 故(iii)⇒(i)成立. □

由此可得如下的推论.

推论1.2.1 从一个紧度量空间到另一个度量空间上的任意连续映射是一致连续的.

命题1.2.8 设M是一个紧的度量空间, $C(M)$表示$M\to\mathbb{R}$的一切连续函数的全体, 记

$$d(u,v)=\max_{t\in M}|u(t)-v(t)|,\ \forall u,v\in C(M).$$

则$(C(M),d)$是一个完备的度量空间.

证明 显然$d(x,y)\geqslant 0$, 且$d(x,y)=0$等价于$x=y$. 然后对任意$x,y,z\in C(M)$,

$$\begin{aligned}d(x,y)&=\max_{t\in M}|x(t)-y(t)|\\&\leqslant\max_{t\in M}[|x(t)-z(t)|+|z(t)-y(t)|]\\&\leqslant\max_{t\in M}|x(t)-y(t)|+\max_{t\in M}|z(t)-y(t)|\\&=d(x,z)+d(z,y).\end{aligned}$$

即$(C(M),d)$是一个度量空间. 下证其是完备的.

若$\{x_n\}$是基本列, 则对任意$\varepsilon>0$, 存在N使得当$n,m>N$时, 对任意$t\in M$有$|x_n(t)-x_m(t)|<\varepsilon$. 故对任意$t\in M$, $\{x_n(t)\}$收敛, 记其极限为$x(t)$. 则$x(t)$为M上的连续函数.

因为对任意$\varepsilon > 0$, 存在N使得当$n, m > N$时有$|x_n(t) - x_m(t)| < \varepsilon$, 对任意$t \in M$成立. 令$m \to \infty$, 则有$|x_n(t) - x(t)| \leqslant \varepsilon$, 对任意$t \in M$成立. 固定$n_0 > N$, 由推论1.2.1知$x_{n_0}$为一致连续的, 所以存在$\delta > 0$使得若$\rho(t_1, t_2) < \delta$, 有$|x_{n_0}(t_1) - x_{n_0}(t_2)| \leqslant \varepsilon$. 因此当$\rho(t_1, t_2) < \delta$, 有

$$|x(t_1) - x(t_2)| \leqslant |x(t_1) - x_{n_0}(t_1)| + |x_{n_0}(t_1) - x_{n_0}(t_2)| + |x_{n_0}(t_2) - x(t_2)| \leqslant 3\varepsilon.$$

故$x \in C(M)$. 且如前所述对任意$\varepsilon > 0$, 若N使得当$n, m > N$时有$|x_n(t) - x_m(t)| < \varepsilon$, 对任意$t \in M$成立. 则当$n > N$时有$d(x_n, x) \leqslant \varepsilon$. 即$d(x_n, x) \to 0$, 当$n \to \infty$. 综合得$C(M)$是完备的度量空间. □

下面我们讨论$(C(M), d)$中的紧集.

定义1.2.1 设F是$C(M)$的一个子集. 如果存在$A > 0$, 使得$|\varphi(x)| \leqslant A$对任意$x \in M$, $\varphi \in C(M)$成立, 则称F是一致有界的. 如果对任意$\varepsilon > 0$, 存在$\delta(\varepsilon)$, 使得

$$|\varphi(x_1) - \varphi(x_2)| < \varepsilon,\ \forall x_1, x_2 \in M,\ \rho(x_1, x_2) < \delta,\ \forall \varphi \in F,$$

则称F是等度连续的.

定理1.2.3 (Aezelá-Ascoli定理) 设$F \subset C(M)$, 则$\overline{F}$是$C(M)$中的紧集当且仅当F是一致有界和等度连续的.

此定理的充分性由Ascoli给出, 必要性由Aezelá得到. 现在的形式由Fréchet给出. 此定理在数学中有许多应用. 下节我们将证明定理1.2.3的更一般的情形, 所以在这里先不给予此定理的证明.

例1.2.1 设$\Omega \subset \mathbb{R}^n$是有界开凸集, 若$C_1$, C_2是两个给定的正数, 记集合

$$F = \{\varphi \in C^1(\overline{\Omega})|\quad |\varphi(x)| \leqslant C_1,\ |\mathbf{grad}\ \varphi(x)| \leqslant C_2,\ \forall x \in \Omega\},$$

其中$C^1(\overline{\Omega})$表示$\overline{\Omega}$上的连续可微函数全体, 则$\overline{F}$是$C(\overline{\Omega})$上的紧集.

因为F一致有界, 且由多元函数的微分中值定理可得F是等度连续的.

最后介绍局部紧的概念. 设X为一个度量空间, 若X中的任意点在X内具有一个紧邻域, 则称X为局部紧的. 显然$\mathbb{R}^n$是局部紧的. 有关局部紧的一些性质留作练习.

练习1.2

1. 在$C[0,1]$上, 记

$$x_n(t)=\begin{cases}0, & t\geqslant 1/n,\\ 1-nt, & n\leqslant 1/n,\end{cases}\quad n\in\mathbb{N}.$$

则有$\{x_n\}\subset B(0,1)$, 证明$\{x_n\}$不含收敛的子列.

2. 设X为紧集. 若$\{F_n\}$为一列闭集, 有限个F_n之交非空, 则$\cap_{n=1}^{\infty}F_n$非空. (此结论对一般的拓扑空间也是成立的)

3. 证明命题1.2.6.

4. 证明完全有界的度量空间是可分的.

5. 证明X具有Lebesgue覆盖性质等价于对X中的任意非空闭集和包含S的开集U, 存在$r>0$使得S的$r-$扩展

$$B(S,r)=\{x\in X:\ \rho(x,S)<r\}$$

包含在U内. (提示: $\Rightarrow$ 考虑X的开覆盖$\{X\backslash S,U\}$; $\Leftarrow$ 若X不具有Lebesgue覆盖性质, 类似于定理1.2.2的证明可以选取X中的不相交的闭集S和T使得$\rho(S,T)=0$. 可是由假设存在$r>0$使得$B(S,r)\subset X\backslash T$. 这是矛盾的)

6. 设X为局部紧的, 若S是闭或开子集, 证明S也是局部紧的.

7. 设X为局部紧的, K是X的紧子集. 证明存在$r>0$使得K的$r-$扩展的闭包是紧的.

1.3 线性赋范空间

在前面讨论的度量空间上没有假设代数结构, 从本节起我们要在线性空间上讨论度量且它们二者具有一定的结合性.

1.3.1 线性赋范空间的定义与例子

定义1.3.1 设$p:\ X\to\mathbb{R}$是线性空间X上的一个函数, 若它满足:

(1) $p(\boldsymbol{x}+\boldsymbol{y})\leqslant p(\boldsymbol{x})+p(\boldsymbol{y}),\ \forall \boldsymbol{x},\boldsymbol{y}\in X$ (次可加性);

(2) $p(\lambda\boldsymbol{x})=\lambda p(\boldsymbol{x}),\ \forall\lambda>0,\forall\boldsymbol{x}\in X$ (正齐性),

则称p为X上的一个次线性泛函.

如果p还满足$p(\boldsymbol{x})\geqslant 0,\ \forall\boldsymbol{x}\in X$, 且满足齐次性: $p(\lambda\boldsymbol{x})=|\lambda|p(\boldsymbol{x}),\ \forall\lambda\in\mathbb{K}$, 其中$\mathbb{K}$表示实数域或复数域, $\forall\boldsymbol{x}\in X$, 则称$p$是一个半范数或半模. 如果$p$是$X$的半范数且$p(\boldsymbol{x})=0$当且仅当$\boldsymbol{x}=\mathbf{0}$. 则称$p$为$X$的一个范数, 习惯上记范数为$\|\cdot\|$. 此时记赋范空间为$(X,\|\cdot\|)$. 在范数明确时常省略范数.

若$(X,\|\cdot\|)$为赋范空间, 若记$\rho(\boldsymbol{x},\boldsymbol{y})=\|\boldsymbol{x}-\boldsymbol{y}\|$, $\forall \boldsymbol{x},\boldsymbol{y}\in X$, 则$(X,\rho)$就是一个度量空间. 若此时的$(X,\rho)$还是完备的, 则称$(X,\|\cdot\|)$为Banach空间或完备的赋范空间. 我们熟悉的$\mathbb{R}^n$和$\mathbb{C}^n$都是Banach空间. 接下来介绍一些重要的Banach空间.

例1.3.1 设Ω是$\mathbb{R}^n$中的有界开区域, 记$C^m(\overline{\Omega})$为在$\overline{\Omega}$上具有所有m阶连续导数的函数全体, 并配以范数

$$\|u\|_{C^m}=\sum_{|\alpha|\leqslant m}\max_{\boldsymbol{x}\in\overline{\Omega}}|\partial^\alpha u(\boldsymbol{x})|.$$

则$C^m(\overline{\Omega})$为Banach空间.

证明 设$\{\phi_k\}$是$C^m(\overline{\Omega})$中的一个Cauchy列. 因此, 对任意$\varepsilon>0$, 存在N, 使得当$k,l>N$时,

$$\max_{\boldsymbol{x}\in\overline{\Omega}}|\partial^\alpha\phi_k(\boldsymbol{x})-\partial^\alpha\phi_l(\boldsymbol{x})|<\varepsilon,\ |\alpha|\leqslant m. \tag{1.1}$$

因此, 对任意α, $\{\partial^\alpha\phi_k(\boldsymbol{x})\}$在$C(\overline{\Omega})$上依一致范数是Cauchy列, 因此它存在一个一致收敛的极限$\psi^\alpha(\boldsymbol{x})\in C(\overline{\Omega})$.

下证$\psi^\alpha(\boldsymbol{x})=\partial^\alpha\psi^0(\boldsymbol{x})$. 事实上我们只需证$\alpha_1=(1,0,\cdots,0)$, 其他的情形由归纳法可得. 对任意$\boldsymbol{x}\in\overline{\Omega}$, 取$(a,x_2,\cdots,x_n)\in\Omega$, 则

$$\phi_k(\boldsymbol{x})-\phi_k(a,x_2,\cdots,x_n)=\int_a^{x_1}\partial_{x_1}\phi_k(t,x_2,\cdots,x_n)\,\mathrm{d}t.$$

由一致收敛, 令$k\to\infty$, 得

$$\psi^0(\boldsymbol{x})-\psi^0(a,x_2,\cdots,x_n)=\int_0^{x_1}\psi^{(1,0,\cdots,0)}(t,x_2,\cdots,x_n)\,\mathrm{d}t.$$

两边求导得$\partial_{x_1}\psi^0(\boldsymbol{x})=\psi^{(1,0,\cdots,0)}(\boldsymbol{x})$.

因此得$\psi^0\in C^k(\overline{\Omega})$.

最后由式(1.1)对任意$m\in\mathbb{N},\varepsilon>0$, 存在$N\in\mathbb{N}$, 使得当$k,l>N$时, 对任意$\boldsymbol{x}\in\overline{\Omega}$,

$$|\partial^\alpha\phi_k(\boldsymbol{x})-\partial^\alpha\phi_l(\boldsymbol{x})|<\varepsilon,\ |\alpha|\leqslant m$$

令$l\to\infty$, 得

$$|\partial^\alpha\phi_k(\boldsymbol{x})-\partial^\alpha\psi^0(\boldsymbol{x})|\leqslant\varepsilon,\ |\alpha|\leqslant m$$

即当$k>N$时

$$\max_{\boldsymbol{x}\in\overline{\Omega}}|\partial^\alpha\phi_k(\boldsymbol{x})-\partial^\alpha\psi^0(\boldsymbol{x})|\leqslant\varepsilon,\ |\alpha|\leqslant m.$$

因此在范数$\|\cdot\|_{C^m}$下, $\phi_k\to\psi^0$. □

定义1.3.2 设$(\Omega, \mathscr{B}, \mu)$为一个测度空间, 记$L^\infty(\Omega, \mu)$为$\Omega$上所有本性有界函数的全体, 在其上规定范数

$$\|f\|_{L^\infty} = \inf_{E\subset\Omega, \mu(E)=0} (\sup_{x\in\Omega\setminus E} |f(x)|), \ f \in L^\infty(\Omega, \mu).$$

对$1 \leqslant p < \infty$, 记$L^p(\Omega, \mu)$为Ω上所有p次绝对可积函数的全体, 并定义范数

$$\|f\|_{L^p} = \left(\int_\Omega |f(x)|^p \, \mathrm{d}\mu(x)\right)^{1/p}.$$

首先我们说明定义中的下确界是可以取得到的.

命题1.3.1 若$f \in L^\infty(\Omega, \mu)$, 则存在$E \subset \Omega, \mu(E) = 0$, 使得

$$\|f\|_{L^\infty} = \sup_{x\in\Omega\setminus E} |f(x)|.$$

证明 若$f \in L^\infty$, 则对任意$n \in \mathbb{N}$, 存在E_n使得$\mu(E_n) = 0$,

$$\|f\|_{L^\infty} \leqslant \sup_{x\in\Omega\setminus E_n} |f(x)| \leqslant \|f\|_{L^\infty} + \frac{1}{n}.$$

令$E = \bigcup_{n=1}^\infty E_n$, 则有$\mu(E) = 0$. 但是

$$\|f\|_{L^\infty} \leqslant \sup_{x\in\Omega\setminus E} |f(x)| \leqslant \|f\|_{L^\infty} + \frac{1}{n}, \ \forall n \in \mathbb{N}.$$

因此得

$$\|f\|_{L^\infty} = \sup_{x\in\Omega\setminus E} |f(x)|.$$

□

定理1.3.1 $L^\infty(\Omega, \mu)$为Banach空间.

证明 设$\{f_n\}_{n=1}^\infty$是$L^\infty(\Omega, \mu)$中的基本列. 由命题1.3.1知对任意$n, m \in \mathbb{N}$, 存在E_n, E_{nm}使得$\mu(E_n) = 0$, $\mu(E_{nm}) = 0$,

$$\|f_n\|_{L^\infty} = \sup_{x\in\Omega\setminus E_n} |f_n(x)|, \ \|f_n - f_m\|_{L^\infty} = \sup_{x\in\Omega\setminus E_{nm}} |f_n(x) - f_m(x)|.$$

记$E = \bigcup_{n=1}^\infty E_n \bigcup \bigcup_{n,m=1}^\infty E_{nm}$, 则有$\mu(E) = 0$, 且

$$\|f_n\|_{L^\infty} \leqslant \sup_{x\in\Omega\setminus E} |f_n(x)| \leqslant \sup_{x\in\Omega\setminus E_n} |f_n(x)| = \|f_n\|_{L^\infty}.$$

同理得

$$\|f_n - f_m\|_{L^\infty} = \sup_{x\in\Omega\setminus E} |f_n(x) - f_m(x)|.$$

由于$\{f_n\}_{n=1}^{\infty}$是$L^{\infty}(\Omega,\mu)$中的基本列. 因此对任意$\varepsilon>0$, 存在$N\in\mathbb{N}$使得$n,m>N$时

$$\|f_n-f_m\|_{L^\infty}=\sup_{x\in\Omega\backslash E}|f_n(x)-f_m(x)|<\varepsilon. \tag{1.2}$$

即$\{f_n\}_{n=1}^{\infty}$在$\Omega\backslash E$上一致收敛, 记其极限为$f(x)=\lim\limits_{n\to\infty}f_n(x)$, $x\in\Omega\backslash E$. 则f是$\Omega\backslash E$上的有界可测函数, 因为f_n在$\Omega\backslash E$上有界可测. 若令$f(x)=0$, $x\in E$, 则f是Ω上的有界可测函数. 在式(1.2)中令$m\to\infty$, 则有

$$\sup_{x\in\Omega\backslash E}|f_n(x)-f(x)|\leqslant\varepsilon.$$

即当$n>N$时, $\|f_n-f\|_{L^\infty}\leqslant\varepsilon$. 所以$f_n$在$L^\infty(\Omega,\mu)$内收敛到$f$. □

引理1.3.1 *设$p>1$, q为p的共轭指数, 即$q=p/(p-1)$. 则有$ab\leqslant a^p/p+b^q/q, a,b\geqslant 0$.*

此引理的证明有很多种方法, 例如考虑函数$\varphi(t)=p^{-1}t^p+q^{-1}t^{-q}$在$t>0$内的最小值. 余下的留给不熟悉的读者作为练习.

定理1.3.2 (Hölder不等式) *设$p\geqslant 1$, q为p的共轭指数, 若$f\in L^p(\Omega), g\in L^q(\Omega)$. 则有$fg\in L^1(\Omega)$且$\|fg\|_{L^1}\leqslant\|f\|_{L^p}\cdot\|g\|_{L^q}$.*

证明 若$p=1$此时$q=+\infty$, 结论显然成立.

令$p>1$. 若$\|f\|_{L^q},\|g\|_{L^q}$中有一个为0, 则结论显然成立. 因此, 设$\|f\|_{L^p},\|g\|_{L^q}>0$. $\forall x\in A$. 记$a=|f(x)|/\|f\|_{L^p}$, $b=|g(x)|/\|g\|_{L^q}$ 则由引理1.3.1, 得

$$\frac{|f(x)g(x)|}{\|f\|_{L^p}\|g\|_{L^q}}\leqslant\frac{|f(x)|^p}{p\|f\|_{L^p}^p}+\frac{|g(x)|^q}{q\|g\|_{L^q}^q}.$$

由于上式右端的函数可积, 因此得$|fg|$也可积, 积分得

$$\|fg\|_{L^1}/\|f\|_{L^p}\|g\|_{L^q}\leqslant\frac{1}{p}+\frac{1}{q}=1.$$

此即$\|fg\|_{L^1}\leqslant\|f\|_{L^p}\|g\|_{L^q}$. □

定理1.3.3 (Minkowski不等式) *设$1\leqslant p<\infty$. 若$f,g\in L^p(\Omega)$, 则$f+g\in L^p(\Omega)$, 且*

$$\|f+g\|_{L^p}\leqslant\|f\|_{L^p}+\|g\|_{L^p}.$$

证明 若$p=1$, 则由三角不等式得$|f(x)+g(x)|\leqslant|f(x)|+|g(x)|,\forall x\in\Omega$. 积分之得结论成立. 若$p>1$, 则$\forall x\in\Omega$,

$$\begin{aligned}|f(x)+g(x)|^p&\leqslant(|f(x)|+|g(x)|)^p\leqslant[2\max\{|f(x)|,|g(x)|\}]^p\\&=2^p\max\{|f(x)|^p,|g(x)|^p\}\leqslant 2^p(|f(x)|^p+|g(x)|^p).\end{aligned}$$

由于上式右端的函数可积，所以$|f+g|^p$可积，即$f+g\in L^p(\Omega)$. 记q为p的共轭指数，则$|f+g|^{p-1}\in L^q(\Omega)$，因为$(|f+g|^{p-1})^q=|f+g|^p\in L^1(\Omega)$. 因此由Hölder不等式，有

$$\begin{aligned}
\|f+g\|_{L^p}^p &= \int |f+g|^p \mathrm{d}\mu = \int |f+g|^{p-1}|f+g|\mathrm{d}\mu \\
&\leqslant \int |f+g|^{p-1}(|f|+|g|)\mathrm{d}\mu \\
&= \||f+g|^{p-1}|f|\|_{L^1} + \||f+g|^{p-1}|g|\|_{L^1} \\
&\leqslant \||f+g|^{p-1}\|_{L^q}\cdot\|f\|_{L^p} + \||f+g|^{p-1}\|_{L^q}\cdot\|g\|_{L^p} \\
&= \|f+g\|_{L^p}^{\frac{p}{q}}\cdot(\|f\|_{L^p}+\|g\|_{L^p}).
\end{aligned}$$

若$\|f+g\|_{L^p}>0$，上式同除$\|f+g\|_{L^p}^{\frac{p}{q}}$，得结论成立. 若$\|f+g\|_{L^p}=0$，结论显然成立. □

定理1.3.4 *若$p\geqslant 1$，则$L^p(\Omega)$是完备赋范空间，即$L^p(\Omega)$为Banach空间.*

证明 设$\{f_m\}$是$L^p(\Omega)$的基本列. 需要证明存在$f\in L^p(\Omega)$，使得$\|f_m-f\|_{L^p}\to 0$. 为了简单记$\|f\|_{L^p}$为$\|f\|$. 由于$\{f_m\}$是基本列，因此存在$\{f_m\}$的子列$\{f_{m_k}\}$使得

$$\|f_{m_{k+1}}-f_{m_k}\|\leqslant 2^{-k},\ k=1,2,\cdots$$

记$\alpha=\sum\limits_{k=1}^{\infty}\|f_{m_{k+1}}-f_{m_k}\|$，则有$0\leqslant\alpha<\infty$，$f_{m_0}=0$.

记$g_n=\sum\limits_{k=1}^{n}|f_{m_k}-f_{m_{k-1}}|$，则由Minkowski不等式，$g_n\in L^p$，且

$$\|g_n\|\leqslant\|f_{m_1}\|+\sum_{k=2}^{\infty}\|f_{m_k}-f_{m_{k-1}}\|\leqslant\|f_{m_1}\|+\alpha.$$

即$g_n^p\in L^1(\Omega)$，且

$$\int g_n^p\mathrm{d}\mu=\|g_n\|_L^p\leqslant(\|f_{m_1}\|+\alpha)^p<+\infty.$$

由此及单调收敛定理，存在$h\in L^1(\Omega), h\geqslant 0$使得$g_n^p\uparrow h$几乎处处. 记$g=h^{\frac{1}{p}}$，则$g\in L^p(\Omega)$且$g_n\uparrow g$几乎处处. 设$E\subset\Omega,\mu(E)=0$, $g_n(x)\uparrow g(x),\forall x\in\Omega\backslash E$. 则$\forall x\in\Omega\backslash E$.

$$g(x)=\lim_{k\to\infty}g_n(x)=\lim_{k\to\infty}\sum_{k=1}^{n}|f_{m_k}(x)-f_{m_{k-1}}(x)|$$

因此，级数$\sum\limits_{k=1}^{\infty}|f_{m_k}(x)-f_{m_{k-1}}(x)|$收敛. 故$\forall x\in\Omega\backslash E$, $\sum\limits_{k=1}^{\infty}[f_{m_k}(x)-f_{m_{k-1}}(x)]$ 也收敛，且极限为$\lim\limits_{n\to\infty}\sum\limits_{k=1}^{n}[f_{m_k}(x)-f_{m_{k-1}}(x)]=\lim\limits_{n\to\infty}f_{m_n}(x)$.

令

$$f(x)=\begin{cases}\lim\limits_{k\to\infty} f_{m_k}(x), & x\in\Omega\backslash E,\\ 0, & x\in E.\end{cases}$$

则$f_{m_k}\to f$ 几乎处处, 且$|f|\leqslant g$. 因此$|f|^p\leqslant g^p=h$. 所以$f\in L^p(\Omega)$.

下面证明$\|f_n-f\|\to 0$. $\forall\varepsilon>0$, 存在N使得$n,m>N$时, 有$\|f_m-f_n\|\leqslant\varepsilon$. 固定$m\geqslant N$, 则有

$$\int|f_m-f_n|^p\mathrm{d}\mu\leqslant\varepsilon^p,\ n\geqslant N.$$

取$n=m_k, k\geqslant N$. 则有

$$\int|f_m-f_{m_k}|^p\mathrm{d}\mu\leqslant\varepsilon^p.$$

由Fatou引理则有

$$\begin{aligned}\int|f_m-f|^p\mathrm{d}\mu&=\int\lim_{k\to\infty}|f_m-f_{m_k}|^p\mathrm{d}u\\&\leqslant\lim_{k\to\infty}\inf\int|f_m-f_{m_k}|^p\mathrm{d}u\\&\leqslant\varepsilon^p.\end{aligned}$$

即当$m\geqslant N$时, $\|f_m-f\|\leqslant\varepsilon$. 结论得证. □

例1.3.2 当$1\leqslant p\leqslant\infty$, ℓ^p为Banach空间.

设$\Omega=\mathbb{Z}$ 或者$\mathbb{N}$, 测度为计数测度, 即一个集合的测度等于它的元素的个数. 则由定理1.3.4知ℓ^p为Banach空间.

定理1.3.5 (Aezelá-Ascoli定理) 设X是紧的度量空间, Y是赋范空间, 记$C(X,Y)$为从X到Y内的全体连续函数的全体, 若$f\in C(X,Y)$, 记f的范数为$\|f\|=\sup_{x\in X}\|f(x)\|$. 则$C(X,Y)$为一个赋范空间. 若$F\subset C(X,Y)$, 则$F$是完全有界的当且仅当

(i) F是等度连续的;

(ii) 对任意$x\in X$, 集合$F_x=\{f(x):\ f\in F\}$是完全有界的.

证明 设F是完全有界集, $\varepsilon>0$, 取$\{f_1,f_2,\cdots,f_N\}$为F的ε网. 则对任意$f\in F$, 存在i使得$\|f-f_i\|\leqslant\varepsilon$. 因此对任意$x\in X$有$\|f(x)-f_i(x)\|\leqslant\varepsilon$. 由此得$\{f_1(x),\cdots,f_N(x)\}$是$F_x$的$\varepsilon$网. 故$F_x$是完全有界的.

再选取$\delta>0$, 使得当$\rho(x,y)<\delta$时, 对任意$1\leqslant k\leqslant N$有$\|f_k(x)-f_k(y)\|\leqslant\varepsilon$. 设$f$与$f_i$如前, 则有

$$\|f(x)-f(y)\|\leqslant\|f(x)-f_i(x)\|+\|f_i(x)-f_i(y)\|+\|f_i(y)-f(y)\|\leqslant 3\varepsilon.$$

即F为等度连续的.

反之, 若条件(i)和条件(ii)成立. 对任意$\varepsilon > 0$, 对任意$x \in X$, 选取x的邻域U_x使得对任意$f \in F$和$y \in U_x$有$\|f(x) - f(y)\| < \varepsilon$. 由于$X$是紧的, 从而可以选取$X$的有限覆盖$\{U_{x_1}, \cdots, U_{x_m}\}$. 由于$F_{x_i}$完全有界, 所以它们的并集$K = \cup_{i=1}^m F_{x_i}$也是完全有界的. 令$\{\xi_1, \cdots, \xi_n\}$为$K$的$\varepsilon$网. 设$\Phi$是从$\{1, \cdots, m\}$到$\{1, \cdots, n\}$的映射的全体. 对任意$\phi \in \Phi$, 令

$$S_\phi = \{f \in F: \ \|f(x_i) - \xi_{\phi(i)}\| \leqslant \varepsilon, \ 1 \leqslant i \leqslant m\}.$$

则对任意$f \in F$存在$\phi \in \Phi$使得$f \in S_\phi$. 由于只有有限个S_ϕ, 因此, 为完成证明只需证明每个S_ϕ的直径至多为4ε. 为此对任意$\phi \in \Phi$, $f, g \in S_\phi$. 给定$x \in X$, 选取i使得$x \in U_{x_i}$. 则$\|f(x) - f(x_i)\| \leqslant \varepsilon$且$\|g(x) - g(x_i)\| \leqslant \varepsilon$. 可是$\|f(x_i) - \xi_{\phi(i)}\| \leqslant \varepsilon$ 且$\|g(x_i) - \xi_{\phi(i)}\| \leqslant \varepsilon$. 由此得$\|f(x_i) - g(x_i)\| \le 2\varepsilon$且$\|f(x) - g(x)\| \leqslant 4\varepsilon$. 由$x$的任意性得$\|f - g\| \leqslant 4\varepsilon$. 故$\operatorname{diam}(S_\phi) \leqslant 4\varepsilon$. □

设$\|\cdot\|_1$与$\|\cdot\|_2$是线性空间X上的两个范数. 若存在正数c_1, c_2使得对任意$\boldsymbol{x} \in X$, 有$c_1\|\boldsymbol{x}\|_2 \leqslant \|\boldsymbol{x}\|_1 \leqslant c_2\|\boldsymbol{x}\|_2$, 则称$\|\cdot\|_1$与$\|\cdot\|_2$等价.

定理1.3.6 有穷维线性赋范空间上的任意两个范数等价.

证明 不失一般性, 假设空间为$\mathbb{K}^d$($\mathbb{R}^d$或$\mathbb{C}^d$). 设$(\boldsymbol{e}_i)_{1\leqslant i\leqslant d}$是$\mathbb{K}^d$中的典型基. 则对任意$\boldsymbol{x} \in \mathbb{K}^d$, 有$\boldsymbol{x} = \sum\limits_{i=1}^d x_i\boldsymbol{e}_i$.从而

$$\|\boldsymbol{x}\| = \left\|\sum_{i=1}^d x_i\boldsymbol{e}_i\right\| \leqslant \sum_{i=1}^d |x_i|\|\boldsymbol{e}_i\| \leqslant C\|\boldsymbol{x}\|_1,$$

这里$\|\boldsymbol{x}\|_1 = \sum\limits_{i=1}^d |x_i|$, $C = \sup\limits_{1\leqslant i\leqslant d} \|\boldsymbol{e}_i\|$. 由三角不等式得

$$|\|\boldsymbol{x}\| - \|\boldsymbol{y}\|| \leqslant \|\boldsymbol{x} - \boldsymbol{y}\| \leqslant C\|\boldsymbol{x} - \boldsymbol{y}\|_1.$$

因此, 范数$\|\cdot\|$: $(\mathbb{K}^d, \|\cdot\|_1) \to \mathbb{R}^+$是连续的. 若$S = \{\boldsymbol{x} \in \mathbb{K}^d: \ \|\boldsymbol{x}\|_1 = 1\}$ 表示$\|\cdot\|_1$中的单位球, 则S是紧集, 因此$c = \inf\{\|\boldsymbol{x}\|: \ \boldsymbol{x} \in S\} > 0$, 因为由$\|\cdot\|$的连续性, 此下确界是可以取到的. 由此得对任意$\boldsymbol{x} \in \mathbb{K}^d$, $c\|\boldsymbol{x}\|_1 \leqslant \|\boldsymbol{x}\|$. 因此得$\mathbb{K}^d$上的任意范数与$\|\cdot\|_1$等价, 所以任意两个范数等价. □

由此立得:

推论1.3.1 若X是n维线性赋范空间, 则X与$\mathbb{R}^n$或$\mathbb{C}^n$同胚.

类似于定理1.3.6的证明可得.

定理1.3.7 设p是有穷维赋范空间X上的一个次线性泛函满足$p(\boldsymbol{x}) \geqslant 0, \forall \boldsymbol{x} \in X$且$p(\boldsymbol{x}) = 0$等价于$\boldsymbol{x} = \boldsymbol{0}$, 则存在正常数$c_1, c_2$使得

$$c_1\|\boldsymbol{x}\| \leqslant p(\boldsymbol{x}) \leqslant c_2\|\boldsymbol{x}\|, \ \forall \boldsymbol{x} \in X.$$

1.3.2 最佳逼近

在实际应用中常常需要考虑用一些具有好性质的集合去逼近一般的向量. 这些问题可以在一般的度量空间内考虑, 见1.1节. 但是在线性赋范空间内可以用线性子空间(甚至凸集)去逼近, 并且当逼近集是有限维子空间时, 有如下的结论.

定理1.3.8 设M是线性赋范空间X的有限维子空间, 则M是可近集. 准确地说, 若$\{\boldsymbol{e}_1, \cdots, \boldsymbol{e}_n\}$是$M$的一个基, 则对任意$\boldsymbol{x} \in X$存在最佳逼近系数$\lambda_1, \cdots, \lambda_n$使得

$$\left\|\boldsymbol{x} - \sum_{j=1}^{n} \lambda_j \boldsymbol{e}_j\right\| = \inf\{\|\boldsymbol{x} - \boldsymbol{y}\| : \ \boldsymbol{y} \in M\}.$$

证明 设M的维数为n, $\boldsymbol{e}_1, \cdots, \boldsymbol{e}_n$是$M$的一个基, 则对任意$\boldsymbol{y} \in M$, $\boldsymbol{y} = \sum\limits_{j=1}^{n} a_j \boldsymbol{e}_j$. $\boldsymbol{a} = (a_1, \cdots, a_n) \in \mathbb{K}^n$. 因此

$$\inf\{\|\boldsymbol{x} - \boldsymbol{y}\| : \boldsymbol{y} \in M\} = \inf\left\{\left\|\boldsymbol{x} - \sum_{j=1}^{n} a_j \boldsymbol{e}_j\right\| : \ \boldsymbol{a} \in \mathbb{K}^n\right\}.$$

记

$$F(\boldsymbol{a}) = \left\|\boldsymbol{x} - \sum_{j=1}^{n} a_j \boldsymbol{e}_j\right\|, \quad \boldsymbol{a} \in \mathbb{K}^n.$$

显然$F(\boldsymbol{a})$是$\mathbb{K}^n$上的连续函数. 又

$$F(\boldsymbol{a}) \geqslant \left\|\sum_{j=1}^{n} a_j \boldsymbol{e}_j\right\| - \|\boldsymbol{x}\|, \ \forall \boldsymbol{a} \in \mathbb{K}^n.$$

令$p(\boldsymbol{a}) = \left\|\sum\limits_{j=1}^{n} a_j \boldsymbol{e}_j\right\|$, 则易知$p(\cdot)$是$\mathbb{K}^n$上的范数, 因此由有限维空间上范数等价, 存在$C > 0$使得

$$p(\boldsymbol{a}) \geqslant C\|\boldsymbol{a}\|, \ \forall \boldsymbol{a} \in \mathbb{K}^n,$$

这里$\|\boldsymbol{a}\| = \sum_{j=1}^{n}|a_j|$. 因此当$\|\boldsymbol{a}\| \to \infty$, $F(\boldsymbol{a}) \to +\infty$, 但是$F(\boldsymbol{a})$是非负的, 因此存在最小值. 即存在$\lambda_1, \cdots, \lambda_n$使得

$$\left\|\boldsymbol{x} - \sum_{j=1}^{n}\lambda_j\boldsymbol{e}_j\right\| = \inf\{\|\boldsymbol{x}-\boldsymbol{y}\|:\ \boldsymbol{y} \in M\}.$$

所以M是可近集. □

推论1.3.2 设$f \in [a,b]$, $\mathcal{P}_n$表示n阶多项式的全体. 则存在n阶多项式p使得

$$\max_{x\in[a,b]}|f(x)-p(x)| = \inf_{q\in\mathcal{P}_n}\max_{x\in[a,b]}|f(x)-q(x)|.$$

这样的多项式p称为f的最佳逼近多项式.

事实上, Chebyshev证明了上面推论中的最佳逼近多项式是唯一的并给出了判断最佳逼近多项式的充要条件, 参见参考文献[32]. 但是到目前还没有找到一个能实际求出最佳逼近多项式的方法.

下面讨论最佳逼近元的唯一性.

定义1.3.3 设$(X, \|\cdot\|)$为线性赋范空间. 若对任意$\boldsymbol{x}, \boldsymbol{y} \in X$, $\|\boldsymbol{x}\| = \|\boldsymbol{y}\| = 1$, $\boldsymbol{x} \neq \boldsymbol{y}$, 对所有$0 < \alpha < 1$, 有$\|\alpha\boldsymbol{x} + (1-\alpha)\boldsymbol{y}\| < 1$, 则称$(X, \|\cdot\|)$为严格凸的. 显然严格凸是与范数相关的, 有时为了简便也简称X为严格凸.

定理1.3.9 设线性赋范空间$(X, \|\cdot\|)$是严格凸的, 若M是X的可近的闭凸集, 则对任意$\boldsymbol{x} \in X$, $\boldsymbol{x}$ 在M中最佳逼近元唯一. 特别地, 严格凸的线性赋范空间$(X, \|\cdot\|)$中的有限维空间的最佳逼近元是唯一的.

证明 若$d = \rho(\boldsymbol{x}, M) > 0$, 且$\boldsymbol{y}, \boldsymbol{z} \in M$, $\boldsymbol{y} \neq \boldsymbol{z}$使得$\|\boldsymbol{x}-\boldsymbol{y}\| = \|\boldsymbol{x}-\boldsymbol{z}\| = d$. 则对任意$\alpha, \beta > 0$且$\alpha + \beta = 1$, 则有$\alpha\boldsymbol{y} + \beta\boldsymbol{z} \in M$. 再由严格凸性,

$$\frac{1}{d}\|\boldsymbol{x} - \alpha\boldsymbol{y} - \beta\boldsymbol{z}\| = \frac{1}{d}\|\alpha(\boldsymbol{x}-\boldsymbol{y}) + \beta(\boldsymbol{x}-\boldsymbol{z})\| = \|\alpha\frac{\boldsymbol{x}-\boldsymbol{y}}{d} + \beta\frac{\boldsymbol{x}-\boldsymbol{z}}{d}\| < 1.$$

这与$d = \rho(\boldsymbol{x}, M)$矛盾. 若$d = 0$, 此时$\boldsymbol{x} \in M$, 则与$\boldsymbol{x}$对应的最佳逼近元只能是$\boldsymbol{x}$. 综上得唯一性. □

例1.3.3 设$1 < p < \infty$, 则空间$L^p(\Omega, \mu)$都是严格凸的. 这只要注意到Minkowski不等式中的等号成立的条件即可. 但$L^1(\Omega, \mu)$和$C(M)$一般地都不是严格凸的. 例如$L^1(\mathbb{R}^n)$和$C[a, b]$就不是严格凸的.

1.3.3 商空间

定理1.3.10 设X是赋范线性空间, X_0是X的闭子空间, 将X中的向量分类, 若$\boldsymbol{x}-\boldsymbol{y}\in X_0$, 则将$\boldsymbol{x}$与$\boldsymbol{y}$归于同一类, 记为$[\boldsymbol{x}]$. 这些等价类的全体记为$X/X_0$, 称为商空间.

(1) 设$[\boldsymbol{x}]\in X/X_0$, $\boldsymbol{x}\in X$, 则$\boldsymbol{y}\in[\boldsymbol{x}]$当且仅当$[\boldsymbol{x}]=\boldsymbol{y}+X_0$.

(2) 在X/X_0上定义加法与数乘为

$$[\boldsymbol{x}]+[\boldsymbol{y}]=\boldsymbol{x}+\boldsymbol{y}+X_0,\forall[\boldsymbol{x}],[\boldsymbol{y}]\in X/X_0;$$

$$a[\boldsymbol{x}]=a\boldsymbol{x}+X_0,\forall a\in\mathbb{K},[\boldsymbol{x}]\in X/X_0.$$

若定义范数

$$\|[\boldsymbol{x}]\|=\inf_{\boldsymbol{y}\in[\boldsymbol{x}]}\|\boldsymbol{y}\|=\inf_{\boldsymbol{y}\in X_0}\|\boldsymbol{x}-\boldsymbol{y}\|.$$

则$(X/X_0,\|\cdot\|)$为线性赋范空间.

(3) 定义映射π： $X\to X/X_0$为

$$\pi(\boldsymbol{x})=[\boldsymbol{x}]=\boldsymbol{x}+X_0,\ \forall\boldsymbol{x}\in X,$$

则π是线性连续映射.

(4) 对任意$[\boldsymbol{x}]\in X/X_0$, $1<r<\infty$, 则存在$\boldsymbol{y}\in X$使得

$$\pi(\boldsymbol{y})=[\boldsymbol{x}],\ \text{且}\|\boldsymbol{y}\|\leqslant r\|[\boldsymbol{x}]\|.$$

(5) 若$(X,\|\cdot\|)$完备, 则$(X/X_0,\|\cdot\|)$也是完备的.

证明 只证结论(5), 设$\{[\boldsymbol{x}_n]\}$是$(X/X_0,\|\cdot\|)$内的Cauchy列, 则存在n_k, $k\in\mathbb{N}$使得

$$\|[\boldsymbol{x}_{n_{k+1}}]-[\boldsymbol{x}_{n_k}]\|\leqslant\frac{1}{2^k},$$

任取$1<r<\infty$, 由结论(4), 存在$\boldsymbol{y}_{n_1}\in[\boldsymbol{x}_{n_1}]$使得$\|\boldsymbol{y}_{n_1}\|\leqslant r\|[\boldsymbol{x}_{n_1}]\|$, 由此存在$\boldsymbol{y}_{n_k}\in[\boldsymbol{x}_{n_k}]$使得

$$\|\boldsymbol{y}_{n_{k+1}}-\boldsymbol{y}_{n_k}\|\leqslant r\|[\boldsymbol{x}_{n_{k+1}}]-[\boldsymbol{x}_{n_k}]\|\leqslant r\frac{1}{2^k},$$

因此

$$\|\boldsymbol{y}_{n_1}\|+\sum_{k=1}^{\infty}\|\boldsymbol{y}_{n_{k+1}}-\boldsymbol{y}_{n_k}\|<\infty.$$

由于$(X,\|\cdot\|)$完备, 因此$\lim\limits_{k\to\infty}\boldsymbol{y}_{n_k}$存在, 记其极限为$\boldsymbol{y}$. 即

$$\lim_{k\to\infty}\|\boldsymbol{y}_{n_k}-\boldsymbol{y}\|\to 0.$$

所以

$$\lim_{k\to\infty}\|[\boldsymbol{y}_{n_k}]-[\boldsymbol{y}]\|\leqslant\lim_{k\to\infty}\|\boldsymbol{y}_{n_k}-\boldsymbol{y}\|\to 0.$$

即

$$\lim_{k\to\infty}\|[\boldsymbol{x}_{n_k}]-[\boldsymbol{y}]\|=0.$$

所以

$$\lim_{n\to\infty}\|[\boldsymbol{x}_n]-[\boldsymbol{y}]\|=0.$$

即$(X/X_0,\|\cdot\|)$也是完备的. □

1.3.4 有穷维空间的刻画

引理1.3.2 (Riesz引理) 设X是赋范线性空间, Y是X的真闭子空间, 则对任意$\varepsilon>0$, 存在$\boldsymbol{x}\in S_X$使得$\mathrm{dist}(\boldsymbol{x},Y)\geqslant 1-\varepsilon$.

证明 由于Y是X的真闭子空间, 由定理1.3.10知$X/Y\neq 0$. 因此存在$\boldsymbol{s}\in X$使得$1-\varepsilon<\|[\boldsymbol{s}]\|<1$. 故存在$\boldsymbol{z}=\boldsymbol{s}-\boldsymbol{y}_0$, $\boldsymbol{y}_0\in Y$ 满足$\|\boldsymbol{z}\|\leqslant 1$. 令$\boldsymbol{x}=\boldsymbol{z}/\|\boldsymbol{z}\|$, 则有

$$\mathrm{dist}(\boldsymbol{x},Y)=\|[\boldsymbol{z}/\|\boldsymbol{z}\|]\|=\|[\boldsymbol{z}]\|/\|\boldsymbol{z}\|\geqslant\|[\boldsymbol{z}]\|=\|[\boldsymbol{s}]\|>1-\varepsilon.$$ □

定理1.3.11 设X是赋范线性空间, 则X为有限维空间的充要条件是X的单位球为紧集.

证明 若X是有限维空间, 则其单位球必是紧集. 反之若X为无穷维空间, 则由Riesz引理和归纳法可知存在单位向量$\{\boldsymbol{x}_n\}$ 使得$\mathrm{dist}(\boldsymbol{x}_n,\mathrm{span}\{\boldsymbol{x}_1,\cdots,\boldsymbol{x}_{n-1}\})>1/2$, $n=2,3,\cdots$, 因此$\|\boldsymbol{x}_n-\boldsymbol{x}_m\|>1/2$, $n\neq m$. 即$\{\boldsymbol{x}_n\}$不存在收敛子列, 也即X的单位球非紧. □

练习1.3

1. 设M是紧的度量空间, X是Banach空间, 记$C(M,X)$为从M到X的所有连续函数的全体, 对$u\in C(M,X)$, 定义$\|u\|_C=\sup_{x\in M}\|u(x)\|$, 证明$(C(M,X),\|\cdot\|)$为Banach空间.

2. 若赋范空间X包含一个完全有界的球, 证明X的任意闭球为紧集.

3. 证明赋范空间X为有限维当且仅当X的单位球面为紧集.

4. 证明赋范空间X为局部紧当且仅当X为有限维.

5. 设X为无穷维赋范空间. 证明存在X的一列单位向量$\{\boldsymbol{x}_n\}$使得对任意n,

   (i) $\boldsymbol{x}_1,\cdots,\boldsymbol{x}_n$线性无关;

   (ii) $\rho(\boldsymbol{x}_{n+1},X_n)\geqslant 1/2$, 其中$X_n=\mathrm{span}\{\boldsymbol{x}_1,\cdots,\boldsymbol{x}_n\}$.

6. 证明空间c_0和ℓ^1可分, 而ℓ^∞不可分, 其中$c_0=\{\boldsymbol{x}=(x_1,x_2,\cdots)\in\ell^\infty,\ 且\lim\limits_{n\to\infty}x_n=0\}$.

7. 设X_1,X_2是数域$\mathbb{K}$上的赋范空间, 定义积空间$X=X_1\times X_2$上的加法和数乘运算为对任意$(\boldsymbol{x}_1,\boldsymbol{x}_2),(\boldsymbol{y}_1,\boldsymbol{y}_2)\in X$, $\lambda\in\mathbb{K}$,

$$(\boldsymbol{x}_1,\boldsymbol{x}_2)+(\boldsymbol{y}_1,\boldsymbol{y}_2)=(\boldsymbol{x}_1+\boldsymbol{y}_1,\boldsymbol{x}_2+\boldsymbol{y}_2),$$
$$\lambda(\boldsymbol{x}_1,\boldsymbol{x}_2)=(\lambda\boldsymbol{x}_1,\lambda\boldsymbol{x}_2).$$

记$\|(\boldsymbol{x}_1,\boldsymbol{x}_2)\|_p=(\|\boldsymbol{x}_1\|^p+\|\boldsymbol{x}_2\|^p)^{1/p}$, $1\leqslant p\leqslant\infty$. 证明$(X,\|\cdot\|_p)$为赋范空间.

8. 设X是数域$\mathbb{K}$上的赋范空间. 证明:

(i) 映射$(\boldsymbol{x},\boldsymbol{y})\mapsto\boldsymbol{x}+\boldsymbol{y}$在$X\times X$上一致连续;

(ii) 对任意$\lambda\in\mathbb{K}$, 映射$\boldsymbol{x}\mapsto\lambda\boldsymbol{x}$在$X$上一致连续;

(iii) 对任意$\boldsymbol{x}\in X$, 映射$\lambda\mapsto\lambda\boldsymbol{x}$在$\mathbb{K}$上一致连续;

(iv) 映射$(\lambda,\boldsymbol{x})\mapsto\lambda\boldsymbol{x}$在$\mathbb{K}\times X$上一致连续.

9. 设S是赋范空间X的一个线性子空间. 证明S在X内的闭包也是X内的一个线性子空间.

10. 设S是赋范空间X的一个闭线性子空间. 证明$\boldsymbol{a}+S=\{\boldsymbol{a}+\boldsymbol{x}:\ \boldsymbol{x}\in S\}$在$X$内是闭的.

11. 设A,B是赋范空间X的子集. 记$A+B=\{\boldsymbol{a}+\boldsymbol{b}:\ \boldsymbol{a}\in A;\ \boldsymbol{b}\in B\}$. 证明:

(i) 若A为开集, 则$A+B$为开集;

(ii) 若A为紧集, B为闭集, 则$A+B$也是闭集.

12. 设$\|\cdot\|_1$, $\|\cdot\|_2$是线性空间X上的等价范数. 若$(X,\|\cdot\|_1)$是完备的, 证明$(X,\|\cdot\|_2)$也是完备的.

13. 设X为赋范空间. 若$\boldsymbol{x},\boldsymbol{y}\in X$满足$\|\boldsymbol{x}+\boldsymbol{y}\|=\|\boldsymbol{x}\|+\|\boldsymbol{y}\|$. 证明对任意$\alpha,\beta\geqslant 0$, 都有$\|\alpha\boldsymbol{x}+\beta\boldsymbol{y}\|=\alpha\|\boldsymbol{x}\|+\beta\|\boldsymbol{y}\|$.

14. 设L为赋范空间X内的集合. 证明$\overline{\mathrm{span}(L)}$为所有包含$L$的闭子空间的交.

15. 设X为Banach空间. 若$\boldsymbol{x}_n\in X$满足$\sum_{n=1}^\infty\|\boldsymbol{x}_n\|=M<+\infty$, 证明存在$\boldsymbol{x}\in X$使得$\boldsymbol{x}=\sum_{n=1}^\infty\boldsymbol{x}_n$且$\|\boldsymbol{x}\|\leqslant M$.

16. 设X,Y是赋范空间且是Hausdorff空间Z内的子集. 证明: 交$X\cap Y$装备范数$\|\boldsymbol{z}\|_{X\cap Y}=\max\{\|\boldsymbol{z}\|_X,\|\boldsymbol{z}\|_Y\}$, 和$X+Y$装备范数

$$\|\boldsymbol{z}\|_{X+Y}=\inf\{\|\boldsymbol{x}\|_X+\|\boldsymbol{y}\|_Y:\ \boldsymbol{x}\in X,\boldsymbol{y}\in Y,\boldsymbol{z}=\boldsymbol{x}+\boldsymbol{y}\}$$

都是赋范空间. 若X,Y都是Banach空间, 则$X\cap Y$和$X+Y$也是Banach空间.

17. 设$1<p<\infty$, 证明$L^p\subset L^1+L^\infty$.

18. 设X为Banach空间, $\{\boldsymbol{x}_n\}_{n\in\mathbb{N}}\subset X$且$\lim\limits_{n\to\infty}\|\boldsymbol{x}_n\|=0$. 证明集合$K=\{\boldsymbol{x}\in X:\ \boldsymbol{x}=\sum_{n=1}^\infty a_n\boldsymbol{x}_n,\ \sum_{n=1}^\infty|a_n|\leqslant 1\}$是$X$内的紧集. (提示: 只需证明$K$为完全有界集)

19. 设$0<\alpha\leqslant 1$, 集合

$$K=\{f\in C[0,1]:\ |f(x)-f(y)|\leqslant|x-y|^\alpha,\ \forall x,y\in[0,1],\ f(0)=0\}.$$

证明集合K为$C[0,1]$中紧集.

1.4 压缩映射原理

设$(X,\rho),(Y,d)$为度量空间, f是从X到Y的映射, 若存在常数c使得对任意$x,y\in X$, 有$d(f(x),f(y))\leqslant c\rho(x,y)$成立, 则称$f$为Lipschitz映射. 显然任意Lipschitz映射是一致连续的. 若$0<c<1$, 此时的Lipschitz映射称为压缩映射.

若f是从X到X内的映射, $f(x_0)=x_0$, 则称x_0为f的不动点.

定理1.4.1 完备度量空间上的任意压缩映射存在唯一的不动点.

证明 设(X,ρ)为完备度量空间, f是X上的压缩映射, 即存在$0<c<1$使得对任意$x,y\in X$有$\rho(f(x),f(y))\leqslant c\rho(x,y)$. 任取$x_0\in X$, 令$x_n=f(x_{n-1})$, $\forall n\in\mathbb{N}$. 则对$k\geqslant 1$, 有

$$\rho(x_k,x_{k+1})\leqslant c\rho(x_{k-1},x_k)\leqslant\cdots\leqslant c^k\rho(x_0,x_1).$$

因此当$m>n\geqslant 1$, 有

$$\rho(x_n,x_m)\leqslant\sum_{k=n}^{m-1}\rho(x_k,x_{k+1})\leqslant\sum_{k=n}^{m-1}c^k\rho(x_0,x_1)\leqslant\rho(x_0,x_1)\frac{c^n}{1-c}\to 0,\ n\to\infty.$$

故$\{x_n\}$是X中的基本列, 设ξ是它在X中的极限, 则有

$$\xi=\lim_{n\to\infty}x_n=\lim_{n\to\infty}f(x_{n-1})=f(\xi).$$

因此ξ是f的一个不动点.

若f还有另一个不同的不动点η, 则有

$$\rho(\xi,\eta)=\rho(f(\xi),f(\eta))\leqslant c\rho(\xi,\eta),$$

这是不可能的. 故ξ是f的唯一不动点. □

定理1.4.1称为Banach不动点定理或压缩映射原理. 它有广泛的应用, 特别在微分方程解的存在性方面. 下面介绍它在常微分方程中的几个应用.

定理1.4.2 (Picard定理) 设$a,b>0$, 记$K=\{(x,y)\in\mathbb{R}^2:\ |x-x_0|\leqslant a,\ |y-y_0|\leqslant b\}$. 设$f:\ K\to\mathbb{R}$为连续映射且存在$c>0$使得对任意$x\in U(x_0,a)$, $y_1,y_2\in U(y_0,b)$, 满足

$$|f(x,y_1)-f(x,y_2)|\leqslant c|y_1-y_2|.$$

令$M=\sup_{(x,y)\in K}|f(x,y)|$和

$$h=\begin{cases}\min\{a,b/M\}, & M>0,\\ a, & M=0.\end{cases}$$

则存在区间$I=[x_0-h,x_0+h]$上唯一的连续可微函数ϕ使得$\phi(x_0)=y_0$且

$$\phi'(x)=f(x,\phi(x)),\ \forall x\in I.$$

证明 微分方程初值问题

$$\begin{cases}\frac{\mathrm{d}y}{\mathrm{d}x}=f(x,y),\ x\in I,\\ y(x_0)=y_0\end{cases}$$

与如下的积分方程是等价的. ϕ是I上的连续函数使得

$$\phi(x)=y_0+\int_{x_0}^{x}f(t,\phi(t))\,\mathrm{d}t,\ \forall x\in I.$$

设$(C(I),\|\cdot\|)$为区间I上连续函数的全体, 范数为上确界范数. 记V为$(C(I),\|\cdot\|)$内中心在I上恒等于y_0的函数, 半径为b的闭球. 则V是完备的. 若$y\in V$, 则有$|y(t)-y_0|\leqslant b$, $\forall t\in I$. 因此$(t,y(t))\in K$. 则

$$F_y(x)=y_0+\int_{x_0}^{x}f(t,y(t))\mathrm{d}t$$

定义了映射$F_y:\ I\to\mathbb{R}$. 且$y\mapsto F_y$是从V到V内的映射. 这是因为

$$|F_y(x)-F_y(x')|=\left|\int_{x'}^{x}f(t,y(t))\mathrm{d}t\right|\leqslant M|x-x'|$$

和

$$|F_y(x)-y_0|\leqslant M|x-x_0|\leqslant Mh\leqslant b,\ \forall x\in I.$$

下面我们要在$C(I)$上定义一个新的范数使得上面的映射是压缩的. 对任意$f\in C(I)$, 定义

$$\|f\|'=\sup\{\mathrm{e}^{-2c|x-x_0|}|f(x)|:\ x\in I\}.$$

则$(C(I),\|\cdot\|')$也是完备的(两个范数是等价的). 从而$(V,\|\cdot\|')$也是完备的. 则映射$y\mapsto F_y$就是$(V,\|\cdot\|')$上的压缩映射. 因为对任意$y_1,y_2\in V$, $x\in I$, 不妨设$x\geqslant x_0$, 则有

$$\begin{aligned}|F_{y_1}(x)-F_{y_2}(x)|&\leqslant\int_{x_0}^{x}|f(t,y_1(t))-f(t,y_2(t))|\mathrm{d}t\\&\leqslant c\int_{x_0}^{x}|y_1(t)-y_2(t)|\mathrm{d}t\\&\leqslant c\|y_1(t)-y_2(t)\|'\int_{x_0}^{x}\mathrm{e}^{2c|t-x_0|}\mathrm{d}t\\&<\frac{1}{2}\|y_1(t)-y_2(t)\|'\mathrm{e}^{2c|x-x_0|},\end{aligned}$$

因此

$$\|F_{y_1}-F_{y_2}\|'<\frac{1}{2}\|y_1(t)-y_2(t)\|',\ y_1,y_2\in C(I).$$

故由定理1.4.1, 存在唯一的$\phi\in V$满足要求. □

定理1.4.3 (Peano定理) 设$a,b>0$, 记$K=\{(x,y)\in\mathbb{R}^2:\ |x-x_0|\leqslant a,\ |y-y_0|\leqslant b\}$. 设$f:\ K\to\mathbb{R}$为连续映射. 令$M=\sup_{(x,y)\in K}|f(x,y)|$和

$$h=\begin{cases}\min\{a,b/M\}, & M>0,\\ a, & M=0.\end{cases}$$

则存在区间$I=[x_0-h,x_0+h]$上的连续可微函数ϕ使得$\phi(x_0)=y_0$且

$$\phi'(x)=f(x,\phi(x)),\ \forall x\in I.$$

证明 同前所述, 我们只需考虑积分方程: ϕ是I上的连续函数使得

$$\phi(x)=y_0+\int_{x_0}^{x}f(t,\phi(t))\,\mathrm{d}t,\ \forall x\in I.$$

虽然此时的f不满足定理1.4.2的条件. 但是我们可以用二元多项式来逼近f. 对任意$n\in\mathbb{N}$, 存在K上的二元多项式使得$\|f-p_n\|\leqslant 2^{-n}$且$\|p_n\|\leqslant M$. 此结论可以参考多元逼近方面的书, 如参考文献[27]. 由定理1.4.2知存在I上唯一的连续函数ϕ_n使得

$$\phi_n(x)=y_0+\int_{x_0}^{x}p_n(t,\phi_n(t))\,\mathrm{d}t,\ \forall x\in I.$$

对任意$x_1,x_2\in I$,

$$\phi_n(x_2)-\phi_n(x_1)|\leqslant\left|\int_{x_1}^{x_2}p_n(t,\phi_n(t))\mathrm{d}t\right|\leqslant M|x_2-x_1|.$$

此表示$\{\phi_n\}$是等度连续的. 然后对任意$x\in I$,

$$|\phi_n(x)|\leqslant|y_0|+\left|\int_{x_1}^{x_2}p_n(t,\phi_n(t))\mathrm{d}t\right|\leqslant|y_0|+M|I|.$$

即$\{\phi_n\}$是一致有界列. 由定理1.2.3知存在$\{\phi_n\}$的一致收敛的子列, 不妨就设其本身一致收敛到ϕ. 由于

$$\phi_n(x)=y_0+\int_{x_0}^{x}p_n(t,\phi_n(t))\,\mathrm{d}t,\ \forall x\in I,$$

令$n\to\infty$, 则有

$$\phi(x)=y_0+\int_{x_0}^{x}f(t,\phi(t))\,\mathrm{d}t,\ \forall x\in I.$$

则ϕ满足要求. □

接下来是一个积分不等式, 它可以应用于解的比较.

定理1.4.4 设$\boldsymbol{y}$, $\boldsymbol{z}$, $\boldsymbol{g}$: $[0,T]\to\mathbb{R}^n$, $\boldsymbol{k}$: $[0,T]\times\mathbb{R}^n\to\mathbb{R}^n$, $\mathbb{R}^n$是欧氏空间. 假设对所有$0\leqslant t\leqslant T$, 有

$$\boldsymbol{y}(t)\leqslant\boldsymbol{g}(t)+\int_0^t\boldsymbol{k}(s,\boldsymbol{y}(s))\mathrm{d}s,$$

$$\boldsymbol{z}(t)\geqslant\boldsymbol{g}(t)+\int_0^t\boldsymbol{k}(s,\boldsymbol{z}(s))\mathrm{d}s,$$

这里$\boldsymbol{k}$满足

$$|\boldsymbol{k}(t,\boldsymbol{y})-\boldsymbol{k}(t,\boldsymbol{y}')|\leqslant a(t)|\boldsymbol{y}-\boldsymbol{y}'|,\quad \boldsymbol{y},\ \boldsymbol{y}'\in\mathbb{R}^n,$$

$a(t)$是$[0,T]$上可积函数, 且$\boldsymbol{k}(t,\boldsymbol{y})$对变量$\boldsymbol{y}$单调递增. 则$\boldsymbol{y}(t)\leqslant\boldsymbol{z}(t)$对所有$0\leqslant t\leqslant T$成立. 这里$|\boldsymbol{y}|=\sqrt{y_1^2+\cdots+y_n^2}$, $\forall\boldsymbol{y}=(y_1,\cdots,y_n)\in\mathbb{R}^n$. 当然由前节可知可以换成任意范数. 若$\boldsymbol{y}=(y_1,\cdots,y_n)$, $\boldsymbol{z}=(z_1,\cdots,z_n)$, 则$\boldsymbol{y}\leqslant\boldsymbol{z}$是指$y_i\leqslant z_i$, $i=1,\cdots,n$.

证明 记从$[0,T]$到$\mathbb{R}^n$的连续函数组成的空间B具有范数

$$\|\boldsymbol{u}\|_0=\max\{|\boldsymbol{u}(t)|\exp(-A(t)):\ 0\leqslant t\leqslant T\},$$

其中$A(t)=\int_0^t a(s)\mathrm{d}s$. 则此空间$B$是一个Banach空间. 定义映射

$$(G\boldsymbol{u})(t)=\boldsymbol{g}(t)+\int_0^t\boldsymbol{k}(s,\boldsymbol{u}(s))\mathrm{d}s,$$

则G映B到自身且是压缩映射. 因为

$$\begin{aligned}|(G\boldsymbol{u})(t)-(G\boldsymbol{v})(t)|\exp(-A(t))&\leqslant\exp(-A(t))\int_0^t|\boldsymbol{k}(s,\boldsymbol{u}(s))-\boldsymbol{k}(s,\boldsymbol{v}(s))|\mathrm{d}s\\&\leqslant\exp(-A(t))\|\boldsymbol{u}-\boldsymbol{v}\|_0\int_0^t a(s)\exp(A(s))\mathrm{d}s\\&\leqslant[1-\exp(-A(t))]\|\boldsymbol{u}-\boldsymbol{v}\|_0.\end{aligned}$$

令$q=1-\exp(-A(T))$, 得

$$\|G\boldsymbol{u}-G\boldsymbol{v}\|_0\leqslant q\|\boldsymbol{u}-\boldsymbol{v}\|_0.$$

则由压缩映射不动点定理得G存在唯一的不动点. 记不动点为$\boldsymbol{u}$, 则任何递归序列都收敛到$\boldsymbol{u}$. 记$\boldsymbol{v}_0(t)=\boldsymbol{y}(t)$, 则由假设有$\boldsymbol{v}_1=G\boldsymbol{v}_0\geqslant\boldsymbol{v}_0$, 因此序列$\{\boldsymbol{v}_n\}$, $\boldsymbol{v}_{n+1}=G\boldsymbol{v}_n$,是递增, 由不动点定理知$\lim\limits_{n\to\infty}\boldsymbol{v}_n=\boldsymbol{u}$, 得$\boldsymbol{y}(t)\leqslant\boldsymbol{u}(t)$. 类似地, 可得$\boldsymbol{z}(t)\geqslant\boldsymbol{u}(t)$. 因此$\boldsymbol{y}(t)\leqslant\boldsymbol{z}(t)$. □

注 由于定理1.4.4中$\boldsymbol{k}$为向量值函数, 因此前面的积分是向量值积分, 见练习2.8的习题8. 如果令$n=1$, 则其积分就是Riemann积分, 读者应容易理解.

若X是紧的完备度量空间, 则不动点定理对非扩张映射T也成立. 设T : $X\to X$, 若对X中任意$x\neq y$, 有$\rho(Tx,Ty)<\rho(x,y)$. 则称T为非扩张映射.

命题1.4.1 *若T是紧的完备度量空间X上的非扩张映射, 则T存在唯一的不动点.*

证明 记函数$f(x)=\rho(x,Tx)$, 则f是X上的连续函数, 因为

$$|f(x)-f(y)|\leqslant\rho(x,y)+\rho(Tx,Ty).$$

因此, f在X上存在最小值d, 即存在$x_0\in X$使得$f(x_0)=d$. 显然$d\geqslant 0$. 若$d>0$, 则$d\leqslant f(Tx_0)=\rho(Tx_0,T^2x_0)<f(x_0)$. 这是矛盾的. 故$d=0$. 因此, x_0就是T的一个不动点. 若还有$y\neq x_0$也是T的不动点, 则$0<\rho(x_0,y)=\rho(Tx_0,Ty)<\rho(x_0,y)$. 这是矛盾的. 故不动点唯一. □

下节我们将继续讨论不动点的存在性.

练习1.4

1. 设T是完备度量空间X到X内的映射, 若存在正整数n使得T^n是压缩映射, 则T存在唯一的不动点.

2. 设(X,ρ)为完备度量空间, $f:\ X\to X$并存在常数$\alpha>1$使得$\rho(f(x),f(y))\geqslant\alpha\rho(x,y)$. 证明$f$有唯一的不动点.

3. 设$0<r<1$, $a(t)$为$[0,1]$上的连续函数. 则存在$[0,1]$上的连续函数$x(t)$满足方程
$$x(t)-r\cos t+a(t)=0.$$

4. 设$K(t,s)$连续且$\displaystyle\int_a^b|K(t,s)|\,\mathrm{d}s\leqslant r<1$. 则对任意连续函数$y(t)$, 证明存在$[a,b]$上唯一的连续函数$x(t)$满足方程
$$x(t)-\int_a^b K(t,s)x(s)\,\mathrm{d}s=y(t).$$

5. 设$K(t,s)$可测且$\displaystyle\int_a^b\int_a^b|K(t,s)|^2\,\mathrm{d}s\mathrm{d}t<1$. 则对任意函数$y\in L^2(a,b)$, 证明存在唯一的函数$x\in L^2(a,b)$满足方程
$$x(t)-\int_a^b K(t,s)x(s)\,\mathrm{d}s=y(t).$$

6. 设I是$\mathbb{R}$内的闭区间$[a,b]$, $D=\{x,y)\in\mathbb{R}^2:\ a\leqslant x\leqslant y\leqslant b\}$. 设函数$k:\ I\times I\to\mathbb{R}$在$D$上连续在$I\times I\backslash D$上为0, 对任意$f\in C(I)$定义$Tf:\ I\to\mathbb{R}$为
$$Tf(t)=\int_a^t k(s,t)f(s)\,\mathrm{d}s,\ \forall t\in I.$$
证明当n很大时T^n是$C(I)$上的压缩映射, 进而得积分方程
$$f(t)=g(t)+\int_a^t k(s,t)f(s)\,\mathrm{d}s,\ \forall t\in I$$
对任意$g\in C(I)$具有唯一的解$f\in C(I)$.

7. 设矩阵$(a_{ij})_{n\times m}$满足条件$\displaystyle\sum_{i=1}^n\sum_{j=1}^m a_{ij}^2<1$. 证明方程组$x_i=\displaystyle\sum_{j=1}^m a_{ij}x_j+b_i$, $i=1,\cdots,m$存在唯一解.

1.5 凸集与不动点

1.5.1 定义与基本性质

一般线性空间中的凸集概念是从平面凸集的特征性质中抽象出来的. 这性质是: 若E是一个平面凸集, 则对于E中任意两点x, y, 连接这两点的线段也在E内, 即这个性质并不要求空间具有拓扑结构, 所以这个概念可以扩充到一般的线性空间.

定义1.5.1 设X是线性空间, $E\subset X$. 如果

$$\lambda \boldsymbol{x}+(1-\lambda)\boldsymbol{y}\in E, \forall \boldsymbol{x},\boldsymbol{y}\in E,\ \forall 0\leqslant\lambda\leqslant 1,$$

则称E为凸集.

由定义直接得:

命题1.5.1 若$\{E_\alpha|\alpha\in\Lambda\}$是线性空间$X$中的一族凸集, 则$\bigcap_{\alpha\in\Lambda}E_\alpha$也是凸集.

定义1.5.2 设X是线性空间, $A\subset X$, 则称包含A的最小凸集为A的凸包, 记为$\mathrm{co}(A)$. 这里最小的意思是: 设E是包含A的凸集, 若对任意包含A的凸集F都有$E\subset F$, 则称E为包含A的最小凸集.

由前面的命题1.5.1知A的凸包为$\mathrm{co}(A)=\bigcap_{\lambda\in\Lambda}E_\lambda$, 这里$\{E_\lambda:\ \lambda\in\Lambda\}$为包含$A$的凸集全体. 这只说明凸包是存在的, 但未说明它由什么样的元素组成. 为说明清楚, 我们引进一个概念. 对任意$n\in\mathbb{N}$, $\boldsymbol{x}_1,\cdots,\boldsymbol{x}_n\in A$, $\lambda_i\geqslant 0$, $1\leqslant i\leqslant n$, 且$\sum\limits_{i=1}^n\lambda_i=1$, 称$\sum\limits_{i=1}^n\lambda_i\boldsymbol{x}_i$为$\boldsymbol{x}_1,\cdots,\boldsymbol{x}_n$的凸组合. 由归纳法可得: 若$E$为凸集, 则$E$包含$E$中元素的任意凸组合. 反之凸组合的全体组成凸包.

命题1.5.2 设X是线性空间, $A\subset X$, 那么A的凸包是A中元素任意凸组合的全体. 即

$$\mathrm{co}(A)=\left\{\sum_{i=1}^n\lambda_i\boldsymbol{x}_i:\ \sum_{i=1}^n\lambda_i=1,\ \lambda_i\geqslant 0,\ \boldsymbol{x}_i\in A,\ i=1,2,\cdots,n,\ \forall n\in\mathbb{N}\right\}.$$

证明 记S为上式右端的集合. 则显然$A\subset S$. 而S是凸集. 因为若$\boldsymbol{x},\boldsymbol{y}\in S$, 则有

$$\boldsymbol{x}=\sum_{i=1}^n\lambda_i\boldsymbol{x}_i,\quad \sum_{i=1}^n\lambda_i=1,\ \lambda_i\geqslant 0,\ \boldsymbol{x}_i\in A,\ i=1,2,\cdots,n.$$

$$\boldsymbol{y}=\sum_{j=1}^m t_j\boldsymbol{y}_j,\quad \sum_{j=1}^m t_j=1,\ t_j\geqslant 0,\ \boldsymbol{y}_j\in A,\ j=1,2,\cdots,m.$$

对任意$0<\lambda<1$, 则有

$$\lambda \boldsymbol{x}+(1-\lambda)\boldsymbol{y}=\sum_{i=1}^{n}\lambda\lambda_i\boldsymbol{x}_i+\sum_{j=1}^{m}(1-\lambda)t_j\boldsymbol{y}_j.$$

$$\sum_{i=1}^{n}\lambda\lambda_i+\sum_{j=1}^{m}(1-\lambda)t_j=1.$$

所以$\lambda\boldsymbol{x}+(1-\lambda)\boldsymbol{y}\in S$.

若F是包含A的凸集, 则由前面的论述可知$S\subset F$. 故S就是A的凸包. □

显然线性子空间是凸集, 赋范空间中的球也是凸集.

定理1.5.1 设X是赋范空间, 若A是X具有非空内部的凸集, 则: (i) $\operatorname{int} A$是凸集; (ii) $\overline{A}=\overline{\operatorname{int} A}$; (iii) $\operatorname{int}\overline{A}=\operatorname{int} A$.

为证明此定理, 我们需要如下的引理.

引理1.5.1 设X是赋范空间, 若A是X具有非空内部的凸集, 若$\boldsymbol{a}\in\operatorname{int} A$, $\boldsymbol{b}\in\overline{A}$, 则$\boldsymbol{a}$与$\boldsymbol{b}$的连线中内部点都是$A$的内点.

证明 设$\boldsymbol{c}=\lambda\boldsymbol{a}+(1-\lambda)\boldsymbol{b}$, $0<\lambda<1$. 下面证明c是A的内点.

令$r=\lambda/(\lambda-1)$, 定义$f:\ X\to X$为

$$f(\boldsymbol{x})=r(\boldsymbol{x}-\boldsymbol{c})+\boldsymbol{c},\ \forall\boldsymbol{x}\in X.$$

则f是X上的一个同胚映射, $f(\boldsymbol{c})=\boldsymbol{c}$, $f(\boldsymbol{a})=\boldsymbol{b}$且

$$\lambda\boldsymbol{x}+(1-\lambda)f(\boldsymbol{x})=\boldsymbol{c},\ \forall\boldsymbol{x}\in X.$$

设$V=B(\boldsymbol{a},r)\subset A$. 则$f(V)$是$f(\boldsymbol{a})=\boldsymbol{b}$的一个邻域. 由于$\boldsymbol{b}\in\overline{A}$, 则存在$\boldsymbol{v}\in V$使得$f(\boldsymbol{v})\in A$.

再令$g:\ X\to X$为

$$g(\boldsymbol{x})=\lambda(\boldsymbol{x}-f(\boldsymbol{v}))+f(\boldsymbol{v})=\lambda\boldsymbol{x}+(1-\lambda)f(\boldsymbol{v}),\ \forall\boldsymbol{x}\in X.$$

则由前式知$g(\boldsymbol{v})=\boldsymbol{c}$. 又由于$g$是$X$上的同胚映射, V是$\boldsymbol{v}$点的开邻域, 则$g(V)$是$g(\boldsymbol{v})=\boldsymbol{c}$的开邻域. 若$\boldsymbol{x}\in V$, 则

$$g(\boldsymbol{x})=\lambda\boldsymbol{x}+(1-\lambda)f(\boldsymbol{v})\in A.$$

故$\boldsymbol{c}$是A的内点. □

定理1.5.1的证明 (i) 设$\boldsymbol{a},\boldsymbol{b}\in \operatorname{int} A$, 存在$r>0, s>0$使得$\boldsymbol{a}+B(\boldsymbol{0},r)\subset A$, $\boldsymbol{b}+B(\boldsymbol{0},s)\subset A$. 令$\alpha=\min\{r,s\}$, 则当$\boldsymbol{y}\in B(\boldsymbol{0},\alpha)$, 对任意$0<\lambda<1$, 有

$$\lambda\boldsymbol{a}+(1-\lambda)\boldsymbol{b}+\boldsymbol{y}=\lambda(\boldsymbol{a}+\boldsymbol{y})+(1-\lambda)(\boldsymbol{b}+\boldsymbol{y})\in A,$$

即$\lambda\boldsymbol{a}+(1-\lambda)\boldsymbol{b}\in \operatorname{int} A$. 故$\operatorname{int} A$是凸集.

(ii) 显然$\overline{A}\supset\overline{\operatorname{int} A}$. 反之, 若$\boldsymbol{x}\in\overline{A}$. 对任意$\varepsilon>0$, 存在$\boldsymbol{b}\in A$使得$\boldsymbol{b}\in B(\boldsymbol{x},\varepsilon/2)$. 设$\boldsymbol{a}\in \operatorname{int} A$. 则存在$r>0$使得$\boldsymbol{a}+B(\boldsymbol{0},r)\subset A$. 对任意$0<\lambda<1$, 任意$\boldsymbol{y}\in B(\boldsymbol{0},\lambda r)$, 有

$$\lambda\boldsymbol{a}+(1-\lambda)\boldsymbol{b}+\boldsymbol{y}=\lambda(\boldsymbol{a}+\boldsymbol{y}/\lambda)+(1-\lambda)\boldsymbol{b}\in A,$$

即$\lambda\boldsymbol{a}+(1-\lambda)\boldsymbol{b}\in \operatorname{int} A$. 令$\lambda\to 0$, 则有$\lambda\boldsymbol{a}+(1-\lambda)\boldsymbol{b}\to\boldsymbol{b}$. 因此存在$\lambda>0$使得$\|\boldsymbol{b}-\lambda\boldsymbol{a}+(1-\lambda)\boldsymbol{b}\|<\varepsilon/2$. 即存在$\lambda\boldsymbol{a}+(1-\lambda)\boldsymbol{b}\in B(\boldsymbol{x},\varepsilon)$. 所以$\boldsymbol{x}\in\overline{\operatorname{int} A}$. 即$\overline{A}\subset\overline{\operatorname{int} A}$. 综合得$\overline{A}=\overline{\operatorname{int} A}$.

(iii) 显然$\operatorname{int}\overline{A}\supset \operatorname{int} A$. 反之设$\boldsymbol{x}\in \operatorname{int}\overline{A}$. 平移$-\boldsymbol{x}$, 不妨设$\boldsymbol{x}=0\in \operatorname{int}\overline{A}$. 设$B(\boldsymbol{0},r)\subset\overline{A}$, $r>0$. 由条件(ii), $\overline{A}\supset\overline{\operatorname{int} A}$, 则存在$\boldsymbol{a}\in B(\boldsymbol{0},r)\cap \operatorname{int} A$. 若$\boldsymbol{a}=\boldsymbol{0}$, 则结论成立. 否则设$\boldsymbol{b}=-\boldsymbol{a}$, 则$\boldsymbol{b}\in B(\boldsymbol{0},r)\subset\overline{A}$. 由引理1.5.1知连接$\boldsymbol{a},\boldsymbol{b}$的内部点都是$A$的内点, 显然$\boldsymbol{0}=(\boldsymbol{a}+\boldsymbol{b})/2\in \operatorname{int} A$. □

上面用凸组合研究凸集不是很方便, 下面我们用函数的方法来研究凸集, 也就是凸集的Minkowski泛函.

定义1.5.3 设X是线性空间, E是X上含有$\boldsymbol{0}$的凸子集, 在X上规定一个取值于$[0,+\infty]$的函数

$$P(\boldsymbol{x})=\inf\{\lambda>0:\ \boldsymbol{x}\in\lambda E\},\ \forall\boldsymbol{x}\in X$$

与E对应, 称函数P为E的Minkowski泛函. 这里约定空集的下确界为$+\infty$.

例1.5.1 (i) 设$X=\mathbb{R}^2$, $E=\{\boldsymbol{x}=(x_1,x_2)\in\mathbb{R}^2:\ x_1,x_2\geqslant 0\}$, 则当$\boldsymbol{x}\in E$, $P_E(\boldsymbol{x})=0$; 当$\boldsymbol{x}\notin E$, $P_E(\boldsymbol{x})=+\infty$.

(ii) 设$X=\mathbb{R}^2$, $E=\{\boldsymbol{x}=(x_1,x_2)\in\mathbb{R}^2:\ \max\{|x_1|,|x_2|\}\leqslant 1\}$, 则当$\boldsymbol{x}=(x_1,x_2)\in X$, $P_E(\boldsymbol{x})=\max\{|x_1|,|x_2|\}$.

(iii) 设X为赋范空间, $E=B(\boldsymbol{0},1)$, 则当$\boldsymbol{x}\in X$, $P_E(\boldsymbol{x})=\|\boldsymbol{x}\|$.

命题1.5.3 设X是线性空间, E是X上含有$\boldsymbol{0}$的凸子集. 若P为E的Minkowski泛函, 则P具有下列性质:

(i) $P(\boldsymbol{x})\in[0,+\infty]$, $P(\boldsymbol{0})=0$;

(ii) $P(\lambda\boldsymbol{x})=\lambda P(\boldsymbol{x})\ \forall\boldsymbol{x}\in X,\ \forall\lambda>0$;

(iii) $P(\boldsymbol{x}+\boldsymbol{y})\leqslant P(\boldsymbol{x})+P(\boldsymbol{y}),\ \forall\boldsymbol{x},\boldsymbol{y}\in X$.

证明 性质(i)和性质(ii)由定义可直接看出. 下证明性质(iii). 不妨设$P(\boldsymbol{x})$, $P(\boldsymbol{y})$为有穷. 对任意$\varepsilon > 0$, 取$t_1 = P(\boldsymbol{x}) + \varepsilon/2$, $t_2 = P(\boldsymbol{y}) + \varepsilon/2$, 则有$\boldsymbol{x}/t_1$, $\boldsymbol{y}/t_2 \in E$, 因为E是凸集, 则$(\boldsymbol{x}+\boldsymbol{y})/(t_1+t_2) \in E$. 因此$P(\boldsymbol{x}+\boldsymbol{y}) \leqslant t_1 + t_2 = P(\boldsymbol{x}) + P(\boldsymbol{y}) + \varepsilon$. 由$\varepsilon$的任意性得性质(iii)成立. □

人们关心的是$P(\boldsymbol{x})$不要取$+\infty$, 且正齐次性能成为齐次性. 为此我们需要引入下面的概念.

定义1.5.4 设E是线性空间X中的子集. 如果$\boldsymbol{x} \in E$, 有$-\boldsymbol{x} \in E$, 称E是对称的; 若E是含有$\mathbf{0}$的凸集, 如果$\forall \boldsymbol{x} \in X$, $\exists \lambda > 0$, 使得$\boldsymbol{x} \in \lambda E$, 则$E$称为是吸收的. 换言之, 若$X = \cup_{\lambda>0}\lambda E$, 则$E$为吸收的.

平面上以原点为中心的圆或椭圆既是吸收的也是对称的, 但是它们在第一象限内的部分就不是吸收的. 根据定义显然有:

命题1.5.4 设E是线性空间X的子集, 则E是吸收凸集当且仅当其Minkowski泛函$P(\boldsymbol{x})$是实值函数; 若E是对称凸集, 则$P(\boldsymbol{x})$是实齐次的, 即

$$P(\alpha \boldsymbol{x}) = |\alpha| P(\boldsymbol{x}),\ \forall \alpha \in \mathbb{R}.$$

定义1.5.5 设E为复线性空间X中的一个子集. 如果$\forall \boldsymbol{x} \in E$, $\forall |\lambda| = 1$, 有$\lambda \boldsymbol{x} \in E$, 则称$E$是均衡的.

E是均衡的等价于对任意$|\lambda| = 1$, 有$\lambda E = E$. 由定义可得如下的命题.

命题1.5.5 设E为复线性空间X中的一个均衡吸收凸子集, 则E的Minkowski泛函就是X上的一个半范数.

对于线性赋范空间有更强的结论. 先回顾下半连续的定义: 设X是一个拓扑空间, f是X上的一个函数, $\boldsymbol{x}_0 \in X$, 若对任意$\varepsilon > 0$, 存在$\boldsymbol{x}_0$的一个邻域U使得$f(\boldsymbol{x}) \geqslant f(\boldsymbol{x}_0) - \varepsilon$对所有$\boldsymbol{x} \in U$成立, 称$f$在$\boldsymbol{x}_0$点下半连续. 等价地, $\liminf\limits_{\boldsymbol{x}\to\boldsymbol{x}_0} f(\boldsymbol{x}) \geqslant f(\boldsymbol{x}_0)$. 类似称$f$在$\boldsymbol{x}_0$点上半连续, 若对任意$\varepsilon > 0$, 存在$\boldsymbol{x}_0$的一个邻域$U$使得$f(\boldsymbol{x}) \leqslant f(\boldsymbol{x}_0) + \varepsilon$对所有$\boldsymbol{x} \in U$成立. 等价地, $\limsup\limits_{\boldsymbol{x}\to\boldsymbol{x}_0} f(\boldsymbol{x}) \leqslant f(\boldsymbol{x}_0)$. 一个函数称为是下半连续, 若它在每一点都是下半连续的. 一个函数f是下半连续等价于对任意$t \in \mathbb{R}$, 集合$\{\boldsymbol{x} \in X:\ f(\boldsymbol{x}) > t\}$为开集.

定理1.5.2 设X是线性赋范空间, E是X上含有$\mathbf{0}$的凸子集. 记P为E的Minkowski 泛函, 则P具有下列性质:

(i) 若E是闭集, 则$P(\boldsymbol{x})$是下半连续的, 且有

$$E = \{\boldsymbol{x} \in X|\ P(\boldsymbol{x}) \leqslant 1\}. \tag{1.3}$$

(ii) 若E还是有界的, 则有$P(\boldsymbol{x})=0\Leftrightarrow \boldsymbol{x}=\mathbf{0}$;

(iii) 若$\mathbf{0}$为E的内点, 则还有$P(\boldsymbol{x})$是一致连续的.

证明 (i) 对任意$t>0$, 若$\boldsymbol{x}\in tE$, 即$\boldsymbol{x}/t\in E$, 则由$P(\boldsymbol{x})$的定义有$P(\boldsymbol{x})\leqslant t$. 反之, 若$P(\boldsymbol{x})\leqslant t$, 则对任意$n\in\mathbb{N}$, 有

$$\frac{\boldsymbol{x}}{t+1/n}\in E,\ \frac{\boldsymbol{x}}{t+1/n}\to\frac{\boldsymbol{x}}{t},\ n\to\infty.$$

由于E是闭的, 所以$\boldsymbol{x}\in tE$. 因此得, 对任意$t>0$,

$$tE=\{\boldsymbol{x}\in X:\ P(\boldsymbol{x})\leqslant t\}.$$

因此式(1.3)成立. 为证明$P(\boldsymbol{x})$下半连续, 由前所述只需证明对任意$t\in\mathbb{R}$, $\{\boldsymbol{x}\in X:P(\boldsymbol{x})\leqslant t\}$为闭集. 当$t>0$时$tE$是闭集, 即$\{\boldsymbol{x}\in X:\ P(\boldsymbol{x})\leqslant t\}$为闭集. 当$t=0$时, $\{\boldsymbol{x}\in X:\ P(\boldsymbol{x})\leqslant 0\}=\bigcap_{t>0}\{\boldsymbol{x}\in X:\ P(\boldsymbol{x})\leqslant t\}$也是闭集. 若$t<0$, 则显然$\{\boldsymbol{x}\in X:P(\boldsymbol{x})\leqslant t\}=\varnothing$为闭集. 所以$P(\boldsymbol{x})$是下半连续的.

(ii) 因为$\mathbf{0}\in E$, 则$P(\mathbf{0})=0$. 若E是有界的, 则存在$r>0$使得$E\subset B(\mathbf{0},r)$, 因此对任意$\boldsymbol{x}\neq\mathbf{0}\in X$, $r\boldsymbol{x}/\|\boldsymbol{x}\|\notin E$, 所以$P(\boldsymbol{x})\geqslant\|\boldsymbol{x}\|/r>0$. 即得$P(\boldsymbol{x})=0\Leftrightarrow\boldsymbol{x}=\mathbf{0}$.

(iii) 若$\mathbf{0}$是E的内点, 则存在$r>0$使得$B(\mathbf{0},r)\subset E$, 因此对任意$\boldsymbol{x}\neq\mathbf{0}$, 有$r\boldsymbol{x}/2\|\boldsymbol{x}\|\in E$. 所以$E$是吸收的且$P(\boldsymbol{x})\leqslant 2\|\boldsymbol{x}\|/r$, $\forall\boldsymbol{x}\in X$. 因此有

$$|P(\boldsymbol{x})-P(\boldsymbol{y})|\leqslant\max\{P(\boldsymbol{x}-\boldsymbol{y}),P(\boldsymbol{y}-\boldsymbol{x})\}\leqslant\frac{2}{r}\|\boldsymbol{x}-\boldsymbol{y}\|,\ \forall\boldsymbol{x},\boldsymbol{y}\in X.$$

所以$P(\boldsymbol{x})$是一致连续的. □

定理1.5.3 *若E是$\mathbb{R}^n$中的紧凸子集且含有内点, 则必存在一个同胚映射$T:\ \mathbb{R}^n\to\mathbb{R}^n$使得$E$同胚于$\mathbb{R}^n$中的闭单位球.*

证明 若E是$\mathbb{R}^n$中的紧凸子集且含内点, 通过一个平移(而平移是同胚的), 不妨设$\mathbf{0}\in\operatorname{int}E$, 则$E$上的Minkowski泛函$P(\boldsymbol{x})$是在$\mathbb{R}^n$上的一个一致连续, 正齐次, 次可加的且满足$P(\boldsymbol{x})=0\Leftrightarrow\boldsymbol{x}=\mathbf{0}$. 因此由定理1.3.7知存在$c_1,c_2>0$使得

$$c_1\|\boldsymbol{x}\|\leqslant P(\boldsymbol{x})\leqslant c_2\|\boldsymbol{x}\|,\ \forall\boldsymbol{x}\in\mathbb{R}^n.$$

设$\bar{B}(\mathbf{0},1)$是$\mathbb{R}^n$的闭的单位球, 令

$$T(\boldsymbol{x})=\begin{cases}\frac{\|\boldsymbol{x}\|}{P(\boldsymbol{x})}\boldsymbol{x}, & \boldsymbol{x}\neq\mathbf{0},\\ 0, & \boldsymbol{x}=\mathbf{0}.\end{cases}$$

则易证$T:\ \bar{B}(\mathbf{0},1)\to E$是一个同胚映射. □

推论1.5.1 若E是$\mathbb{R}^n$中的紧凸子集, 则必存在正整数$m \leqslant n$, 使得E同胚于$\mathbb{R}^m$中的单位球.

证明 由前面的定理只需证明E可以看成是某个空间为m维的含有内点的紧凸子集. 为此用X表示包含E的最小线性子流形, 设其维数为m, 则$m \leqslant n$. 从而有$m+1$个向量$\boldsymbol{e}_1, \boldsymbol{e}_2, \cdots, \boldsymbol{e}_{m+1}$使得$\boldsymbol{e}_i - \boldsymbol{e}_{m+1}, i = 1, \cdots, m$是线性无关的. 令

$$\boldsymbol{e}_0 = \frac{1}{m+1}\sum_{i=1}^{m+1} \boldsymbol{e}_i.$$

则$\boldsymbol{e}_0 \in E \subset X$, 且$\boldsymbol{e}_i - \boldsymbol{e}_0, i = 1, \cdots, \boldsymbol{e}_m - \boldsymbol{e}_0$是线性空间$X - \boldsymbol{e}_0$的基. 对任意$\boldsymbol{z} = \sum_{i=1}^{m} a_i(\boldsymbol{e}_i - \boldsymbol{e}_0)$, 定义等价范数

$$\|\boldsymbol{z}\|_1 = \sum_{i=1}^{m} |a_i|.$$

下面证明当$\|\boldsymbol{z}\|_1$很小时有$\boldsymbol{z} \in E - \boldsymbol{e}_0$, 即$\boldsymbol{0}$是$E - \boldsymbol{e}_0$在空间$X - \boldsymbol{e}_0$内的一个内点. 当$\|\boldsymbol{z}\|_1$很小时, 有

$$\begin{aligned}\boldsymbol{y} = \boldsymbol{z} + \boldsymbol{e}_0 &= \sum_{i=1}^{m} a_i(\boldsymbol{e}_i - \boldsymbol{e}_0) + \boldsymbol{e}_0 \\ &= \sum_{i=1}^{m}\left(a_i + \frac{1}{m+1}\left(1 - \sum_{j=1}^{m} a_j\right)\right)\boldsymbol{e}_i + \frac{1}{m+1}\left(1 - \sum_{j=1}^{m} a_j\right)\boldsymbol{e}_{m+1},\end{aligned}$$

当$|a_i|$充分小时, 上式中的系数都是正的, 且它们的和为

$$\sum_{i=1}^{m}\left(a_i + \frac{1}{m+1}\left(1 - \sum_{j=1}^{m} a_j\right)\right) + \frac{1}{m+1}\left(1 - \sum_{j=1}^{m} a_j\right) = 1,$$

所以$\boldsymbol{y} \in E$, 即$\boldsymbol{0}$是$E - \boldsymbol{e}_0$的内点. □

1.5.2 Brouwer和Schauder不动点定理

定理1.5.4 (Brouwer不动点定理) 设B是$\mathbb{R}^d$中的闭单位球, 又设$T: B \to B$是一个连续映射, 则T必有一个不动点$\boldsymbol{x} \in B$.

当$d = 1$时, 此定理很容易证明, 但是当$d \geqslant 2$, 其证明非常不易. 在1904年, 首先由Piers Bohl 证明$d = 3$ 的情况(发表于《纯粹及应用数学期刊》). 后来在1909年, L. E. J. Brouwer再次证明. 在1910年, Jacques Hadamard提供一般情况的证明, 而Brouwer在1912年提出另一个不同的证明. 此定理也是刻画了欧氏空间特征的重要定理之一. 由于此定理的重要性, 现在出现许多简单的证明, 例如见参考文献[16].

推论1.5.2 设E是$\mathbb{R}^n$中的一个紧凸子集, 又设$T:\ E\to E$是一个连续映射, 则T在E上必有一个不动点.

证明 存在一个闭球$B(\mathbf{0},R)$使得$E\subset B(\mathbf{0},R)$. 定义映射$P: B(\mathbf{0},R)\to E$, $P(\boldsymbol{x})$为在E中最接近$\boldsymbol{x}$的点, 由于E是紧凸子集, $P(\boldsymbol{x})$是存在且唯一的. 并且P是连续映射. 考虑复合映射TP, 则由定理1.5.4, 存在$\boldsymbol{x}\in B(\mathbf{0},R)$使得$TP(\boldsymbol{x})=\boldsymbol{x}$. 因此$\boldsymbol{x}\in E$, 但是$P(\boldsymbol{x})=\boldsymbol{x}$, 所以$T(\boldsymbol{x})=\boldsymbol{x}$. 即得结论. □

定理1.5.5 (Schauder不动点定理) 设E是线性赋范空间X中的一个闭凸子集, 又设$T:\ E\to E$是一个连续映射且$T(E)$是列紧集, 则T在E上必有一个不动点.

证明 (1) 因为$T(E)$是列紧集, 所以对任意$n\in\mathbb{N}$, 存在有限的$1/n$网$E_n=\{\boldsymbol{y}_1,\cdots,\boldsymbol{y}_{r_n}\}$, 即

$$T(E)\subset\bigcup_{i=1}^{r_n}B(\boldsymbol{y}_i,1/n),\text{且}\boldsymbol{y}_i\in T(E),i=1,\cdots,r_n.$$

记$X_n=\mathrm{span}\{E_n\}$, 即X_n是E_n张成的有限维线性子空间.

(2) 作映射$I_n:\ T(E)\to\mathrm{co}(E_n)$如下:

$$I_n(\boldsymbol{x})=\sum_{i=1}^{r_n}a_i(\boldsymbol{x})\boldsymbol{y}_i,\ \forall\boldsymbol{x}\in T(E),$$

这里

$$a_i(\boldsymbol{x})=\frac{m_i(\boldsymbol{x})}{\displaystyle\sum_{i=1}^{r_n}m_i(\boldsymbol{x})},$$

$$m_i(\boldsymbol{x})=\begin{cases}1-n\|\boldsymbol{x}-\boldsymbol{y}_i\|, & \boldsymbol{x}\in B(\boldsymbol{y}_i,1/n),\\ 0, & \boldsymbol{x}\notin B(\boldsymbol{y}_i,1/n).\end{cases}$$

因为$m_i(\boldsymbol{x})\geqslant 0$, 且必有某项大于0. 所以$I_n$是定义好的. 且有$I_n(\boldsymbol{x})\in\mathrm{co}(E_n)$. 易知$m_i$都是连续函数, 所以$a_i$也都是连续函数. 从而$I_n$是连续映射. 还有

$$\begin{aligned}\|I_n\boldsymbol{x}-\boldsymbol{x}\|&=\left\|\sum_{i=1}^{r_n}a_i(\boldsymbol{x})\boldsymbol{y}_i-\sum_{i=1}^{r_n}a_i(\boldsymbol{x})\boldsymbol{x}\right\|=\left\|\sum_{i=1}^{r_n}a_i(\boldsymbol{x})(\boldsymbol{y}_i-\boldsymbol{x})\right\|\\&\leqslant\sum_{i=1}^{r_n}a_i(\boldsymbol{x})\|(\boldsymbol{y}_i-\boldsymbol{x})\|\\&=\sum_{\boldsymbol{x}\in B(\boldsymbol{y}_i,1/n)}a_i(\boldsymbol{x})\|(\boldsymbol{y}_i-\boldsymbol{x})\|+\sum_{\boldsymbol{x}\notin B(\boldsymbol{y}_i,1/n)}a_i(\boldsymbol{x})\|(\boldsymbol{y}_i-\boldsymbol{x})\|<1/n.\end{aligned}$$

(3) 令$T_n = I_n \circ T$, 则T_n是从$\mathrm{co}(E_n)$到$\mathrm{co}(E_n)$的连续映射, 又$\mathrm{co}(E_n)$是X_n的紧凸子集, 由推论1.5.2知存在$\boldsymbol{x}_n$使得$T_n\boldsymbol{x}_n = \boldsymbol{x}_n$. 因为$T(E)$是列紧集和$E$是闭集, 则存在子列$n_k$及$\boldsymbol{x} \in E$使得$T\boldsymbol{x}_{n_k} \to \boldsymbol{x}$, $k \to \infty$. 因此由步骤(2)得

$$\boldsymbol{x} = \lim_{k\to\infty} T\boldsymbol{x}_{n_k} = \lim_{k\to\infty} I_{n_k}T\boldsymbol{x}_{n_k} = \lim_{k\to\infty} T_{n_k}\boldsymbol{x}_{n_k} = \lim_{k\to\infty} \boldsymbol{x}_{n_k},$$

再由T的连续性, 可得$T\boldsymbol{x} = \boldsymbol{x}$. □

定义1.5.6 设E是线性赋范空间X中的一个子集, 又设$T: E \to X$是一个连续映射且将E中的有界集映为列紧集, 则称T为紧的.

由定理1.5.5立得如下的推论:

推论1.5.3 设E是线性赋范空间X中的一个有界闭凸子集, 又设$T: E \to E$是紧的, 则T在E上必有一个不动点.

练习1.5

1. 设A, B是线性空间X内的凸集. 证明:
   (i) $\mathrm{con}(A \cup B) = \{\lambda\boldsymbol{x} + (1-\lambda)\boldsymbol{y}:\ \boldsymbol{x} \in A,\ \boldsymbol{y} \in B,\ \lambda \in [0,1]\}$;
   (ii) $A + B$也是凸集;
   (iii) λA也是凸集, $\lambda \in \mathbb{K}$.

2. 证明凸集的闭包也是凸集.

3. 证明开集的凸包也是开集.

4. 设$X = \ell^2$, B是X内的单位球. 定义$f:\ B \to \partial B$为$\boldsymbol{x} = (x_i)_{i\in\mathbb{N}}$, $f(\boldsymbol{x}) = (\sqrt{1-\|\boldsymbol{x}\|^2}, x_1, x_2, x_3, \cdots)$. 证明$f$是连续的但没有不动点.

5. 设B是赋范空间X内的开单位球. T是$\overline{B}$到X内的连续映射使得$T\overline{B}$是X内的列紧集且$T\partial B \subset B$. 证明T具有不动点. (提示: 考虑映射$T^*\boldsymbol{x} = \begin{cases} T\boldsymbol{x}, & \|T\boldsymbol{x}\| \leqslant 1, \\ T\boldsymbol{x}/\|T\boldsymbol{x}\|, & \|T\boldsymbol{x}\| \geqslant 1. \end{cases}$ 对T^*利用Schauder不动点定理)

6. 设E为紧集, f是E上的下半连续函数, 证明f在E上取到最小值. (提示: 设$d = \inf\{f(\boldsymbol{x}) : \boldsymbol{x} \in E\}$. 对任意$n \in \mathbb{N}$, 记$E_n = \{\boldsymbol{x} \in E : f(\boldsymbol{x}) \leqslant d + 1/n\}$, 则$E_n$为一列闭集满足有限交非空, 由练习1.2的第2题得$\cap_{n=1}^{\infty} E_n$非空. 任取$\boldsymbol{x}_0 \in \cap_{n=1}^{\infty} E_n$, 则$f(\boldsymbol{x}_0)$就是最小值)

1.6 内积空间

本节介绍一类特殊的赋范空间, 内积空间. 它较一般的赋范空间的好处是可以定义两个向量的夹角. 如果内积空间是完备的则称为Hilbert空间, 对于在Hilbert空间上算子或者线性泛函的研究要比在一般的Banach空间上的算子或泛函容易处理.

1.6.1 内积空间的定义

定义1.6.1 复线性空间X上的一个二元函数$a(\cdot,\cdot): X\times X\to\mathbb{C}$, 如果对于$\forall \boldsymbol{x},\boldsymbol{y},\boldsymbol{z}\in X$, $\forall\alpha,\beta\in\mathbb{C}$, 有:

(i) $a(\alpha\boldsymbol{x}+\beta\boldsymbol{y},\boldsymbol{z})=\alpha a(\boldsymbol{x},\boldsymbol{z})+\beta a(\boldsymbol{y},\boldsymbol{z})$;

(ii) $a(\boldsymbol{x},\alpha\boldsymbol{y}+\beta\boldsymbol{z})=\bar{\alpha}a(\boldsymbol{x},\boldsymbol{y})+\bar{\beta}a(\boldsymbol{x},\boldsymbol{z})$,

则称a为共轭双线性(sequi-linear)函数. 若对任意$\boldsymbol{x},\boldsymbol{y}\in X$, 有$a(\boldsymbol{x},\boldsymbol{y})=\overline{a(\boldsymbol{y},\boldsymbol{x})}$, 则称为Hermitian型. 函数$q(\boldsymbol{x})=a(\boldsymbol{x},\boldsymbol{x})$称为$X$上由$a$诱导的二次型. 若对任意$\boldsymbol{x}\in X$, $q(\boldsymbol{x})\geqslant 0$, 则称$q$为非负的. 若对任意$\boldsymbol{0}\neq\boldsymbol{x}\in X$, $q(\boldsymbol{x})>0$, 则称q为严格正的或正定的.

例1.6.1 设$X=L^2(\Omega,\mu)$, 定义

$$\langle f,g\rangle=\int_\Omega f(x)\overline{g(x)}\,\mathrm{d}\mu(x),\ \forall f,g\in X,$$

则$\langle\cdot,\cdot\rangle$就是$X$上的一个共轭双线性函数.

Hermitian型又称为共轭对称. 共轭双线性函数a可以由它诱导的二次型$q(\boldsymbol{x})=a(\boldsymbol{x},\boldsymbol{x})$来表示, 即有如下的极化等式.

$$a(\boldsymbol{x},\boldsymbol{y})=\frac{1}{4}[q(\boldsymbol{x}+\boldsymbol{y})-q(\boldsymbol{x}-\boldsymbol{y})+\mathrm{i}q(\boldsymbol{x}+\mathrm{i}\boldsymbol{y})-\mathrm{i}q(\boldsymbol{x}-\mathrm{i}\boldsymbol{y})],\ \forall\boldsymbol{x},\boldsymbol{y}\in X.$$

此时的二次型还满足平行四边形法则,

$$q(\boldsymbol{x}+\boldsymbol{y})+q(\boldsymbol{x}-\boldsymbol{y})=2q(\boldsymbol{x})+2q(\boldsymbol{y}),\ \forall\boldsymbol{x},\boldsymbol{y}\in X.$$

这些等式的验证留作练习.

命题1.6.1 设a是线性空间X上的共轭双线性函数, $q(\boldsymbol{x})$是由a诱导的二次型, 那么a是Hermitian型当且仅当$q(\boldsymbol{x})\in\mathbb{R}$, $\forall\boldsymbol{x}\in X$.

证明 注意到$q(-\boldsymbol{x})=q(\boldsymbol{x})$, $q(\mathrm{i}\boldsymbol{x})=q(\boldsymbol{x})$. 若$q(\boldsymbol{x})\in\mathbb{R}$, $\forall\boldsymbol{x}\in X$, 由极化等式得

$$a(\boldsymbol{x},\boldsymbol{y})=\overline{a(\boldsymbol{y},\boldsymbol{x})},\ \forall\boldsymbol{x},\boldsymbol{y}\in X.$$

反之是显然的. □

命题1.6.2 设a是线性空间X上的共轭双线性函数, 如果a诱导的二次型q是非负的, 则有

$$|a(\boldsymbol{x},\boldsymbol{y})|\leqslant q(\boldsymbol{x})^{1/2}q(\boldsymbol{y})^{1/2},\ \forall\boldsymbol{x},\boldsymbol{y}\in X.\tag{1.4}$$

若还有$q(\boldsymbol{x})$是正定的, 则上式等号成立当且仅当$\boldsymbol{x}$与$\boldsymbol{y}$线性相关.

证明 不妨设$\boldsymbol{y}\neq\mathbf{0}$, 对任意$\lambda\in\mathbb{K}$, 有

$$0\leqslant q(\boldsymbol{x}+\lambda\boldsymbol{y})=q(\boldsymbol{x})+\bar{\lambda}a(\boldsymbol{x},\boldsymbol{y})+\lambda a(\boldsymbol{y},\boldsymbol{x})+|\lambda|^2q(\boldsymbol{y}).$$

令$\lambda=-a(\boldsymbol{x},\boldsymbol{y})/q(\boldsymbol{y})$, 由$a(\boldsymbol{x},\boldsymbol{y})=\overline{a(\boldsymbol{y},\boldsymbol{x})}$, 则有

$$q(\boldsymbol{x})-\frac{|a(\boldsymbol{x},\boldsymbol{y})|^2}{q(\boldsymbol{y})}\geqslant 0.$$

即式(1.4)成立.

若$\boldsymbol{x}=\lambda\boldsymbol{y}$, 则式(1.4)中的等号显然成立. 反之, 若式(1.4)中的等号成立, 若$\boldsymbol{y}=\mathbf{0}$, 则$\boldsymbol{x}$与$\boldsymbol{y}$线性相关, 若$\boldsymbol{y}\neq\mathbf{0}$, 则令$\lambda=-a(\boldsymbol{x},\boldsymbol{y})/q(\boldsymbol{y})$, 则有$q(\boldsymbol{x}+\lambda\boldsymbol{y})=0$, 由$q$的正定性, 则$\boldsymbol{x}=-\lambda\boldsymbol{y}$. □

下面考虑两个共轭双线性函数.

命题1.6.3 设a,b是复线性空间X上的Hermitian型共轭双线性函数, 使得

$$|a(\boldsymbol{x},\boldsymbol{x})|\leqslant Cb(\boldsymbol{x},\boldsymbol{x}),\quad \forall\boldsymbol{x}\in X.$$

则对任意$\boldsymbol{x},\boldsymbol{y}\in X$,

$$|a(\boldsymbol{x},\boldsymbol{y})|^2\leqslant C^2b(\boldsymbol{x},\boldsymbol{x})b(\boldsymbol{y},\boldsymbol{y}).\tag{1.5}$$

证明 注意到b是非负的. 首先假设$a(\boldsymbol{x},\boldsymbol{y})$为实数, 此时有$a(\boldsymbol{x}\pm\boldsymbol{y},\boldsymbol{x}\pm\boldsymbol{y})=a(\boldsymbol{x},\boldsymbol{x})\pm 2a(\boldsymbol{x},\boldsymbol{y})+a(\boldsymbol{y},\boldsymbol{y})$, 因此有

$$a(\boldsymbol{x},\boldsymbol{y})=\frac{1}{4}[a(\boldsymbol{x}+\boldsymbol{y},\boldsymbol{x}+\boldsymbol{y})-a(\boldsymbol{x}-\boldsymbol{y},\boldsymbol{x}-\boldsymbol{y})].$$

由此得

$$|a(\boldsymbol{x},\boldsymbol{y})|\leqslant\frac{C}{4}[b(\boldsymbol{x}+\boldsymbol{y},\boldsymbol{x}+\boldsymbol{y})+b(\boldsymbol{x}-\boldsymbol{y},\boldsymbol{x}-\boldsymbol{y})]=\frac{C}{2}[b(\boldsymbol{x},\boldsymbol{x})+b(\boldsymbol{y},\boldsymbol{y})].$$

分别用$\alpha\boldsymbol{x}$,和$\boldsymbol{y}/\alpha$替代$\boldsymbol{x},\boldsymbol{y}$, $\alpha\in\mathbb{R}$, 则有

$$|a(\boldsymbol{x},\boldsymbol{y})|\leqslant\frac{C}{4}[b(\alpha\boldsymbol{x}+\boldsymbol{y}/\alpha,\alpha\boldsymbol{x}+\boldsymbol{y}/\alpha)+b(\alpha\boldsymbol{x}-\boldsymbol{y}/\alpha,\alpha\boldsymbol{x}-\boldsymbol{y}/\alpha)]=\frac{C}{2}[\alpha^2b(\boldsymbol{x},\boldsymbol{x})+b(\boldsymbol{y},\boldsymbol{y})/\alpha^2].$$

若$b(\boldsymbol{y},\boldsymbol{y})=0$, 令$\alpha\to 0$, 则有$a(\boldsymbol{x},\boldsymbol{y})=0$, 此时不等式(1.5)成立. 若$b(\boldsymbol{x},\boldsymbol{x})=0$, 令$\alpha\to\infty$, 也有$a(\boldsymbol{x},\boldsymbol{y})=0$. 此时不等式(1.5)也成立. 其他的情形, 令$\alpha^2=\frac{b(\boldsymbol{y},\boldsymbol{y})^{1/2}}{b(\boldsymbol{x},\boldsymbol{x})^{1/2}}$, 则有

$$|a(\boldsymbol{x},\boldsymbol{y})|\leqslant Cb(\boldsymbol{x},\boldsymbol{x})^{1/2}b(\boldsymbol{y},\boldsymbol{y})^{1/2}.$$

这就是要证的.

若$a(\boldsymbol{x},\boldsymbol{y})$不是实数, 令$a(\boldsymbol{x},\boldsymbol{y})=\mathrm{e}^{\mathrm{i}\theta}|a(\boldsymbol{x},\boldsymbol{y})|$, 即$a(\mathrm{e}^{-\mathrm{i}\theta}\boldsymbol{x},\boldsymbol{y})$为实数, 由上可得

$$|a(\mathrm{e}^{-\mathrm{i}\theta}\boldsymbol{x},\boldsymbol{y})|\leqslant Cb(\mathrm{e}^{-\mathrm{i}\theta}\boldsymbol{x},\mathrm{e}^{-\mathrm{i}\theta}\boldsymbol{x})^{1/2}b(\boldsymbol{y},\boldsymbol{y})^{1/2}.$$

得

$$|a(\boldsymbol{x},\boldsymbol{y})|\leqslant Cb(\boldsymbol{x},\boldsymbol{x})^{1/2}b(\boldsymbol{y},\boldsymbol{y})^{1/2}.$$ □

推论1.6.1 设b是复线性空间X上的Hermitian型共轭双线性函数, a是共轭双线性函数, 使得

$$|a(\boldsymbol{x},\boldsymbol{x})|\leqslant Cb(\boldsymbol{x},\boldsymbol{x}),\quad \forall \boldsymbol{x}\in X.$$

则对任意$\boldsymbol{x},\boldsymbol{y}\in X$,

$$|a(\boldsymbol{x},\boldsymbol{y})|^2\leqslant 4C^2b(\boldsymbol{x},\boldsymbol{x})b(\boldsymbol{y},\boldsymbol{y}).$$

证明 令

$$a_1(\boldsymbol{x},\boldsymbol{y})=\frac{1}{2}[a(\boldsymbol{x},\boldsymbol{y})+\overline{a(\boldsymbol{y},\boldsymbol{x})}],$$

$$a_2(\boldsymbol{x},\boldsymbol{y})=\frac{1}{2\mathrm{i}}[a(\boldsymbol{x},\boldsymbol{y})-\overline{a(\boldsymbol{y},\boldsymbol{x})}],$$

分别是a的实部和虚部, 由上面的命题1.6.3可得. □

定义1.6.2 如果复线性空间X上的一个共轭双线性函数$\langle\cdot,\cdot\rangle$既是Hermitian型又是正定的, 则称为是一个内积, 即:

(i) $\langle\boldsymbol{x},\boldsymbol{y}\rangle=\overline{\langle\boldsymbol{y},\boldsymbol{x}\rangle}$, $\forall \boldsymbol{x},\boldsymbol{y}\in X$;

(ii) $\langle\boldsymbol{x},\boldsymbol{x}\rangle\geqslant 0$, $\forall \boldsymbol{x}\in X$, $\langle\boldsymbol{x},\boldsymbol{x}\rangle=0\Leftrightarrow \boldsymbol{x}=\boldsymbol{0}$.

具有内积的线性空间称为内积空间, 记作$(X,\langle\cdot,\cdot\rangle)$.

例1.6.2 设$X=L^2(\Omega,\mu)$, 如果将几乎处处相等的函数看成同一个函数, 则由例1.6.1定义的$\langle\cdot,\cdot\rangle$就是$X$上的一个内积.

由命题1.6.2可得:

推论1.6.2 (Cauchy-Schwarz不等式) 设$(X,\langle\cdot,\cdot\rangle)$是内积空间, 记$\|\boldsymbol{x}\|=\langle\boldsymbol{x},\boldsymbol{x}\rangle^{1/2}$, $\forall \boldsymbol{x}\in X$, 则有

$$|\langle\boldsymbol{x},\boldsymbol{y}\rangle|\leqslant\|\boldsymbol{x}\|\|\boldsymbol{y}\|,\ \forall \boldsymbol{x},\boldsymbol{y}\in X,$$

其中等号成立当且仅当$\boldsymbol{x},\boldsymbol{y}$线性相关.

推论1.6.2说明$(X, \|\cdot\|)$是一个赋范空间, 因为由内积的定义可知$\|\cdot\|$满足范数的条件(i)和条件(ii). 再由此推论

$$\begin{aligned}\|\boldsymbol{x}+\boldsymbol{y}\|^2 &= \langle \boldsymbol{x},\boldsymbol{x}\rangle+\langle \boldsymbol{x},\boldsymbol{y}\rangle+\langle \boldsymbol{y},\boldsymbol{x}\rangle+\langle \boldsymbol{y},\boldsymbol{y}\rangle \\ &= \|\boldsymbol{x}\|^2+2\mathrm{Re}\langle \boldsymbol{x},\boldsymbol{y}\rangle+\|\boldsymbol{y}\|^2 \\ &\leqslant \|\boldsymbol{x}\|^2+2|\langle \boldsymbol{x},\boldsymbol{y}\rangle|+\|\boldsymbol{y}\|^2 \\ &\leqslant \|\boldsymbol{x}\|^2+2\|\boldsymbol{x}\|\|\boldsymbol{y}\|+\|\boldsymbol{y}\|^2=(\|\boldsymbol{x}\|+\|\boldsymbol{y}\|)^2.\end{aligned}$$

两边开平方得到三角不等式. 并称其为由内积$\langle\cdot,\cdot\rangle$所导出的范数. 以后我们讲的内积空间的拓扑就是指由此范数导出的拓扑. 此时范数满足平行四边形法则:

$$2(\|\boldsymbol{x}\|^2+\|\boldsymbol{y}\|^2)=\|\boldsymbol{x}+\boldsymbol{y}\|^2+\|\boldsymbol{x}-\boldsymbol{y}\|^2,\ \forall \boldsymbol{x},\boldsymbol{y}\in X.$$

反之, 若赋范空间$(X, \|\cdot\|)$的范数满足平行四边形法则, 则此范数可以是由某个内积导出的. 事实上可以这样定义内积: 若X是复赋范空间, 定义内积为

$$\langle \boldsymbol{x},\boldsymbol{y}\rangle=\frac{1}{4}[\|\boldsymbol{x}+\boldsymbol{y}\|^2-\|\boldsymbol{x}-\boldsymbol{y}\|^2+\mathrm{i}\|\boldsymbol{x}+\mathrm{i}\boldsymbol{y}\|^2-\mathrm{i}\|\boldsymbol{x}-\mathrm{i}\boldsymbol{y}\|^2],\ \forall \boldsymbol{x},\boldsymbol{y}\in X.$$

以上是复的内积空间, 下面考虑实的内积空间.

定义1.6.3 实线性空间X上的一个二元函数$a(\cdot,\cdot): X\times X\to\mathbb{R}$, 如果对于$\forall \boldsymbol{x},\boldsymbol{y},\boldsymbol{z}\in X$, $\forall\alpha,\beta\in\mathbb{R}$, 有:

(i) $a(\alpha\boldsymbol{x}+\beta\boldsymbol{y},\boldsymbol{z})=\alpha a(\boldsymbol{x},\boldsymbol{z})+\beta a(\boldsymbol{y},\boldsymbol{z})$;

(ii) $a(\boldsymbol{x},\alpha\boldsymbol{y}+\beta\boldsymbol{z})=\alpha a(\boldsymbol{x},\boldsymbol{y})+\beta a(\boldsymbol{x},\boldsymbol{z})$,

则称a为双线性函数. 若对任意$\boldsymbol{x},\boldsymbol{y}\in X$, 有$a(\boldsymbol{x},\boldsymbol{y})=a(\boldsymbol{y},\boldsymbol{x})$, 则称为是对称的. 函数$q(\boldsymbol{x})=a(\boldsymbol{x},\boldsymbol{x})$称为$X$上由$a$诱导的二次型. 若对任意$\boldsymbol{x}\in X$, $q(\boldsymbol{x})\geqslant 0$, 则称$q$为非负的. 若对任意$\boldsymbol{0}\neq\boldsymbol{x}\in X$, $q(\boldsymbol{x})>0$, 则称q为严格正的或正定的.

定义1.6.4 如果实线性空间X上的一个双线性函数$\langle\cdot,\cdot\rangle$既是对称的又是正定的, 则称为是一个实内积, 即:

(i) $\langle \boldsymbol{x},\boldsymbol{y}\rangle=\langle \boldsymbol{y},\boldsymbol{x}\rangle$, $\forall \boldsymbol{x},\boldsymbol{y}\in X$;

(ii) $\langle \boldsymbol{x},\boldsymbol{x}\rangle\geqslant 0$, $\forall \boldsymbol{x}\in X$, $\langle \boldsymbol{x},\boldsymbol{x}\rangle=0\Leftrightarrow \boldsymbol{x}=\boldsymbol{0}$.

具有内积的实线性空间称为实内积空间, 记作$(X,\langle\cdot,\cdot\rangle)$.

如果$\langle\cdot,\cdot\rangle$是实内积, 记$\|\boldsymbol{x}\|=\sqrt{\langle \boldsymbol{x},\boldsymbol{x}\rangle}$. 则由命题1.6.2知Cauchy-Schwarz不等式成立, 同前面的说明, 则$(X,\|\cdot\|)$为一个实的赋范空间. 此时范数满足平行四边形法则. 反之若X是实赋范空间其范数满足平行四边形法则, 可以定义内积为

$$\langle \boldsymbol{x},\boldsymbol{y}\rangle=\frac{1}{4}[\|\boldsymbol{x}+\boldsymbol{y}\|^2-\|\boldsymbol{x}-\boldsymbol{y}\|^2],\ \forall \boldsymbol{x},\boldsymbol{y}\in X.$$

这些验证留作练习.

设$(X,\langle\cdot,\cdot\rangle)$为内积空间, 记$\|\boldsymbol{x}\|=\sqrt{\langle\boldsymbol{x},\boldsymbol{x}\rangle}$. 如果$(X,\|\cdot\|)$为完备的, 则称$(X,\langle\cdot,\cdot\rangle)$为Hilbert空间. 我们熟悉的$(\mathbb{R}^n,\langle\cdot,\cdot\rangle)$ 就是实Hilbert空间, 这里$\langle\boldsymbol{x},\boldsymbol{y}\rangle=\sum_{i=1}^n \boldsymbol{x}_i\boldsymbol{y}_i$, 对任意$\boldsymbol{x}=(x_1,\cdots,x_n)$, $\boldsymbol{y}=(y_1,\cdots,y_n)\in\mathbb{R}^n$. $(\mathbb{C}^n,\langle\cdot,\cdot\rangle)$ 就是复Hilbert空间, 这里$\langle\boldsymbol{x},\boldsymbol{y}\rangle=\sum_{i=1}^n x_iy_i^*$, 对任意$\boldsymbol{x}=(x_1,\cdots,x_n)$, $\boldsymbol{y}=(y_1,\cdots,y_n)\in\mathbb{C}^n$, $*$表示共轭复数. 而$L^2(\Omega)$也是Hilbert空间. 由前面的定义可以看出实内积空间要比复内积空间简单, 所以在后面我们主要讨论复内积空间. 不再特别说明.

1.6.2 正交与正交基

设$\boldsymbol{x},\boldsymbol{y}$为内积空间$X$的元素, 若$\langle\boldsymbol{x},\boldsymbol{y}\rangle=0$, 则称$\boldsymbol{x}$与$\boldsymbol{y}$正交, 记为$\boldsymbol{x}\perp\boldsymbol{y}$. 若$\boldsymbol{x}$与$\boldsymbol{y}$正交, 则有$\|\boldsymbol{x}\|^2+\|\boldsymbol{y}\|^2=\|\boldsymbol{x}+\boldsymbol{y}\|^2$. 若$S$是$X$的子集, S的正交补为$S^\perp=\{\boldsymbol{x}\in X:\ \langle\boldsymbol{s},\boldsymbol{x}\rangle=0,\ \forall\boldsymbol{s}\in S\}$. 则有$S^\perp=\cap_{s\in S}\{\boldsymbol{s}\}^\perp$.

定理1.6.1 设S是内积空间X内的一个完备凸子集, 则对任意$\boldsymbol{a}\in X$存在唯一的向量$\boldsymbol{s}\in S$使得$\|\boldsymbol{a}-\boldsymbol{s}\|=\rho(\boldsymbol{a},S)$.

证明 记$d=\rho(\boldsymbol{a},S)$. 选取$\boldsymbol{s}_n\in S$使得$\|\boldsymbol{a}-\boldsymbol{s}_n\|\to d$. 由平行四边形法则,

$$\begin{aligned}\|\boldsymbol{s}_m-\boldsymbol{s}_n\|^2&=\|\boldsymbol{s}_m-\boldsymbol{a}-(\boldsymbol{s}_n-\boldsymbol{a})\|^2\\&=2\|\boldsymbol{s}_m-\boldsymbol{a}\|^2+2\|\boldsymbol{s}_n-\boldsymbol{a}\|^2-\|\boldsymbol{s}_m-\boldsymbol{a}+\boldsymbol{s}_n-\boldsymbol{a}\|^2\\&=2\|\boldsymbol{s}_m-\boldsymbol{a}\|^2+2\|\boldsymbol{s}_n-\boldsymbol{a}\|^2-4\|(\boldsymbol{s}_m+\boldsymbol{s}_n)/2-\boldsymbol{a}\|^2\\&\leqslant 2\|\boldsymbol{s}_m-\boldsymbol{a}\|^2+2\|\boldsymbol{s}_n-\boldsymbol{a}\|^2-4d^2\\&\leqslant 2(\|\boldsymbol{s}_m-\boldsymbol{a}\|^2-d^2)+2(\|\boldsymbol{s}_n-\boldsymbol{a}\|^2-d^2)\\&\to 0,\ m,n\to\infty.\end{aligned}$$

即$\{\boldsymbol{s}_n\}$为Cauchy列, 由于S是完备的, 记$\lim\limits_{n\to\infty}\boldsymbol{s}_n=\boldsymbol{s}$, 则有

$$\|\boldsymbol{a}-\boldsymbol{s}\|=\lim_{n\to\infty}\|\boldsymbol{a}-\boldsymbol{s}_n\|=\rho(\boldsymbol{a},S).$$

唯一性由于内积空间是严格凸的可得. □

此定理说明完备的凸子集是内积空间内的可近集, 且其最佳逼近元唯一. 故Hilbert空间内的闭凸子集为Chebyshev集. 反之, 人们猜测在Hilbert空间内的Chebyshev集必是凸子集. 此猜测当Hilbert空间为有限维时是正确的, 见参考文献[4]的定理9.2.5或者参考文献[9]. 但当Hilbert空间为无穷维时, 此猜测并没有定论.

若S是内积空间中的完备子空间, 对任意$\boldsymbol{x}\in X$记$P\boldsymbol{x}$为$\boldsymbol{x}$在S内的最佳逼近元, 则称P为从X到S上的投影算子. 此投影算子可以刻画如下.

定理1.6.2 若S是内积空间X中的完备子空间, P为X到S上的投影算子. 则对任意$\boldsymbol{x} \in X$, $P\boldsymbol{x}$是唯一的向量$\boldsymbol{s} \in S$使得$\boldsymbol{x}-\boldsymbol{s}$与$S$正交.

证明 设$\boldsymbol{x} \in X$. 记$d=\rho(\boldsymbol{x}, S)$. 则对任意$\boldsymbol{y} \in S$, $t \in \mathbb{K}$, 则有$P\boldsymbol{x}-t\boldsymbol{y} \in S$, 因此

$$\langle \boldsymbol{x}-P\boldsymbol{x}+t\boldsymbol{y}, \boldsymbol{x}-P\boldsymbol{x}+t\boldsymbol{y}\rangle \geqslant d^2=\langle \boldsymbol{x}-P\boldsymbol{x}, \boldsymbol{x}-P\boldsymbol{x}\rangle,$$

由此得

$$|t|^2\|\boldsymbol{y}\|^2+2\mathrm{Re}(t^*\langle \boldsymbol{x}-P\boldsymbol{x}, \boldsymbol{y}\rangle) \geqslant 0.$$

若$\mathrm{Re}(\langle \boldsymbol{x}-P\boldsymbol{x}, \boldsymbol{y}\rangle) \neq 0$, 则$\boldsymbol{y} \neq \mathbf{0}$. 令

$$t=-\frac{\langle \boldsymbol{x}-P\boldsymbol{x}, \boldsymbol{y}\rangle}{\|\boldsymbol{y}\|^2},$$

得

$$|t|^2\|\boldsymbol{y}\|^2+2\mathrm{Re}(t^*\langle \boldsymbol{x}-P\boldsymbol{x}, \boldsymbol{y}\rangle)<0,$$

这是矛盾的. 因此$\mathrm{Re}(\langle \boldsymbol{x}-P\boldsymbol{x}, \boldsymbol{y}\rangle)=0$. 用$\mathrm{i}\boldsymbol{y}$替代$\boldsymbol{y}$得$\mathrm{Im}(\langle \boldsymbol{x}-P\boldsymbol{x}, \boldsymbol{y}\rangle)=0$. 即$\langle \boldsymbol{x}-P\boldsymbol{x}, \boldsymbol{y}\rangle=0$.

反之, 若$\boldsymbol{s} \in S$使得$\boldsymbol{x}-\boldsymbol{s}$与$S$正交. 则$\boldsymbol{s}-P\boldsymbol{x} \in S$, 因此

$$\langle \boldsymbol{s}-P\boldsymbol{x}, \boldsymbol{s}-P\boldsymbol{x}\rangle=\langle \boldsymbol{x}-P\boldsymbol{x}, \boldsymbol{s}-P\boldsymbol{x}\rangle-\langle \boldsymbol{x}-\boldsymbol{s}, \boldsymbol{s}-P\boldsymbol{x}\rangle=0,$$

所以$\boldsymbol{s}=P\boldsymbol{x}$. □

此定理说明$\boldsymbol{s}$是$\boldsymbol{x}$在完备子空间S内的最佳逼近元当且仅当$\boldsymbol{x}-\boldsymbol{s}$与$S$正交.

设X, Y, Z为线性空间, 若$\forall \boldsymbol{x} \in X$, 存在唯一的$\boldsymbol{y} \in Y$, $\boldsymbol{z} \in Z$, 使得$\boldsymbol{x}=\boldsymbol{y}+\boldsymbol{z}$, 则称$X$是$Y$与$Z$的直和, 记为$X=Y \bigoplus Z$. 由定理1.6.1和定理1.6.2得如下的正交分解.

推论1.6.3 (正交分解) 设M为Hilbert空间X的闭子空间, 则$X=M \bigoplus M^{\perp}$, 即X是M和$M^{\perp}$的直和.

定义1.6.5 设X是一个内积空间, X中的子集合$E=\{\boldsymbol{e}_\alpha:\ \alpha \in A\}$称为是正交集, 若

$$\boldsymbol{e}_\alpha \perp \boldsymbol{e}_\beta, \quad \forall \alpha \neq \beta \in A.$$

若对任意$\alpha \in A$, 还有$\|\boldsymbol{e}_\alpha\|=1$, 则称$E$为规范正交集. 如果$E^{\perp}=\{\mathbf{0}\}$, 则称$E$是完全的.

我们要说明非$\{\mathbf{0}\}$内积空间必存在完全正交集, 为此需要做些准备.

定义1.6.6 设E是一个非空的集合, $\leq$是E上的一个二元关系(运算)满足:

(i) 传递性: 若$x \leq y$, $y \leq z$, 则$x \leq z$, $x, y, z \in E$;

(ii) 自反性: $x \leq x$, $\forall x \in E$;

(iii) 反对称性: 若$x \leq y$, $y \leq x$, 则$x = y$.

则称$\leq$是E上的一个半序关系, $(E, \leq)$称为半序集. 若对任意$x, y \in E$, 必有$x \leq y$, 或者$y \leq x$, 或者$x = y$ 成立, 则称$(E, \leq)$为全序集.

定义1.6.7 设$(E, \leq)$为半序集, $A \subset E$, $u \in E$, 若对任意$x \in A$, 有$x \leq u$, 称u为A的一个上界. $m \in E$称为A 的一个极大元, 若$m \in A$且若存在$x \in A$使得$m \leq x$, 则有$m = x$.

引理1.6.1 (Zorn引理) 设E是一个半序集, 如果它的每个全序子集有一个上界, 则E一定存在一个极大元.

Zorn引理在数学的许多学科中有很重要的应用, 特别在集合论中. 非零的线性空间存在基就是利用了Zorn引理. 在后面的泛函延拓定理的证明中我们还会用到它. Zorn引理有许多等价的命题, 详见参考文献[18].

命题1.6.4 非$\{\mathbf{0}\}$内积空间必存在完全正交集.

证明 设X是非$\{0\}$内积空间. 任取非零$\boldsymbol{a} \in X$, 则$\{\boldsymbol{a}\}$就是X的一个正交集. 设$\mathcal{F}$表示X的正交集的全体. 在$\mathcal{F}$内定义关系$\leq$为若$A \subset B \in \mathcal{F}$, 则$A \leq B$. 容易验证$\leq$是一个半序关系. 若$\{A_i : i \in I\}$是$\mathcal{F}$的全序子集. 记$A = \cup_{i \in I} A_i$, 则$A$就是$\{A_i : i \in I\}$的上界. 事实上$A$是正交集. 因为若$\boldsymbol{x} \neq \boldsymbol{y} \in A$. 则存在$i_1, i_2$使得$\boldsymbol{x} \in A_{i_1}$, $\boldsymbol{y} \in A_{i_2}$.由于$\{A_i : i \in I\}$是$\mathcal{F}$的全序子集, 则有$A_{i_1} \leq A_{i_2}$或者$A_{i_2} \leq A_{i_1}$. 不妨设$A_{i_1} \leq A_{i_2}$. 因此$\boldsymbol{x}, \boldsymbol{y} \in A_{i_2}$. 所以$\boldsymbol{x}$与$\boldsymbol{y}$正交. 由Zorn引理, $\mathcal{F}$中存在极大元. 则此极大元就是X的完全正交集. □

引理1.6.2 设$(\boldsymbol{e}_n)_{n=1}^N$是内积空间$X$的有限正交规范族. 则对任意$\boldsymbol{x} \in X$, $\boldsymbol{x} - \sum\limits_{n=1}^N \langle \boldsymbol{x}, \boldsymbol{e}_n \rangle \boldsymbol{e}_n$与每个$\boldsymbol{e}_k$都正交$1 \leqslant k \leqslant N$, 且

$$\left\| \boldsymbol{x} - \sum_{n=1}^N \lambda_n \boldsymbol{e}_n \right\|^2 \geqslant \left\| \boldsymbol{x} - \sum_{n=1}^N \langle \boldsymbol{x}, \boldsymbol{e}_n \rangle \boldsymbol{e}_n, \right\|,$$

等号当且仅当$\lambda_n = \langle \boldsymbol{x}, \boldsymbol{e}_n \rangle, n = 1, \cdots, N$时成立. 更有

$$\left\| \sum_{n=1}^N \langle \boldsymbol{x}, \boldsymbol{e}_n \rangle \boldsymbol{e}_n \right\|^2 = \sum_{n=1}^N |\langle \boldsymbol{x}, \boldsymbol{e}_n \rangle|^2 \leqslant \|\boldsymbol{x}\|^2,$$

此不等式称为Bessel不等式.

证明 如果$\boldsymbol{x}\in X$, 则容易验证$\boldsymbol{x}-\sum\limits_{n=1}^{N}\langle\boldsymbol{x},\boldsymbol{e}_n\rangle\boldsymbol{e}_n$与每个$\boldsymbol{e}_k$都正交. 因此$\boldsymbol{x}-\sum\limits_{n=1}^{N}\langle\boldsymbol{x},\boldsymbol{e}_n\rangle\boldsymbol{e}_n$与空间span$\{\boldsymbol{e}_k:1\leqslant k\leqslant N\}$正交. 由定理1.6.2, 知$\sum\limits_{n=1}^{N}\langle\boldsymbol{x},\boldsymbol{e}_n\rangle\boldsymbol{e}_n$是$\boldsymbol{x}$在空间span$\{\boldsymbol{e}_k:1\leqslant k\leqslant N\}$内的最佳逼近元. 所以对任意$\lambda_n\in\mathbb{C}$, 有

$$\left\|\boldsymbol{x}-\sum_{n=1}^{N}\lambda_n\boldsymbol{e}_n\right\|\geqslant\left\|\boldsymbol{x}-\sum_{n=1}^{N}\langle\boldsymbol{x},\boldsymbol{e}_n\rangle\boldsymbol{e}_n,\right\|.$$

由勾股定理

$$\left\|\boldsymbol{x}-\sum_{n=1}^{N}\langle\boldsymbol{x},\boldsymbol{e}_n\rangle\boldsymbol{e}_n\right\|^2+\left\|\sum_{n=1}^{N}\langle\boldsymbol{x},\boldsymbol{e}_n\rangle\boldsymbol{e}_n,\right\|^2=\|\boldsymbol{x}\|^2.$$

可是

$$\left\|\sum_{n=1}^{N}\langle\boldsymbol{x},\boldsymbol{e}_n\rangle\boldsymbol{e}_n\right\|^2=\sum_{n,m=1}^{N}\langle\boldsymbol{x},\boldsymbol{e}_n\rangle\langle\boldsymbol{x},\boldsymbol{e}_m\rangle^*\langle\boldsymbol{e}_n,\boldsymbol{e}_m\rangle=\sum_{n=1}^{N}|\langle\boldsymbol{x},\boldsymbol{e}_n\rangle|^2.$$

所以

$$\left\|\sum_{n=1}^{N}\langle\boldsymbol{x},\boldsymbol{e}_n\rangle\boldsymbol{e}_n\right\|^2=\sum_{n=1}^{N}|\langle\boldsymbol{x},\boldsymbol{e}_n\rangle|^2\leqslant\|\boldsymbol{x}\|^2.$$

□

设$\{\boldsymbol{e}_i:\ i\in I\}$为内积空间$X$中的正交规范族, 对任意$\boldsymbol{0}\neq\boldsymbol{x}\in X$, 则集合$\{i\in I:\ \langle\boldsymbol{x},\boldsymbol{e}_i\rangle\neq 0\}$ 至多为可数集. 因为由上面的Bessel不等式, 对任意的$n\in\mathbb{N}$, 集合$A_n=\{i\in I:\ |\langle\boldsymbol{x},\boldsymbol{e}_i\rangle|\geqslant 1/n\}$为有限集. 显然$\{i\in I:\ \langle\boldsymbol{x},\boldsymbol{e}_i\rangle\neq 0\}=\cup_{n\in\mathbb{N}}A_n$, 所以集合$\{i\in I:\ \langle\boldsymbol{x},\boldsymbol{e}_i\rangle\neq 0\}$ 至多为可数集. 因此由引理1.6.2和取极限得一般的Bessel不等式:

$$\sum_{i\in I}|\langle\boldsymbol{x},\boldsymbol{e}_i\rangle|^2\leqslant\|\boldsymbol{x}\|^2,\ \forall\boldsymbol{x}\in X.$$

定义1.6.8 若Hilbert空间H内的一族正交规范集$(\boldsymbol{e}_i)_{i\in I}$生成的线性空间是$H$的稠密子集, 则称$(\boldsymbol{e}_i)_{i\in I}$为$H$的正交基.

在空间ℓ^2内, 记$\boldsymbol{e}_n=\{0,\cdots,0,\overset{\text{第}n\text{个分量}}{1},0\cdots,\}$, 则$\{\boldsymbol{e}_n:\ n\in\mathbb{N}\}$就是$\ell^2$的一个正交基.

对于正交基有如下的等价条件:

定理1.6.3 设$(\boldsymbol{e}_i)_{i\in I}$是Hilbert空间$H$内的一族正交规范集, 则如下命题等价

(i) $(\boldsymbol{e}_i)_{i\in I}$为$H$的正交基;

(ii) $\boldsymbol{x}=\sum\limits_{i\in I}\langle\boldsymbol{x},\boldsymbol{e}_i\rangle\boldsymbol{e}_i,\ \forall\boldsymbol{x}\in H$;

(iii) $\langle\boldsymbol{x},\boldsymbol{y}\rangle=\sum\limits_{i\in I}\langle\boldsymbol{x},\boldsymbol{e}_i\rangle\langle\boldsymbol{e}_i,\boldsymbol{y}\rangle,\ \forall\boldsymbol{x},\boldsymbol{y}\in H$;

(iv) $\|\boldsymbol{x}\|^2 = \sum_{i\in I} |\langle \boldsymbol{x}, \boldsymbol{e}_i\rangle|^2, \forall \boldsymbol{x} \in H$;

(v) $(\boldsymbol{e}_i)_{i\in I}$为$H$的完全集.

其中(iii)和(iv)称为Parseval等式.

证明 (i)⇒(ii) 对任意非零向量$\boldsymbol{x}$, 由引理1.6.2知$\langle \boldsymbol{x}, \boldsymbol{e}_i\rangle \neq 0$至多为可列个. 不妨设$I = \mathbb{N}$. 对任意的$\varepsilon > 0$, 由假设存在$a_i \in \mathbb{K}$, $i = 1, 2, \cdots, N$使得$\left\|\sum_{i=1}^{N} a_i \boldsymbol{e}_i - \boldsymbol{x}\right\| < \varepsilon$. 则由引理1.6.2, 当$n > N$, 有

$$\left\|\boldsymbol{x} - \sum_{i=1}^{n} \langle \boldsymbol{x}, \boldsymbol{e}_i\rangle \boldsymbol{e}_i\right\| \leqslant \left\|\boldsymbol{x} - \sum_{i=1}^{N} a_i \boldsymbol{e}_i\right\| < \varepsilon.$$

故$\boldsymbol{x} = \sum_{i\in I} \langle \boldsymbol{x}, \boldsymbol{e}_i\rangle \boldsymbol{e}_i$. 当$\boldsymbol{x}$为零向量此式显然成立.

(ii)⇒(iii) 同前的理由不妨设$\boldsymbol{x} = \sum_{i=1}^{\infty} \langle \boldsymbol{x}, \boldsymbol{e}_i\rangle \boldsymbol{e}_i$, $\boldsymbol{y} = \sum_{i=1}^{\infty} \langle \boldsymbol{y}, \boldsymbol{e}_i\rangle \boldsymbol{e}_i$. 则

$$\langle \boldsymbol{x}, \boldsymbol{y}\rangle = \lim_{n\to\infty} \left\langle \sum_{i=1}^{n} \langle \boldsymbol{x}, \boldsymbol{e}_i\rangle \boldsymbol{e}_i, \sum_{i=1}^{n} \langle \boldsymbol{y}, \boldsymbol{e}_i\rangle \boldsymbol{e}_i \right\rangle = \lim_{n\to\infty} \sum_{i=1}^{n} \langle \boldsymbol{x}, \boldsymbol{e}_i\rangle \langle \boldsymbol{e}_i, \boldsymbol{y}\rangle = \sum_{i=1}^{\infty} \langle \boldsymbol{x}, \boldsymbol{e}_i\rangle \langle \boldsymbol{e}_i, \boldsymbol{y}\rangle.$$

(iii)⇒(iv) 显然成立.

(iv)⇒(v) 是显然的.

(v)⇒(i) 若$\overline{\operatorname{span}\{\boldsymbol{e}_i :\ i \in I\}} \neq H$. 则存在$\boldsymbol{0} \neq \boldsymbol{x} \in H$使得$\boldsymbol{x} \perp \boldsymbol{e}_i$, $\forall i \in I$. 这与$(\boldsymbol{e}_i)_{i\in I}$是完全的矛盾. □

由命题1.6.4和定理1.6.3知Hilbert空间一定存在正交基. 而且正交基可以由Gram-Schmidt方法得到. 若$\{\boldsymbol{e}_i :\ i \in I\}$为正交基, 则称$\langle \boldsymbol{x}, \boldsymbol{e}_i\rangle$为$\boldsymbol{x}$相对于$\{\boldsymbol{e}_i :\ i \in I\}$的Fourier系数.

例1.6.3 设$\boldsymbol{e}_n(t) = \frac{1}{\sqrt{2\pi}}\mathrm{e}^{int}$, 则$\{\boldsymbol{e}_n : n \in \mathbb{Z}\}$是空间$L^2[0, 2\pi]$的一组正交规范基.

证明 易证它们是一组正交规范集, 下证它们是完全的. 设$u \in L^2[0, 2\pi]$且与集合$\{\boldsymbol{e}_n : n \in \mathbb{Z}\}$正交. 由于三角多项式是$L^2[0, 2\pi]$的稠密集, 则对于任意的$\varepsilon > 0$, 存在三角多项式

$$T_n(t) = \sum_{k=-n}^{n} a_k \boldsymbol{e}_k(t),$$

使得$\int_0^{2\pi}|\overline{u(t)}-T_n(t)|^2\mathrm{d}t<\varepsilon$. 因此由Cauchy-Schwarz不等式有

$$\begin{aligned}\int_0^{2\pi}|u(t)|^2\mathrm{d}t&=\int_0^{2\pi}u(t)\overline{u(t)}\mathrm{d}t\\&=\int_0^{2\pi}u(t)[\overline{u(t)}-T_n(t)]\mathrm{d}t\\&\leqslant\left(\int_0^{2\pi}|u(t)|^2\mathrm{d}t\right)^{1/2}\left(\int_0^{2\pi}|\overline{u(t)}-T_n(t)|^2\mathrm{d}t\right)^{1/2}\\&<\sqrt{\varepsilon}\|u\|.\end{aligned}$$

由ε的任意性得$\displaystyle\int_0^{2\pi}|u(t)|^2\mathrm{d}t=0$, 即$u$为0元素. □

例1.6.4 设$e_n(z)=\sqrt{\frac{n}{\pi}}z^{n-1}$, 则$\{e_n:n\in\mathbb{N}\}$是空间$H^2(D)$的一组正交规范基, 其中$D$是$\mathbb{C}$的单位开圆域, $H^2(D)$表示在D内满足

$$\iint\limits_D|f(z)|^2\mathrm{d}x\mathrm{d}y<\infty,\ z=x+\mathrm{i}y$$

的所有解析函数组成的空间, 其内积为

$$\langle f,g\rangle=\iint\limits_D f(z)\overline{g}(z)\mathrm{d}x\mathrm{d}y.$$

证明 易证它们是一组正交规范集, 下证它们是完全的. 设$u\in H^2(D)$, 记$u(z)=\sum\limits_{k=0}^{\infty}b_kz^k$, 记$D_r$表示半径为$r$圆心在原点的闭圆, 其中$0<r<1$, 则$u$的Taylor级数在$D_r$内绝对一致收敛, 因此由Lebesgue控制收敛定理和逐项积分, 有Fourier系数

$$\begin{aligned}\langle u,e_n\rangle&=\iint\limits_D\sum_{k=0}^{\infty}b_kz^k\sqrt{\frac{n}{\pi}}\overline{z}^{n-1}\mathrm{d}x\mathrm{d}y\\&=\lim_{r\to1^-}\iint\limits_{D_r}\sum_{k=0}^{\infty}b_kz^k\sqrt{\frac{n}{\pi}}\overline{z}^{n-1}\mathrm{d}x\mathrm{d}y\\&=b_{n-1}\sqrt{\frac{\pi}{n}}.\end{aligned}$$

由Bessel不等式得

$$\sum_{n=1}^{\infty}|b_{n-1}|^2\frac{\pi}{n}<\infty.$$

下面证明Parseval等式也成立. 若$0 < r < 1$, 由于u的Taylor级数在D_r内绝对一致收敛, 因此由单调收敛定理和逐项积分知

$$\begin{aligned}\iint\limits_{D} |u(z)|^2 \mathrm{d}x\mathrm{d}y &= \lim_{r\to 1^-} \iint\limits_{D_r} |u(z)|^2 \mathrm{d}x\mathrm{d}y \\ &= \lim_{r\to 1^-} (|b_0|^2 \pi r^2 + \sum_{k=1}^{\infty} |b_k|^2 \frac{\pi}{k} r^k) \\ &= \sum_{n=1}^{\infty} |b_{n-1}|^2 \frac{\pi}{n}.\end{aligned}$$

上面的最后一个等式, 我们利用了Abel定理. 上式即表示Parseval等式成立. □

上面两个例子表明$L^2[0, 2\pi]$与$H^2(D)$是等距同构的, 事实上只需将它们的正交基对应就可以了. 一般地, 任何可分的无穷维Hilbert空间都是等距同构的. 我们将此结论留作练习.

练习1.6

1. 设$f(\boldsymbol{x}, \boldsymbol{y})$是$X \times X$上共轭双线性的. 证明$g(\boldsymbol{x}, \boldsymbol{y}) = \overline{f(\boldsymbol{y}, \boldsymbol{x})}$也是共轭双线性的.

2. 设$f_k(\boldsymbol{x})$, $g_k(\boldsymbol{x})$是X上的线性泛函$1 \leqslant k \leqslant n$. 证明$\sum\limits_{k=1}^{n} f_k(\boldsymbol{x})\overline{g_k(\boldsymbol{y})}$是$X \times X$上共轭双线性的.

3. (i) 设$1 \leqslant p < \infty$, 证明ℓ^p为Hilbert空间当且仅当$p = 2$.
   (ii) 设$1 \leqslant p < \infty$, A是$\mathbb{R}^n$中具有正测度的可测集, 证明$L^p(A)$为Hilbert空间当且仅当$p = 2$.

4. 设$(X, \langle \cdot, \cdot \rangle)$为内积空间, 证明对任意$\boldsymbol{x}, \boldsymbol{y}, \boldsymbol{z} \in X$,
$$\|\boldsymbol{x}+\boldsymbol{y}+\boldsymbol{z}\|^2 = \|\boldsymbol{x}+\boldsymbol{y}\|^2 + \|\boldsymbol{y}+\boldsymbol{z}\|^2 + \|\boldsymbol{z}+\boldsymbol{x}\|^2 - \|\boldsymbol{x}\|^2 - \|\boldsymbol{y}\|^2 - \|\boldsymbol{z}\|^2.$$

5. 设X为内积空间. 若$\boldsymbol{a}, \boldsymbol{b}$是$X$内的非零向量, 记$\boldsymbol{a}' = \boldsymbol{a}/\|\boldsymbol{a}\|$, $\boldsymbol{b}' = \boldsymbol{b}/\|\boldsymbol{b}\|$, 证明
$$\|\boldsymbol{a}' - \boldsymbol{b}'\| = \|\boldsymbol{a} - \boldsymbol{b}\|/\|\boldsymbol{a}\|\|\boldsymbol{b}\|.$$

6. 设M是Hilbert空间的子集, 证明$M^\perp$是闭子空间.

7. 若S是Hilbert空间的子集, 证明$S^{\perp\perp}$是H中包含S的最小闭子空间.

8. 设M是Hilbert空间的子集, 证明当且仅当M是闭子空间时$M^{\perp\perp} = M$.

9. 设M是Hilbert空间的子集, 证明$M^{\perp\perp\perp} = M^\perp$.

10. 设$M \subset N$是内积空间的子集, 证明$N^\perp \subset M^\perp$.

11. 设M, N是Hilbert空间的子空间且$M \perp N$. 证明$M+N$也是子空间.

12. 分别求$L^2(-1,1)$中的函数在偶函数子空间和奇函数子空间上的投影.

13. 证明集合$\{\sqrt{2/\pi}\sin nt\}$是$L^2(0,\pi)$的正交基.

14. 设$a<b$. 证明集合$\{\frac{1}{\sqrt{b-a}}\mathrm{e}^{2\pi\mathrm{i}\frac{t-a}{b-a}}\}$是$L^2(a,b)$的正交基.

15. 设$\{\boldsymbol{e}_i\}_{i\in I}$是Hilbert空间$H$的正交规范集, S是由$\{\boldsymbol{e}_i\}_{i\in I}$生成的线性子空间的闭包. 记$P$是从$H$到$S$上的投影算子, 证明对任意$\boldsymbol{x}, \boldsymbol{y} \in H$, 有:
(i) $P\boldsymbol{x} = \sum\limits_{i\in I}\langle \boldsymbol{x}, \boldsymbol{e}_i\rangle \boldsymbol{e}_i$;
(ii) $\|P\boldsymbol{x}\|^2 = \sum\limits_{i\in I}|\langle \boldsymbol{x}, \boldsymbol{e}_i\rangle|^2$;
(iii) $\|\boldsymbol{x}-P\boldsymbol{x}\|^2 = \|\boldsymbol{x}\|^2 - \sum\limits_{i\in I}|\langle \boldsymbol{x}, \boldsymbol{e}_i\rangle|^2$;
(iv) $\langle P\boldsymbol{x}, P\boldsymbol{y}\rangle = \sum\limits_{i\in I}\langle \boldsymbol{x}, \boldsymbol{e}_i\rangle\langle \boldsymbol{e}_i, \boldsymbol{y}\rangle$.

16. 设$\{f_n\}_{n\in\mathbb{N}}$为$L^2[0,1]$的规范正交集, 证明

$$\sum_{n=1}^{\infty}\left|\int_0^x f_n(t)\mathrm{d}t\right|^2 \leqslant x,\ \forall x\in[0,1],$$

并且上式等号对所有$x\in[0,1]$都成立当且仅当$\{f_n\}_{n\in\mathbb{N}}$为$L^2[0,1]$的正交基. (提示: 对任意$x\in[0,1]$, 若记$g_x(t)=\chi_{[0,x]}(t)$, 则要证的不等式就是对函数g_x的Bessel不等式. 等号成立就是Parseval等式成立, 而由于$\{g_x:\ x\in[0,1]\}$生成的线性包是$L^2[0,1]$的稠密子集, 因此若等号对所有$x\in[0,1]$都成立等价于对任意$f\in L^2[0,1]$相对于$\{f_n\}_{n\in\mathbb{N}}$的Parseval等式成立, 即由定理1.6.3 当且仅当$\{f_n\}_{n\in\mathbb{N}}$为$L^2[0,1]$的正交基)

17. 设$\{e_n\}_{n\in\mathbb{N}}$为Hilbert空间H的规范正交集, p为实数, 试问当p满足什么条件时, $\sum\limits_{n=1}^{\infty} n^p e_n \in H$.

18. 设H为可分的无穷维Hilbert空间, 证明H与ℓ^2等距同构(即同构映射是等距的). 从而说明任意两个可分的无穷维Hilbert空间都等距同构. (提示: 因为H为可分的, 所以存在可数的稠密集, 对此稠密集进行正交化得到可数的正交规范基)

第 2 章　线性算子与线性泛函

本章主要介绍泛函分析中的一些重要的基本定理, 其中包括: 线性算子的一致有界原理、开映像定理、逆算子定理、范数等价定理、闭图像定理. 它们的证明是基于Baire纲定理. 然后介绍了线性泛函的延拓定理及凸集分离定理, 共轭空间理论, 特别介绍了Lebesgue空间的共轭空间及其应用. 最后简单介绍了赋范空间上的微分理论和简单的应用, 如凸规划.

2.1　线性算子和线性泛函的定义

本章主要研究线性算子的理论, 作为本章的开始在本节我们首先给出线性算子的定义和基本性质. 线性算子是高等代数中的一个主要内容, 不过那里讨论的是有限维线性空间上的线性算子, 而现在我们要在一般的线性赋范空间上讨论它们, 事实上我们将讨论的线性算子一般是作用在无穷维空间上.

定义2.1.1 设X, Y是线性空间, D是X的一个线性子空间. 映射T将D映射到Y内, D称为T的定义域, 记做$D(T)$. $R(T)=\{Tx:\ \forall\ x\in D\}$称为$T$的值域. 如果

$$T(\alpha \boldsymbol{x}+\beta \boldsymbol{y})=\alpha T\boldsymbol{x}+\beta T\boldsymbol{y}, \forall\ \boldsymbol{x},\boldsymbol{y}\in D,\ \forall\ \alpha,\beta\in\mathbb{K},$$

则称T是一个线性算子. 特别地, 若Y是实数域$\mathbb{R}$或复数域$\mathbb{C}$, 则称T是线性泛函.

例2.1.1 设矩阵$\boldsymbol{U}=(a_{ij})_{n\times m}$, 对任意的$\boldsymbol{x}\in\mathbb{K}^m$, 令$T\boldsymbol{x}=\boldsymbol{U}\boldsymbol{x}$, 则$T$是从$\mathbb{K}^m$到$\mathbb{K}^n$ 的一个线性算子.

例2.1.2 设$u\in L^1(\mathbb{R}^n)$, 定义

$$Tu(\xi)=\int_{\mathbb{R}^n}\mathrm{e}^{-\mathrm{i}\xi x}u(x)\mathrm{d}x,\ \forall\xi\in\mathbb{R}^n,$$

则T是从$L^1(\mathbb{R}^n)$到$L^\infty(\mathbb{R}^n)$ 的一个线性算子, 此线性算子称为Fourier变换.

例2.1.3 设Ω是$\mathbb{R}^n$的一个区域, 记$X = Y = C^\infty(\overline{\Omega})$, 在$\overline{\Omega}$ 上具有无穷阶连续的导数. 设微分多项式

$$P(\partial_x) = \sum_{|\alpha|\leqslant m} a_\alpha(x)\partial_x^\alpha,\ a_\alpha(x) \in C^\infty(\overline{\Omega}).$$

对任意的$u \in X$, 定义

$$Tu(x) = P(\partial_x)u(x),$$

则T是从X到Y 的一个线性算子, 此线性算子称为微分算子.

如果X, Y是赋范空间, T是从X到Y内的线性算子, 则T在X上连续等价于T在$\mathbf{0}$点连续等价于T在某点连续. 因为对任意$\boldsymbol{x}_0 \in X$, $\boldsymbol{y}_0 \in Y$, $B(\boldsymbol{x}_0, r) = \boldsymbol{x}_0 + B(\mathbf{0}, r)$, $B(\boldsymbol{y}_0, r) = \boldsymbol{y}_0 + B(\mathbf{0}, r)$. 如果存在$C \geqslant 0$使得对任意$\boldsymbol{x} \in X$, 有$\|T\boldsymbol{x}\| \leqslant C\|\boldsymbol{x}\|$, 则称$T$是有界算子.

命题2.1.1 设X, Y是赋范空间, T是从X到Y内的线性算子. 则T在X上连续等价于T是有界算子.

证明 由前所述, 我们只需证明T在原点连续等价于T为有界算子.

若T在$\mathbf{0}$点连续, 则存在$\delta > 0$使得当$\|\boldsymbol{x}\| < \delta$, 有$\|T\boldsymbol{x}\| < 1$, 因此对任意$\boldsymbol{x} \neq \mathbf{0}$, 则有$\|\delta\boldsymbol{x}/(2\|\boldsymbol{x}\|)\| < \delta$, 所以$\|T\left(\delta\boldsymbol{x}/(2\|\boldsymbol{x}\|)\right)\| < 1$, 即$\|T\boldsymbol{x}\| < 2/\delta\|\boldsymbol{x}\|$. 故$T$为有界算子.

反之, 若存在$M > 0$使得$\|T\boldsymbol{x}\| \leqslant M\|\boldsymbol{x}\|$, 则对任意$\varepsilon > 0$, 令$\delta = 1/(2M\varepsilon)$, 当$\|\boldsymbol{x}\| < \delta$, 则有$\|T\boldsymbol{x}\| < \varepsilon$, 所以$T$在$\mathbf{0}$点连续. □

若记$\|T\| = \sup\limits_{\boldsymbol{x}\neq\mathbf{0}} \dfrac{\|T\boldsymbol{x}\|}{\|\boldsymbol{x}\|}$, 则全体有界线性算子组成一个赋范空间.

定理2.1.1 设X, Y是赋范空间, 记从X到Y内的全体有界线性算子为$\mathscr{L}(X,Y)$, 则$\mathscr{L}(X,Y)$为赋范空间. 若Y是Banach 空间, 则$\mathscr{L}(X,Y)$也是Banach空间.

证明 首先定义线性运算: 若$T_1, T_2 \in \mathscr{L}(X,Y)$, 则定义$a_1T_1 + a_2T_2$为

$$(a_1T_1 + a_2T_2)(\boldsymbol{x}) = a_1T_1(\boldsymbol{x}) + a_2T_2(\boldsymbol{x}),\ \forall \boldsymbol{x} \in X.$$

则容易验证$\mathscr{L}(X,Y)$为线性空间. 其次也容易验证$(\mathscr{L}(X,Y), \|\cdot\|)$为赋范空间. 下面证明若$Y$是Banach 空间, 则$\mathscr{L}(X,Y)$也是Banach空间.

设(T_n)是Cauchy列. 对任意$\varepsilon > 0$, 存在N使得当$n, m > N$时, 有$\|T_n - T_m\| < \varepsilon$. 因此对任意$\boldsymbol{x} \in X$有$\|T_n\boldsymbol{x} - T_m\boldsymbol{x}\| \leqslant \varepsilon\|\boldsymbol{x}\|$. 故$(T_n\boldsymbol{x})$是一个Cauchy列, 由于$Y$是完备的, 所以存在$\boldsymbol{y} \in Y$使得$\boldsymbol{y} = \lim\limits_{n\to\infty} T_n\boldsymbol{x}$. 记$T\boldsymbol{x} = \boldsymbol{y}$. 则$T$是线性的. 因为

$$T(a_1\boldsymbol{x}_1 + a_2\boldsymbol{x}_2) = \lim_{n\to\infty} T_n(a_1\boldsymbol{x}_1 + a_2\boldsymbol{x}_2) = \lim_{n\to\infty}[a_1T_n\boldsymbol{x}_1 + a_2T_n\boldsymbol{x}_2] = a_1T\boldsymbol{x}_1 + a_2T\boldsymbol{x}_2.$$

其次T是有界的. 因为(T_n)是Cauchy列, 存在$M>0$使得$\|T_n\|\leqslant M$. 从而

$$\|T\boldsymbol{x}\|=\|\lim_{n\to\infty}T_n\boldsymbol{x}\|=\lim_{n\to\infty}\|T_n\boldsymbol{x}\|\leqslant M\|\boldsymbol{x}\|,\ \forall\boldsymbol{x}\in X.$$

然后由于对任意$\varepsilon>0$, 存在N使得当$n,m>N$时, 有$\|T_n-T_m\|<\varepsilon$. 即对任意$\boldsymbol{x}\in X$有

$$\|T_n(\boldsymbol{x})-T_m(\boldsymbol{x})\|<\varepsilon\|\boldsymbol{x}\|,$$

令$m\to\infty$, 则有

$$\|T_n(\boldsymbol{x})-T(\boldsymbol{x})\|\leqslant\varepsilon\|\boldsymbol{x}\|.$$

故当$n>N$时, $\|T_n-T\|\leqslant\varepsilon$. 所以$T_n$收敛到$T$. □

对于算子T的范数还有如下的表示:

$$\|T\|=\sup_{\boldsymbol{x}\neq\boldsymbol{0}}\frac{\|T\boldsymbol{x}\|}{\|\boldsymbol{x}\|}=\sup_{\|\boldsymbol{x}\|\leqslant1}\|T\boldsymbol{x}\|=\sup_{\|\boldsymbol{x}\|<1}\|T\boldsymbol{x}\|=\sup_{\|\boldsymbol{x}\|=1}\|T\boldsymbol{x}\|. \tag{2.1}$$

这些等式的证明留作练习.

推论2.1.1 若X是赋范空间, 则X上的有界线性泛函的全体是Banach空间. 此空间记为X^*并称为X的对偶空间或共轭空间.

例2.1.4 对任意$x\in C[0,1]$, 定义$f(x)=\displaystyle\int_0^1 t^2x(t)\mathrm{d}t$, 试证明$f$是$C[0,1]$上的实有界线性泛函, 并求$f$的范数$\|f\|$.

证明 对任意$x,y\in C[0,1]$, $\alpha,\beta\in\mathbb{R}$,

$$f(\alpha x+\beta y)=\int_0^1 t^2(\alpha x(t)+\beta y(t))\mathrm{d}t=\alpha\int_0^1 t^2x(t)\mathrm{d}t+\beta\int_0^1 t^2y(t)\mathrm{d}t=\alpha f(x)+\beta f(y).$$

即f是实的线性泛函. 对任意$x\in C[0,1]$,

$$|f(x)|=\left|\int_0^1 t^2x(t)\,\mathrm{d}t\right|\leqslant\int_0^1 t^2|x(t)|\,\mathrm{d}t\leqslant\int_0^1 t^2\|x\|\,\mathrm{d}t=\frac{1}{3}\|x\|.$$

在上式中令$x(t)\equiv1$, 则等号成立, 因此$\|f\|=1/3$. □

例2.1.5 对任意$x\in C[a,b]$, 定义$Tx(t)=g(t)x(t)$, 若$g\in C[a,b]$, 试证明T是$C[a,b]$到$C[a,b]$的有界线性算子, 并求算子T的范数$\|T\|$.

证明 对任意$x,y\in C[a,b]$, $\alpha,\beta\in\mathbb{R}$,

$$T(\alpha x+\beta y)(t)=g(t)(\alpha x(t)+\beta y(t))=\alpha g(t)x(t)+\beta g(t)y(t)=\alpha T(x)(t)+\beta T(y)(t).$$

即T是线性算子. 记$M=\sup\limits_{t\in[a,b]}|g(t)|=\|g\|$. 对任意$x\in C[a,b]$,

$$\|T(x)\|=\sup_{t\in[a,b]}|Tx(t)|=\sup_{t\in[a,b]}|g(t)x(t)|\leqslant\sup_{t\in[a,b]}M|x(t)|=M\|x\|.$$

在上式中令$x(t)\equiv 1$, 则等号成立, 因此$\|T\|=M$. □

上面举的两个例子说明式(2.1)中的上确界是可以取到的. 但一般情况下是不会取到的. 在一些特殊情况的讨论见参考文献[7].

例2.1.6 对任意$x\in C[a,b]$, 定义$f(x)=\int_a^b\phi(t)x(t)\mathrm{d}t$, 这里$\phi\in L[a,b]$, 试求线性泛函$f$的范数$\|f\|$.

证明 对任意$x,y\in C[a,b]$, $\alpha,\beta\in\mathbb{R}$,

$$f(\alpha x+\beta y)=\int_a^b\phi(t)(\alpha x(t)+\beta y(t))\mathrm{d}t=\alpha\int_a^b\phi(t)x(t)\mathrm{d}t+\beta\int_a^b\phi(t)y(t)\mathrm{d}t=\alpha f(x)+\beta f(y).$$

即f是线性泛函. 记$M=\int_a^b|\phi(t)|\mathrm{d}t$. 对任意$x\in C[a,b]$,

$$|f(x)|=\left|\int_a^b\phi(t)x(t)\mathrm{d}t\right|\leqslant\int_a^b|\phi(t)||x(t)|\mathrm{d}t\leqslant M\|x\|.$$

在上式中令$u(t)=\operatorname{sign}\phi(t)$, 则有$f(u)=M$. 虽然此时的$u\notin C[a,b]$, 可是由Lusin定理, 存在$[a,b]$上连续函数$x_n$满足$\|x_n\|\leqslant 1$使得$x_n$几乎处处收敛到$u(t)$. 由Lebesgue控制收敛定理, 因此$|f(x_n)|\to f(u)=M$. 故$\|f\|=M$. □

下面我们介绍重要的Minkowski不等式, 或者称为离散的Young不等式.

例2.1.7 证明: Minkowski不等式, $\|\boldsymbol{a}*\boldsymbol{b}\|_{\ell^q}\leqslant\|\boldsymbol{a}\|_{\ell^1}\|\boldsymbol{b}\|_{\ell^q}$, $1\leqslant q\leqslant\infty$, 这里设$\boldsymbol{a}=\{a_j\}_{-\infty}^{+\infty}$, $\boldsymbol{b}=\{b_j\}_{-\infty}^{+\infty}$, 则$\boldsymbol{c}=\boldsymbol{a}*\boldsymbol{b}=\{c_j\}_{-\infty}^{+\infty}$, $c_j=\sum\limits_{m=-\infty}^{\infty}a_{j-m}b_m=\sum\limits_{m=-\infty}^{\infty}a_mb_{j-m}$.

证明 分三种情形证明. (i) $q=1$,

$$\begin{aligned}\|\boldsymbol{a}*\boldsymbol{b}\|_{\ell^1}&=\sum_{j=-\infty}^{\infty}|c_j|=\sum_{j=-\infty}^{\infty}\left|\sum_{m=-\infty}^{\infty}a_{j-m}b_m\right|\\&\leqslant\sum_{j=-\infty}^{\infty}\sum_{m=-\infty}^{\infty}|a_{j-m}||b_m|=\sum_{m=-\infty}^{\infty}|b_m|\sum_{j=-\infty}^{\infty}|a_{j-m}|=\|\boldsymbol{a}\|_{\ell^1}\|\boldsymbol{b}\|_{\ell^1}.\end{aligned}$$

(ii) $q=\infty$. 对任意$j\in\mathbb{Z}$,

$$|c_j|=\left|\sum_{m=-\infty}^{\infty}a_{j-m}b_m\right|\leqslant\|\boldsymbol{b}\|_{\ell^\infty}\sum_{m=-\infty}^{\infty}|a_{j-m}|=\|\boldsymbol{a}\|_{\ell^1}\|\boldsymbol{b}\|_{\ell^\infty}.$$

(iii) $1<q<\infty$. 由于$\{b_m\}_{-\infty}^{\infty}$是一致有界的, 所以每一个$c_j$是有限的. 记$q'$为$q$的共轭指标. 由Hölder不等式得

$$\begin{aligned}|c_j|&=\left|\sum_{m=-\infty}^{\infty}a_{j-m}b_m\right|\\&\leqslant\left(\sum_{m=-\infty}^{\infty}|a_{j-m}||b_m|^q\right)^{1/q}\left(\sum_{m=-\infty}^{\infty}|a_{j-m}|\right)^{1/q'}\\&=\left(\sum_{m=-\infty}^{\infty}|a_{j-m}||b_m|^q\right)^{1/q}\|a\|_{\ell^1}^{1/q'}.\end{aligned}$$

从而

$$\begin{aligned}\|\boldsymbol{c}\|_{\ell^q}=\left(\sum_{j=-\infty}^{\infty}|c_j|^q\right)^{1/q}&\leqslant\left(\sum_{j=-\infty}^{\infty}\sum_{m=-\infty}^{\infty}|a_{j-m}||b_m|^q\right)^{1/q}\|a\|_{\ell^1}^{1/q'}\\&=\left(\sum_{m=-\infty}^{\infty}|b_m|^q\sum_{j=-\infty}^{\infty}|a_{j-m}|\right)^{1/q}\|a\|_{\ell^1}^{1/q'}\\&=\|\boldsymbol{a}\|_{\ell^1}\|\boldsymbol{b}\|_{\ell^q}.\end{aligned}$$

□

上述结果表明对任意$\boldsymbol{a}\in\ell^1$, 算子

$$A:\ \boldsymbol{b}\mapsto\boldsymbol{a}*\boldsymbol{b},\ \forall\boldsymbol{b}\in\ell^p$$

是ℓ^p到其自身的有界线性算子, $p\in[1,+\infty]$. 也表明对任意$\boldsymbol{b}\in\ell^p$, $p\in[1,+\infty]$, 算子

$$B:\ \boldsymbol{a}\mapsto\boldsymbol{a}*\boldsymbol{b},\ \forall\boldsymbol{a}\in\ell^1$$

是ℓ^1到其自身的有界线性算子. $\boldsymbol{a}*\boldsymbol{b}$称为离散的卷积.

定理2.1.2 (Young不等式) 设$f\in L^p(\mathbb{R}^n)$, $g\in L^q(\mathbb{R}^n)$, $1\leqslant p,q,r\leqslant\infty$满足

$$\frac{1}{q}+1=\frac{1}{p}+\frac{1}{r}.$$

则

$$\|f*g\|_{L^q}\leqslant\|f\|_{L^p}\|g\|_{L^r}.$$

证明 当$r=\infty$, 则有$p=1$且$q=\infty$, 此时结论显然. 当$r<\infty$, 则有

$$\frac{1}{r'}+\frac{1}{q}+\frac{1}{p'}=1,\quad \frac{p}{q}+\frac{p}{r'}=1,\quad \frac{r}{q}+\frac{r}{p'}=1.$$

由Hölder不等式得

$$\begin{aligned}|(f*g)(x)| &\leqslant \int_{\mathbb{R}^n}|f(y)||g(x-y)|\mathrm{d}y\\ &\leqslant \int_{\mathbb{R}^n}|f(y)|^{\frac{p}{r'}}|f(y)|^{\frac{p}{q}}|g(x-y)|^{\frac{r}{q}}|g(x-y)|^{\frac{r}{p'}}\mathrm{d}y\\ &\leqslant \|f\|_{L^p}^{\frac{p}{r'}}\left(\int_{\mathbb{R}^n}|f(y)|^p|g(x-y)|^r\mathrm{d}y\right)^{1/q}\left(\int_{\mathbb{R}^n}|g(x-y)|^r\mathrm{d}y\right)^{1/p'}\\ &= \|f\|_{L^p}^{\frac{p}{r'}}\|g\|_{L^r}^{\frac{r}{p'}}\left(\int_{\mathbb{R}^n}|f(y)|^p|g(x-y)|^r\mathrm{d}y\right)^{1/q},\end{aligned}$$

取L^q范数并利用Fubini定理,

$$\begin{aligned}\|f*g\|_{L^q} &\leqslant \|f\|_{L^p}^{\frac{p}{r'}}\|g\|_{L^r}^{\frac{r}{p'}}\left(\int_{\mathbb{R}^n}\int_{\mathbb{R}^n}|f(y)|^p|g(x-y)|^r\mathrm{d}y\mathrm{d}x\right)^{1/q}\\ &= \|f\|_{L^p}^{\frac{p}{r'}}\|g\|_{L^r}^{\frac{r}{p'}}\left(\int_{\mathbb{R}^n}\int_{\mathbb{R}^n}|f(y)|^p|g(x-y)|^r\mathrm{d}x\mathrm{d}y\right)^{1/q}\\ &= \|f\|_{L^p}^{\frac{p}{r'}}\|g\|_{L^r}^{\frac{r}{p'}}\|f\|_{L^p}^{\frac{p}{q}}\|g\|_{L^r}^{\frac{r}{q}}\\ &= \|f\|_{L^p}\|g\|_{L^r}.\end{aligned}$$

□

描述线性泛函连续的另一种方法是核空间. 线性映射$T:\ X\to Y$的核空间$N(T)$为

$$N(T)=\{\boldsymbol{x}\in X:\ T\boldsymbol{x}=0\}.$$

定理2.1.3 赋范空间X上的线性泛函连续当且仅当其核在X内为闭集.

证明 设T是X上的线性泛函. 记$S=N(T)$. 由于$\{\mathbf{0}\}$是数域内的闭集, 因此若T连续, 则由命题1.1.6, S是闭集.

反之, 若S是闭集. 若T是零泛函, 则显然T连续. 若T是非零线性泛函, 则存在$\boldsymbol{a}\in X$使得$T(\boldsymbol{a})=1$. 因此$\mathbf{0}\notin \boldsymbol{a}+S$. 再由于$\boldsymbol{a}+S$为闭集. 则存在$r>0$使得当$\|\boldsymbol{x}\|\leqslant r$时$\boldsymbol{x}\notin \boldsymbol{a}+S$. 下证当$\|\boldsymbol{x}\|\leqslant r$时$|T(\boldsymbol{x})|\leqslant 1$. 否则存在$\|\boldsymbol{x}\|\leqslant r$, 但$|T(\boldsymbol{x})|>1$. 令$\boldsymbol{y}=\boldsymbol{x}/T(\boldsymbol{x})$, 则$\|\boldsymbol{y}\|\leqslant r$, $\boldsymbol{y}\notin \boldsymbol{a}+S$. 可是$T(\boldsymbol{y}-\boldsymbol{a})=0$. 所以$\boldsymbol{y}\in \boldsymbol{a}+S$. 这是矛盾. 因此当$\|\boldsymbol{x}\|\leqslant r$时$|T(\boldsymbol{x})|\leqslant 1$. 即$T$连续. □

定理2.1.4 设X, Y, Z是赋范空间, 若$T\in\mathscr{L}(X,Y)$, $S\in\mathscr{L}(Y,Z)$. 则$ST\in\mathscr{L}(X,Z)$且$\|ST\|\leqslant\|S\|\|T\|$.

证明 $\forall \boldsymbol{x} \in X$, $\|ST(\boldsymbol{x})\| = \|S(T\boldsymbol{x})\| \leqslant \|S\|\|T\boldsymbol{x}\| \leqslant \|S\|\|T\|\|\boldsymbol{x}\|$. □

若X为赋范空间, 简记$\mathscr{L}(X,X)$为$\mathscr{L}(X)$. 则$\mathscr{L}(X)$就是赋范代数的典型例子.

定义2.1.2 设A是数域$\mathbb{K}$上的一个线性空间, 若存在A上的乘积运算对加法具有分配律, 对数乘具有结合律, 即$\lambda(\boldsymbol{ab}) = (\lambda\boldsymbol{a})\boldsymbol{b} = \boldsymbol{a}(\lambda\boldsymbol{b})$, $\forall \boldsymbol{a}, \boldsymbol{b} \in A$, $\lambda \in \mathbb{K}$, 则称A为一个结合代数. 设$(A, \|\cdot\|)$是数域$\mathbb{K}$上的一个赋范空间且是一个结合代数并满足$\|\boldsymbol{ab}\| \leqslant \|\boldsymbol{a}\|\|\boldsymbol{b}\|$, $\forall \boldsymbol{a}, \boldsymbol{b} \in A$. 则称$A$为赋范代数. 若赋范代数依范数还是完备的, 则称为Banach代数.

由上例2.1.7可知ℓ^1为Banach代数, 其乘积就是卷积. 定理2.1.3知$L^1(\mathbb{R}^n)$也是Banach代数, 其乘积也是卷积. 由定理2.1.4可得如下一般结果.

定理2.1.5 若X为赋范空间, 则$\mathscr{L}(X)$为具有单位元的赋范代数且单位就是恒等算子I, $\|I\| = 1$. 若X为Banach空间, 则$\mathscr{L}(X)$为具有单位元的Banach代数.

想了解Banach代数的详细理论可见参考文献[33].

练习2.1

1. 证明线性算子T的范数表示式(2.1).

2. 证明：当$0 < q_1 < q_2 \leqslant \infty$, 成立$\ell^{q_1} \hookrightarrow \ell^{q_2}$, 即恒等映射是从$\ell^{q_1}$到$\ell^{q_2}$的有界线性算子.

3. 设$f(x) = \sum\limits_{k=1}^{n} c_k x(t_k)$, $\forall x \in C[a,b]$, 证明$\|f\| = \sum\limits_{k=1}^{n} |c_k|$.

4. 设X是n维空间, 定义$f(\boldsymbol{x}) = \sum\limits_{k=1}^{n} c_k\xi_k$, $\forall \boldsymbol{x} = (\xi_1, \cdots, \xi_n) \in X$, 证明若$X$分别是空间$\ell_n^\infty$, ℓ_n^1, ℓ_n^2, 则相应的$\|f\|$分别为$\sum\limits_{k=1}^{n} |c_k|$, $\max\limits_{1\leqslant k\leqslant n} |c_k|$, $\sqrt{\sum\limits_{k=1}^{n} |c_k|}$.

5. (i) 设U从ℓ_m^∞到ℓ_n^∞, 记$U = (a_{ij})_{n\times m}$, 则$\|U\| = \max\limits_{1\leqslant i\leqslant n} \sum\limits_{j=1}^{m} |a_{ij}|$.
   (ii) 设U从ℓ_m^1到ℓ_n^1, 记$U = (a_{ij})_{n\times m}$, 则$\|U\| = \max\limits_{1\leqslant j\leqslant m} \sum\limits_{i=1}^{n} |a_{ij}|$.
   (iii) 设U从ℓ_m^2到ℓ_n^2, 记$U = (a_{ij})_{n\times m}$, 则$\|U\| = \sqrt{|\lambda_1|}$, 这里$\lambda_1$是$A^*A$的绝对值最大的特征值.

6. (i)设U从ℓ_m^∞到ℓ_m^∞, 记$U = (a_{ij})_{m\times m}$, $b \in \ell_m^\infty$. 对任意的$x \in \ell_m^\infty$, 记算子$Tx = Ux + b$. 则T是压缩映射的充分必要条件是$\|T\| = \max\limits_{1\leqslant i\leqslant m} \sum\limits_{j=1}^{m} |a_{ij}| < 1$.
   (ii) 设U从ℓ_m^1到ℓ_m^1, 记$U = (a_{ij})_{m\times m}$, $b \in \ell_m^1$. 对任意的$x \in \ell_m^1$, 记算子$Tx = Ux + b$. 则T是压缩映射的充分必要条件是$\|T\| = \max\limits_{1\leqslant j\leqslant m} \sum\limits_{i=1}^{m} |a_{ij}| < 1$.

(iii) 设U从ℓ_m^2到ℓ_m^2, 记$U=(a_{ij})_{m\times m}$, $b\in\ell_m^2$. 对任意的$x\in\ell_m^2$, 记算子$Tx=Ux+b$. 若$\sum\limits_i\sum\limits_j a_{ij}^2<1$, 则$T$是压缩映射.

7. 设$X_1,\cdots,X_n$为赋范空间, $X=X_1\times\cdots\times X_n$, Y为赋范空间. T是从X到Y内的多重线性映射, 即对n个变量中的每一个都是线性的. 证明T是连续的等价于存在$C>0$使得

$$\|T(x_1,\cdots,x_n)\|\leqslant C\|x_1\|\cdots\|x_n\|,\ \forall x_i\in X_i,\ i=1,\cdots,n.$$

8. 设X,Y为赋范空间, 若X为有限维, 证明任意从X到Y内的线性算子必是有界的.

9. 设$\delta:\ C[0,1]\to\mathbb{R}$为$\delta(f)=f(0)$. 若$C[0,1]$装备范数$\|f\|_\infty=\sup\limits_{0\leqslant x\leqslant 1}|f(x)|$. 证明$\delta$为有界的并计算其范数. 若$C[0,1]$装备范数$\|f\|_1=\displaystyle\int_0^1|f(x)|\mathrm{d}x$. 证明$\delta$为无界的.

10. 设$(X,\mu),(Y,\nu)$为两个测度空间, $1\leqslant p,q,r\leqslant\infty$ 满足$\frac{1}{q}+1=\frac{1}{p}+\frac{1}{r}$, $k(x,y)$是$X\times Y$上的可测函数满足

$$\int_Y|k(x,y)|^r\mathrm{d}\nu(y)\leqslant 1\text{几乎处处于}Y;$$

$$\int_X|k(x,y)|^r\mathrm{d}\mu(x)\leqslant 1\text{几乎处处于}X.$$

若$f\in L^p(Y)$, 定义$Tf(x):=\displaystyle\int_Y k(x,y)f(y)\mathrm{d}\nu(y)$. 证明: $\|Tf\|_{L^q(X)}\leqslant\|f\|_{L^p(Y)}$. (提示: 类似于定理2.1.2的证法)

2.2 Baire纲推理

如果一个集合的闭包不含内点, 则称此集合为无处稠密的. 对完备的度量空间有如下的重要定理.

定理2.2.1 (Baire定理) *完备度量空间X不能表为可数个无处稠密集的并.*

习惯上, 将能表为可数个无处稠密集的并的集合称为第一纲的集, 不是第一纲的集称为第二纲的集. 完备的度量空间即是第二纲的集.

定理2.2.1的一个较强形式是

定理2.2.2 *设(X,d)是完备度量空间, 若$E_1,E_2,\cdots,$是闭集且内点集为空, 则$X\setminus\cup_{j=1}^\infty E_j$在$X$内稠密.*

证明 设$x_0\in X$, $\delta_0>0$, 下面证明存在$y\in B(x_0,\delta_0)$使得$y\notin\cup_{j=1}^\infty E_j$. 为此利用归纳法. 给定$x_{n-1}\in X$, $\delta_{n-1}>0$, 则存在$x_n\in X$使得$x_n\in B(x_{n-1},\delta_{n-1}/4)$, 但是$x_n\notin E_n$.

因为否则$B(x_{n-1},\delta_n/4)\subset E_n$, 即$E_n$具有非空内点. 由于$E_n$是闭的, $x_n\notin E_n$, 则存在$\delta_{n-1}/2>\delta_n>0$使得$B(x_n,\delta_n)\cap E_n=\varnothing$. 注意到

$$\delta_m\leqslant 2^{-1}\delta_{m-1}\leqslant 2^{-2}\delta_{m-2}\leqslant\cdots\leqslant 2^{n-m}\delta_n,\quad m>n\geqslant 0.$$

因此得, 若$r\leqslant s$,

$$d(x_r,x_s)\leqslant\sum_{j=r}^{s-1}d(x_{j+1},x_j)\leqslant\sum_{j=r}^{s-1}\delta_j/4\leqslant\frac{\delta_0}{4}\sum_{j=r}^{s-1}2^{-j}\leqslant 2^{-r-1}\delta_0.$$

因此$\{x_r\}$是Cauchy列且收敛到$y\in X$. 类似上面的计算, 若$r\leqslant s$,

$$d(x_r,x_s)\leqslant\sum_{j=r}^{s-1}d(x_{j+1},x_j)\leqslant\sum_{j=r}^{s-1}\delta_j/4\leqslant\frac{\delta_r}{4}\sum_{j=0}^{s-r-1}2^{-j}<\delta_r/2.$$

因此得

$$d(x_r,y)\leqslant d(x_r,x_s)+d(x_s,y)\leqslant\delta_r/2+d(x_s,y)\to\delta_r/2,\quad s\to\infty,$$

因此得$d(x_r,y)\leqslant\delta_r/2$, 从而得$y\in B(x_0,\delta_0)$, 但$y\notin E_j$, $j\geqslant 1$. □

例2.2.1 $\mathbb{R}$不是可数集.

证明 若$\mathbb{R}$为可数集, 即$\mathbb{R}=\{a_n:\ n\in\mathbb{N}\}$, 则由于$\{a_n\}$是闭集且内点为空, 因此由Baire定理知$\mathbb{R}\backslash\{a_n:\ n\in\mathbb{N}\}$非空, 矛盾. □

由Baire定理可以得到Banach空间中的一个重要定理: 一致有界原理.

定理2.2.3 设X为Banach空间, Y为赋范空间. 假设$\mathscr{F}$是从X到Y的一族有界线性算子. 若对任意$x\in X$有$\sup\limits_{T\in\mathscr{F}}\|Tx\|<\infty$, 则$\sup\limits_{T\in\mathscr{F}}\|T\|<\infty$.

证明 对$n\in\mathbb{N}$, 定义$X_n=\{x\in X:\sup\limits_{T\in\mathscr{F}}\|T(x)\|\leqslant n\}$. 因此有$\bigcup_{n=1}^{\infty}X_n=X$. 由于$X$是第二纲的集, 则存在$n_0$使得$X_{n_0}$含有内点. 即存在$x_0\in X$, $\delta>0$, 使得$B(x_0,\delta)\subset X_{n_0}$. 因此对任意$T\in\mathscr{F}$, $x\in B(\mathbf{0},\delta)$, $\|Tx\|\leqslant n_0+\|T(x_0)\|\leqslant n_0+n_0=2n_0$, 故$\|T\|<\dfrac{2n_0}{\delta}$. 即$\sup\limits_{T\in\mathscr{F}}\|T\|<\dfrac{2n_0}{\delta}$. □

上面的证明利用Baire纲定理. 下面的证明不用纲推理, 但应用了可数选择原理.

证明 设$\sup\limits_{T\in\mathscr{F}}\|T\|=\infty$, 选取$(T_n)_{n=1}^{\infty}\subset\mathscr{F}$使得$\|T_n\|\geqslant 4^n$. 令$x_0=0$, 对任意$n\geqslant 1$, 由归纳法选取$x_n\in X$ 使得$\|x_n-x_{n-1}\|\leqslant 3^{-n}$且$\|T_nx_n\|\geqslant\dfrac{2}{3}\times 3^{-n}\|T_n\|$. 这是因为对任意$x\in X$, $r>0$,

$$\sup_{y\in B(x,r)}\|Ty\|\geqslant\|T\|r.$$

而这又是因为$\forall z\in B(\mathbf{0},r)$,

$$\max\{\|T(x+z)\|,\|T(x-z)\|\}\geqslant\frac{1}{2}[\|T(x+z)\|+\|T(x-z)\|]\geqslant\|Tz\|.$$

所以

$$\sup_{y\in B(x,r)}\|Ty\|\geqslant\|Tz\|.$$

从而

$$\sup_{y\in B(x,r)}\|Ty\|\geqslant\sup_{\|z\|<r}\|Tz\|=\|T\|r.$$

容易看出$\{x_n\}$是Cauchy列, 因此存在$x\in X$使得$\lim\limits_{n\to\infty}x_n=x$. 又容易得到$\|x-x_n\|\leqslant\dfrac{1}{2}\times 3^{-n}$. 由此得

$$\|T_nx\|\geqslant\frac{1}{6}3^{-n}\|T_n\|\geqslant\frac{1}{6}\left(\frac{4}{3}\right)^n\to\infty,\ n\to\infty.\qquad\square$$

推论2.2.1 设$\{T_n\}$为从Banach空间X到赋范空间Y的一列有界线性算子且$\{T_n\}$是逐点收敛的, 则逐点极限定义了一个有界线性算子T.

推论2.2.2 (Banach - Steinhaus) 设X和Y为Banach空间, $\{T_n\}_{n=1}^{\infty}\subset\mathscr{L}(X,Y)$. 对任意$x\in X$, 则极限$\lim\limits_{n\to\infty}T_nx$存在当且仅当:

(i) 存在X的稠密集M使得$\lim\limits_{n\to\infty}T_nx$对任意$x\in M$存在;

(ii) 序列$\{\|T_n\|\}_{n=1}^{\infty}$有界.

当这些条件满足时, 对任意$x\in X$, 记$T=\lim\limits_{n\to\infty}T_nx$, 则$T\in\mathscr{L}(X,Y)$.

此推论的证明留作练习.

定理2.2.4 设X为Banach空间, Y_n为赋范空间. 假设$\mathscr{F}_n$是从X到Y_n的一族无界线性算子. 则

$$R=\{x\in X:\sup_{T\in\mathscr{F}_n}\|T(x)\|=\infty,\ 对所有\ n\}$$

在X稠密.

证明 R的余集是可列集的并$\bigcup\limits_{n,m} A_{n,m}$, 这里

$$A_{n,m}=\{x\in X:\sup_{T\in\mathscr{F}_n}\|T(x)\|\leqslant m\}.$$

由于$\mathscr{F}_n$是无界的, 所以$A_{n,m}$不含内点. 由定理2.2.2得R是稠密集. □

例2.2.2 设$f\in C[0,2\pi]$, 其Fourier级数为

$$\sum_{k\in\mathbb{Z}}\hat{f}(k)\mathrm{e}^{-\mathrm{i}kx}=\sum_{k\in\mathbb{Z}}\frac{1}{2\pi}\int_0^{2\pi}f(t)\mathrm{e}^{\mathrm{i}kt}\mathrm{d}t\,\mathrm{e}^{-\mathrm{i}kx},$$

n阶部分和为

$$S_n(f)(x)=\sum_{-n\leqslant k\leqslant n}\hat{f}(k)\mathrm{e}^{-\mathrm{i}kx}=\frac{1}{2\pi}\int_0^{2\pi}f(x-t)D_n(t)\mathrm{d}t,$$

这里$D_n(t)=\dfrac{\sin(n+\frac{1}{2})t}{\sin\frac{t}{2}}$是$n$阶Dirichlet核.

固定$x\in[0,2\pi]$, 考虑$S_n(f)(x)$的收敛性. $\phi_n(x):C[0,2\pi]\to\mathbb{C}$为

$$\phi_n(x)=S_n(f)(x)$$

是有界的. 因为核D_n对所有n是光滑的且由例2.1.6知

$$\|\phi_n(x)\|=\frac{1}{2\pi}\int_0^{2\pi}|D_n(t)|\mathrm{d}t=\|D_n\|_{L^1(\mathbf{T})}.$$

但是有

$$D_n(t)=\sin nt\cot\frac{1}{2}t+\cos nt=2t^{-1}\sin nt+h_n(t),$$

$h_n(t)$是$[0,2\pi]$上的一致有界函数. 因此有

$$\begin{aligned}\frac{1}{2\pi}\int_0^{2\pi}|D_n(t)|\mathrm{d}t&=\frac{1}{\pi}\int_0^{\pi}\left|\frac{\sin nt}{t}\right|\mathrm{d}t+O(1)\\&=\frac{2}{\pi}\sum_{k=0}^{n-1}\int_{k\pi/n}^{(k+1)\pi/n}\left|\frac{\sin nt}{t}\right|\mathrm{d}t+O(1)\\&=\frac{2}{\pi}\int_0^{\pi/n}\left|\frac{\sin nt}{t}\right|\mathrm{d}t\\&\quad+\frac{2}{\pi}\int_0^{\pi/n}(\sin nt)\sum_{k=1}^{n-1}\left|\frac{1}{t+k\pi/n}\right|\mathrm{d}t+O(1)\\&=4\pi^{-2}\ln n+O(1).\end{aligned}$$

因为

$$\pi^{-1}2\left(\frac{1}{2}+\cdots+\frac{1}{n}\right)\leqslant\int_0^{\pi/n}(\sin nt)\sum_{k=1}^{n-1}\left|\frac{1}{t+k\pi/n}\right|\mathrm{d}t\leqslant\pi^{-1}2\left(1+\frac{1}{2}+\cdots+\frac{1}{n}\right),$$

上式左右两端分别是积分$\pi^{-1}n\displaystyle\int_1^n t^{-1}\mathrm{d}t$的Riemann下和和上和, 且它们的差为$\pi^{-1}n(1-1/n)$, 因此$\|D_n\|_{L^1(\mathbf{T})}=4\pi^{-2}\ln n+O(1)$. 也即$\{\phi_n(x)\}_{n=1}^{\infty}$在$C[0,2\pi]^*$内无界, 因此由一致有界原理, 对任意$x\in[0,2\pi]$, $[0,2\pi]$上连续函数的Fourier级数在x处发散的函数在$C[0,2\pi]$内稠密.

Baire定理的另一个应用是说明存在连续函数处处不可导. Weierstrass在1872年发表了一个处处连续但处处不可导的函数震惊了当时的数学界. 但是由下面的定理和Baire定理可知这样的函数其实很多.

定理2.2.5 在空间$C[0,1]$中至少有一个可导点的函数全体为第一纲的集.

此定理的证明见参考文献[15, 25]或者参考文献[28].

设X为完备度量空间, $\{f_n\}$为X上的一列连续复值函数, 对任意$x\in X$, $\lim\limits_{n\to\infty}f_n(x)=f(x)$. 假如此极限是对$x$一致收敛的, 则$f$为连续函数. 若前面的极限是逐点收敛的, 则$f$是否仍然具有连续点呢? 由前面的Baire纲定理可得f必然具有连续点. 因为f的不连续点为第一纲集. 此结论的详细证明见参考文献[25, 161-163页].

Weierstrass在1872年给出的函数为$f(x)=\displaystyle\sum_{k=0}^{\infty}a^k\cos(b^k\pi x)$, 其中$0<a<1$, b是任何奇数且满足$ab>1+3\pi/2$. 这样的处处连续但处处不可导的函数现在被称为奇怪的函数. 分析学中还有许多的奇怪函数, 如处处可导但没有任何单调区间的函数, 见参考文献[22]. 处处具有无穷阶导数但处处不是实解析的函数, 见参考文献[30]. 事实上, 综述文章[30]讲述了数学中许多人们认为很奇怪的事是普遍存在的.

练习2.2

1. 设A是度量空间X的子集, 则$\mathrm{int}(\overline{A})=\varnothing$等价于$\overline{\overline{A}^{\mathrm{C}}}=X$.

2. 设(X,d)为度量空间, $x\in X$. 若存在$r>0$使得$B(x,r)=\{x\}$, 则称x为X的一个孤立点.
   (i) 证明x为X的孤立点等价于$\{x\}$为开集;
   (ii) 证明不含孤立点的非空的完备度量空间必不可数;
   (iii) 给出一个无穷的完备度量空间为可数集的例子;
   (iv) 给出一个不可数的完备度量空间其每一个点都是孤立点的例子.

3. 设(X,d)为完备度量空间, $\{f_i:\ i\in I\}$是X上的实函数满足对任意$x\in X$, $\sup_{i\in I}|f_(x)|<\infty$. 证明存在$X$的一个开球$U$使得$\{f_i:\ i\in I\}$在$U$上一致有界.

4. 证明在完备度量空间中, 可数个处处稠密的开集之交也是处处稠密的.

5. 证明推论2.2.2.

6. 设X, Y为Banach空间, $f:\ X\times Y\to\mathbb{R}$为对每一个变量连续的双线性映射, 即对固定$x\in X$, $f(x,\cdot):\ Y\to\mathbb{R}$为有界线性泛函, 对固定$y\in Y$, $f(\cdot,x):\ X\to\mathbb{R}$为有界线性泛函, 证明$f$联合连续, 即若$x_n\to 0$, $y_n\to 0$, 则有$f(x_n,y_n)\to 0$.

7. 设$\{x_n\}$为赋范空间X中的点列使得对任意$f\in X^*$, $\{f(x_n)\}$有界, 证明存在$C>0$使得$\|x_n\|\leqslant C$, $n\in\mathbb{N}$. (提示: 将x_n看成X^*上的有界线性泛函)

2.3 开映像定理等

这节介绍Banach空间中一些重要定理其中包括开映像定理、逆算子定理、闭图像定理等.

定理2.3.1 *设X, Y都是Banach空间, 若$T\in\mathscr{L}(X,Y)$且是满射, 则T是开映射.*

证明 将证明分成三步.

(i) 因为T是线性的, 则T是开映射等价于存在$r>0$, 使得

$$TB_X(0,1)\supset B_Y(0,r).$$

若T是开映射, 则存在$r>0$, 使得

$$TB_X(0,1)\supset B_Y(0,r).$$

反之, 若存在$r>0$, 使得

$$TB_X(0,1)\supset B_Y(0,r).$$

若E是X的任意非空开集, 对于任意的$y\in TE$, 则存在$x\in E$使得$y=Tx$, 则存在$B_X(x_0,\delta)\subset E$, 因此有

$$B_Y(y,\delta r)=Tx+B_Y(0,\delta r)\subset Tx+TB_X(0,\delta)=TB_X(x_0,\delta)\subset TE.$$

因此y是TE的内点, 由y的任意性知TE为开集.

(ii) 存在$\delta>0$, $B_Y(0,\delta)\subset\overline{TB_X(0,1)}$.

$$Y=TX=\bigcup_{n=1}^{\infty}TB_X(0,n).$$

由于Y是完备的, 至少存在$n_0 \in \mathbb{N}$使得$\mathrm{int}(\overline{TB_X(0,n_0)}) \neq \varnothing$. 即存在$y_0 \in Y$, $r > 0$,使得$B_Y(y,r) \subset \overline{TB_X(0,n)}$. 由$TB_X(0,n)$是对称的知$\overline{TB_X(0,n)}$也是对称的, 因此有$-B_Y(y,r) \subset \overline{TB_X(0,n_0)}$. 从而有

$$B_Y(0,r) = \frac{1}{2}B_Y(y,r) + \frac{1}{2}(-B_Y(y,r)) \subset \overline{TB_X(0,n_0)}.$$

令$\delta = r/n_0$, 即证.

(iii) 证明: $\overline{TB_X(0,1)} \subset TB_X(0,3)$.

设$y \in \overline{TB_X(0,1)}$, 则存在$x_1 \in B_X(0,1)$, 使得$\|y - Tx_1\| \leqslant \delta/2$. 即

$$y - Tx_1 \in B_Y(0,\delta/2) \subset \overline{TB_X(0,1/2)}.$$

因此又存在$x_2 \in B_X(0,1/2)$, 使得$\|y - Tx_1 - Tx_2\| \leqslant \delta/4$. 即

$$y - Tx_1 - Tx_2 \in B_Y(0,\delta/4) \subset \overline{TB_X(0,1/4)}.$$

依次推理, 对任意$n \in \mathbb{N}$, 存在$x_n \in B_X(0,1/2^n)$, 使得

$$y - Tx_1 - \cdots - Tx_n \in B_Y(0,\delta/2^n) \subset \overline{TB_X(0,1/2)}.$$

因为$\sum\limits_{i=1}^{\infty}\|x_i\| \leqslant 2 < 3$, 由完备性知$\sum\limits_{i=1}^{\infty}x_i$存在, 记其为$x$, 则有$\|x\| \leqslant \sum\limits_{i=1}^{\infty}\|x_i\| \leqslant 2 < 3$, 再由$T$的连续性得$y = Tx$, 即$\overline{TB_X(0,1)} \subset TB_X(0,3)$. □

由此可得下面重要结论.

推论2.3.1 (逆算子定理) 设X, Y都是Banach空间, 若$T \in \mathscr{L}(X,Y)$且是双射(单射和满射), 则T^{-1}是有界算子.

设X, Y都是Banach空间, 若$T \in \mathscr{L}(X,Y)$. 考虑方程

$$Tx = y,\ y \in Y.$$

假若对任意$y \in Y$, 此方程存在唯一解. 则由推论2.3.1知方程的解连续依赖于y.

例2.3.1 设$\hat{f}(n) = \frac{1}{2\pi}\int_{-\pi}^{\pi} f(t)\mathrm{e}^{-\mathrm{i}nt}\mathrm{d}t$. 令$Tf = \{\hat{f}(n)\}_{-\infty}^{\infty}$. 则由Riemann-Lebesgue引理知$T$从$L^1(-\pi,\pi)$到$c_0(\mathbb{Z})$的有界线性算子, 但它不是满射. 这里

$$c_0(\mathbb{Z}) = \{(a_n)_{n=-\infty}^{\infty} \in \ell^\infty : \lim_{n\to\pm\infty}|a_n| = 0\}.$$

证明 设D_k为Dirichlet核, $k \in \mathbb{N}$, 则

$$\hat{D_k}(n) = \begin{cases} 1, & |n| \leqslant k, \\ 0, & |n| > k. \end{cases}$$

可是$\|D_k\|_{L^1(-\pi,\pi)} \sim \log k$. 这表示$T$的逆映射不是有界的. 因此由推论2.3.1知$T$不是满射. □

推论2.3.2 (范数等价定理) *设$(X, \|\cdot\|_1)$和$(X, \|\cdot\|_2)$都是Banach空间, 且存在$C_1 > 0$使得$\|x\|_1 \leqslant C_1\|x\|_2$, $\forall x \in X$. 则存在$C_2 > 0$使得$\|x\|_2 \leqslant C_2\|x\|_1$, $\forall x \in X$.*

接下来介绍闭图像定理.

设$T\colon X \to Y$为线性算子. 记其图像为$G(T) = \{(x, Tx) \in X \times Y : x \in D(T)\}$. 若$G(T)$为$X \times Y$中的闭集, 则称$T$为闭算子或闭图像算子. 这里积空间$X \times Y$的范数为$\|(x,y)\| = \|x\| + \|y\|$, $\forall (x,y) \in X \times Y$. 设$p_1\colon X \times Y \to X$和$p_2\colon X \times Y \to Y$ 分别是到X和Y的投影. 显然由积空间的定义知投影算子是连续的. T为闭算子等价于对任意的$\{x_n\} \subset D(T)$, 若$x_n \to x$, $Tx_n \to y$, $n \to +\infty$, 则有$x \in D(T)$且$y = Tx$.

定理2.3.2 (闭图像定理) *设X, Y都是Banach空间. 若$T\colon X \to Y$为线性算子. 则T是有界的当且仅当T是闭算子.*

证明 若T有界, 给定序列$\{(x_i, Tx_i)\} \in G(T)$收敛到$(x, y) \in X \times Y$, 则由投影的连续性有

$$x_i = p_1(x_i, Tx_i) \xrightarrow[i\to\infty]{} p_1(x, y) = x$$

和

$$Tx_i = p_2(x_i, Tx_i) \xrightarrow[i\to\infty]{} p_2(x, y) = y.$$

再由T的连续性

$$Tx = \lim_{i\to\infty} Tx_i = y.$$

因此$(x, y) = (x, Tx) \in G(T)$, 即$G(T)$是闭的.

反之设$G(T)$闭. 因为$G(T)$是$X \times Y$内的闭子空间, 它是Banach空间. 考虑算子$\widetilde{T}: X \to G(T)$为$\widetilde{T}x = (x, Tx)$. 显然$\widetilde{T}$是双射, 它的逆为$p_1|_{G(T)}$, 即$p_1$在$G(T)$上的限制. 由于$p_1$在$X \times Y$上连续, 所以它的限制也是连续的; 且也是满射. 由开映射定理知$p_1|_{G(T)}$是开映射, 其逆必连续. 故$\widetilde{T}$连续, 从而$T = p_2 \circ \widetilde{T}$也连续. □

如果X, Y不是Banach空间, 则闭图像定理不成立. 记$X = C^1[0,1]$, $Y = C[0,1]$, $Tx(t) = x'(t)$. 将X看成是Y的一个子空间. 则T是从X到Y内的闭算子, 但T不是有界的.

将$C[0,1]$看成$L^2[0,1]$中的子空间, 则恒等映射是从$C[0,1]$到$L^2[0,1]$连续的, 但它的图像不是闭的.

我们是用开映像定理证明闭图像定理. 事实上, 开映像定理、闭图像定理、逆算子定理、范数等价定理都是等价的. 将此留作练习.

练习2.3

1. 由闭图像定理证明开映像定理. (提示: 设$T: X \to Y$连续和到上. 记$\pi: X \to \tilde{X} = X/NT$为商映射, 则$\pi$是开映射到上连续的. $\overline{T}$是由T在$\tilde{X}$导出的算子$\tilde{X} \to Y$是连续线性的双射. 由于$\overline{T}$是连续的所以是闭算子, 因此$\overline{T}^{-1}$也是闭算子, 故$\overline{T}^{-1}$也连续. 即$\overline{T}$是开映射. 故$T = \overline{T} \circ \pi$为开映射)

2. 证明逆算子定理与范数等价定理是等价的.

3. 证明范数等价定理与闭图像定理等价.

4. (Zabreiko引理[26]) 设X为Banach空间, p是X上的半范数. 若对X内的任意绝对收敛级数$\sum_{n=1}^{\infty} x_n$ 有
$$p\left(\sum_{n=1}^{\infty} x_n\right) \leqslant \sum_{n=1}^{\infty} p(x_n) \in [0, \infty],$$
则p连续, 即存在$C \geqslant 0$使得$p(x) \leqslant C\|x\|$, $\forall x \in X$. (提示: 记$A_n = \{x \in X: \ p(x) \leqslant n\}$. 类似开映射定理的证明存在$N \in \mathbb{N}$和$R > 0$使得$B(\mathbf{0}, R) \subset \overline{A_N}$. 下面证明$B(\mathbf{0}, R) \subset A_N$. 若$\|x\| < R$, 选取$\|x\| < r < R$. 固定$0 < q < 1 - \frac{r}{R}$使得$\frac{1}{1-q}\frac{r}{R} < 1$. 则$y = \frac{R}{r}x \in B(\mathbf{0}, R) \subset \overline{A_N}$, 因此存在$y_0 \in A_N$使得$\|y - y_0\| < qR$, 即$q^{-1}(y - y_0) \in B(\mathbf{0}, R)$. 选取$y_1 \in A_N$使得$\|q^{-1}(y - y_0) - y_1\| < qR$, 即$\|y - y_0 - qy_1\| < qR^2$. 由归纳法得$\{y_k\}_{k=0}^{\infty} \subset A_N$ 使得
$$\left\|y - \sum_{k=0}^{n} q^k y_k\right\| < q^n R, \ \forall n \geqslant 0,$$
从而$y = \sum_{k=0}^{\infty} q^k y_k$. 由假设
$$p(y) = p\left(\sum_{k=0}^{\infty} q^k y_k\right) \leqslant \sum_{k=0}^{\infty} q^k p(y_k) \leqslant \frac{1}{1-q} N.$$
因此$p(x) \leqslant \frac{r}{R}\frac{1}{1-q} N < N$, 即$x \in A_N$. 则对任意$\varepsilon > 0$, 有$p(x) \leqslant \frac{N(1+\varepsilon)}{R}\|x\|$.)

5. 用Zabreiko引理可以直接证明闭图像定理. (提示: 设T是Banach空间X到Banach空间Y的闭线性算子, 记$p(x) = \|Tx\|$)

6. 用Zabreiko引理证明一致有界原理. (提示: $p(x) = \sup\limits_{n \in \mathbb{N}} \|T_n x\|$)

7. 用Zabreiko引理证明逆算子定理. (提示: $p(x) = \|T^{-1}x\|$)

8. 设X, Y为Banach空间, $T: \ X \to Y$是单射的有界线性算子. 证明逆算子$T^{-1}: \ T(X) \to X$有界当且仅当$T(X)$为闭集.

9. 设T是Hilbert空间上处处有定义的线性算子且满足

$$\langle x, Ty\rangle = \langle Tx, y\rangle,\ \forall x, y \in H.$$

证明T是连续的. (提示: 证明T是闭算子)

10. 在$C[0,1]$上考虑两个范数$\|\cdot\|_\infty$和$\|\cdot\|_1$, 证明恒等映射是从$(C[0,1], \|\cdot\|_\infty)$到$(C[0,1], \|\cdot\|_1)$的连续满射但不是开映射.

2.4 线性泛函延拓定理

先介绍实线性空间上的实线性泛函的延拓定理. 然后介绍复线性空间上的复线性泛函的延拓定理. 最后介绍这些定理在凸集分离中的应用.

2.4.1 Hahn-Banach延拓定理

定义2.4.1 设X是线性空间, $E \subset X$为凸集, 泛函$f:\ E \mapsto \mathbb{R}$称为凸泛函, 若

$$f(\lambda x + (1-\lambda)y) \leqslant \lambda f(x) + (1-\lambda) f(y),\quad \forall x, y \in E, \lambda \in (0,1).$$

定理2.4.1 设X是实线性空间, p是X上的凸泛函, M是X的实线性子空间, g是M上的实线性泛函且满足$g(x) \leqslant p(x)$, $x \in M$. 则存在X上的线性泛函f使得

$$f(x) \leqslant p(x),\ \forall x \in X$$

和

$$f(x) = g(x),\ \forall x \in M.$$

证明 对任意$u, v \in M$, $\alpha > 0$, $\beta < 0$. $x \notin M$. 则有

$$\begin{aligned}
\alpha g(u) - \beta g(v) &= g(\alpha u - \beta v) \\
&= (\alpha - \beta) g\left(\frac{\alpha}{\alpha-\beta} u - \frac{\beta}{\alpha-\beta} v\right) \\
&\leqslant (\alpha - \beta) p\left(\frac{\alpha}{\alpha-\beta} u - \frac{\beta}{\alpha-\beta} v\right) \\
&= (\alpha - \beta) p\left(\frac{\alpha}{\alpha-\beta} (u + x/\alpha) - \frac{\beta}{\alpha-\beta} (v + x/\beta)\right) \\
&\leqslant \alpha p(u + x/\alpha) - \beta p(v + x/\beta).
\end{aligned}$$

即

$$\beta[p(v + x/\beta) - g(v)] \leqslant \alpha[p(u + x/\alpha) - g(u)].$$

因此

$$\sup_{v\in M,\beta<0}\beta[p(v+x/\beta)-g(v)]\leqslant\inf_{u\in M,\alpha>0}\alpha[p(u+x/\alpha)-g(u)].$$

设c使得

$$\sup_{v\in M,\beta<0}\beta[p(v+x/\beta)-g(v)]\leqslant c\leqslant\inf_{u\in M,\alpha>0}\alpha[p(u+x/\alpha)-g(u)].$$

对任意$w=u+\lambda x$, $\lambda\in\mathbb{R}$, 令

$$f(w)=f(u+\lambda x)=g(u)+\lambda c.$$

若$\lambda<0$, 则$[p(u+\lambda x)-g(u)]/\lambda\leqslant c$. 若$\lambda>0$, 则$[p(u+\lambda x)-g(u)]/\lambda\geqslant c$. 总之有

$$f(u+\lambda x)=g(u)+\lambda c\leqslant p(u+\lambda x).$$

上面是将g延拓到比M多一维的子空间中, 为延拓到整个X, 将利用Zorn引理, 设P表示序对(N,h)的全体, 其中N是X的包含M的子空间, h是N上的线性泛函满足$h|_M=g$, 且$h(x)\leqslant p(x)$, $\forall x\in N$. 在P内定义序关系$(N_1,h_1)\leqslant(N_2,h_2)$, 即$N_1\subset N_2$, 且$h_2|_{N_1}=h_1$. 则$P$内任意全序子集$D$在$P$内有上界. 事实上设$D=((N_i,h_i))_{i\in I}$是一个全序子集, 则$N=\bigcup_{i\in I}N_i$是$X$的线性子空间且包含$M$, 在$N$上定义$h$为: $h(x)=h_i(x)$, 若$x\in N_i$. 则h是N上的线性泛函, 且$(N,h)\in P$且$(N_i,h_i)\leqslant(N,h)$, $\forall i\in I$. 由Zorn引理知P至少存在一个极大元(Q,q), 则$Q=X$. 否则由前面的构造方法可以得到一个更大的元, 与极大元矛盾. □

定理2.4.1是由Bittner在参考文献[3]得到的. 由于次线性泛函必是凸泛函, 由此定理立即可得如下广为周知的延拓定理.

定理2.4.2 设X是实线性空间, p是X上的次线性泛函, M是X的实线性子空间, g是M上的实线性泛函且满足$g(x)\leqslant p(x)$, $x\in M$. 则存在X上的线性泛函f使得

$$f(x)\leqslant p(x),\ \forall x\in X$$

和

$$f(x)=g(x),\ \forall x\in M.$$

定理2.4.3 设X是复线性空间, p是X上的半范数, X_0是X的线性子空间, g是X_0上的线性泛函且满足$|g(x)|\leqslant p(x)$, $x\in X_0$. 则存在X上的线性泛函f使得

(i) $|f(x)|\leqslant p(x)$, $\forall x\in X$;

(ii) $f(x)=g(x)$, $\forall x\in X_0$.

证明 先设$\mathbb{K}=\mathbb{R}$, 由前面的定理2.4.1, g可以延拓为X上的线性泛函f, 使得$f(x)\leqslant p(x),\forall x\in X$. 因此$-f(x)=f(-x)\leqslant p(-x)=p(x)$. 即$|f(x)|\leqslant p(x)$. 若$\mathbb{K}=\mathbb{C}$. 记$\mathrm{Re}\, g(y)=h(y),\forall y\in X_0$. 则$h$是$X_0$上的一个实线性泛函, 且

$$g(y)=h(y)-\mathrm{i}h(\mathrm{i}y),\ \forall y\in X_0.$$

由于$|h(y)|\leqslant|g(y)|\leqslant p(y),\ \forall y\in X_0$. 因此由此前证明的实数域的情况, 存在$h$在$X$上的延拓线性泛函$q$使得

$$|q(y)|\leqslant p(x),\forall x\in X.$$

定义$f(x)=q(x)-\mathrm{i}q(\mathrm{i}x),\ \forall x\in X$. 则$f$是$X$上的复线性泛函. 显然$f$是$g$在$X$上的延拓. 下面证明$|f(x)|\leqslant p(x)$. 为此记$f(x)=|f(x)|\mathrm{e}^{\mathrm{i}\theta}$, θ为$f(x)$的幅角, 则

$$|f(x)|=f(x)\mathrm{e}^{-\mathrm{i}\theta}=f(\mathrm{e}^{-\mathrm{i}\theta}x)=q(\mathrm{e}^{-\mathrm{i}\theta}x)\leqslant p(\mathrm{e}^{-\mathrm{i}\theta}x)=p(x).$$ □

定理2.4.4 *设X是赋范线性空间, X_0是X的线性子空间, f_0是X_0上的有界线性泛函. 则存在X上的有界线性泛函f使得:*

(i) $\|f\|=\|f_0\|$;

(ii) $f(x)=f_0(x),\ \forall x\in X_0$.

证明 $\forall x\in X$, 令$p(x)=\|f_0\|\|x\|$, 则p是X上的半范数, 且$|f_0(x)|\leqslant p(x),\ \forall x\in X_0$. 由定理2.4.3存在$X$上的线性泛函$f$满足条件(ii)且$|f(x)|\leqslant\|f_0\|\|x\|$. 故$\|f\|\leqslant\|f_0\|$. 显然有$\|f\|\geqslant\|f_0\|$. 所以$\|f\|=\|f_0\|$. □

习惯上称定理2.4.4为Hahn-Banach保范延拓定理.

推论2.4.1 *设X是赋范线性空间, 对任意$x_0\neq 0$, 则存在X上的有界线性泛函f使得$f(x_0)=\|x_0\|$; 且$\|f\|=1$.*

证明 因为若$x_0\neq 0$. 记$M=\mathbb{K}x_0$. 定义M上的线性泛函g为

$$g(\lambda x_0)=\lambda\|x_0\|,\ \lambda\in\mathbb{K}.$$

则$|g(\lambda x_0)|=|\lambda|\|x_0\|=\|\lambda x_0\|,\ \forall\lambda\in\mathbb{K}$. 由定理2.4.4得结论成立. □

推论2.4.2 *设X是复线性空间, 若X含有一个均衡吸收凸集, 则X上存在非零线性泛函.*

证明 由命题1.5.5和定理2.4.3可得. □

推论2.4.3 *设X是赋范线性空间, 则$x_0=0$当且仅当对X上的任意有界线性泛函f总有$f(x_0)=0$.*

证明 由推论2.4.1可得. □

定理2.4.5 设X是赋范线性空间, M是X的线性子空间, 若$x_0 \in X$, $d = \rho(x_0, M) > 0$, 则存在X上的有界线性泛函f使得:

(i) $f(x) = 0, \ \forall x \in M$;

(ii) $f(x_0) = d$;

(iii) $\|f\| = 1$.

证明 记$X_0 = \{x = x' + ax_0 : \ x' \in M, \ a \in \mathbb{K}\}$, $\forall x \in X_0$, 定义:

$$f_0(x) = ad, \quad \forall \quad x = x' + ax_0.$$

显然, f_0满足条件(i)和条件(ii). 若$x = x' + ax_0$, $x' \in M$, $a \neq 0$, 则有

$$|f_0(x)| = |a|d = |a|\rho(x_0, M) \leqslant |a|\|\frac{x'}{a} + x_0\| = \|x' + ax_0\| = \|x\|.$$

因此$\|f_0\| \leqslant 1$. 由条件(ii), 存在$\{x_n\} \subset M$, 使得$\lim\limits_{n\to\infty} \|x_n - x_0\| = d$, 因此$\lim\limits_{n\to\infty} \dfrac{|f_0(x_n - x_0)|}{\|x_n - x_0\|} = 1$. 得$\|f_0\| = 1$. 由Hahn-Banach定理, 将$f_0$保范延拓为$f \in X^*$, 因此$f$满足(i)和(ii). 且$\|f\| = \|f_0\| = 1$. □

推论2.4.4 设X是赋范线性空间, M是X的子集, 则$x_0 \in \overline{\operatorname{span} M}$当且仅当对$X$上的任意有界线性泛函$f$满足$f(x) = 0$, $x \in M$, 总有$f(x_0) = 0$.

注 在Lebesgue测度论中, 存在非Lebesgue可测集, 但是它们不容易构造. 可是由Hahn-Banach定理知一定存在非Lebesgue可测集, 见参考文献[14].

2.4.2 凸集的分离定理

设M是线性空间V的一个真子空间, 若任取$x \in V$但$x \notin M$, 有$\operatorname{span}\{x, M\} = V$. 则称$M$为$V$的极大子空间. 极大子空间的平移称为超平面. 显然V的极大子空间等价于它是V上的一个线性泛函的核空间(零空间). 因此由定理2.1.2可得如下结论.

定理2.4.6 L是线性(赋范)空间X上的一个(闭)超平面当且仅当存在一个非零(连续)线性泛函f及$a \in \mathbb{R}$使得$L = H_f^a = \{x \in X : \ f(x) = a\}$.

定义2.4.2 设f是线性空间X上的线性泛函, E, F为X的子集. 若存在实数a使得对任意$x \in E$, $f(x) \leqslant a(\geqslant a)$, 而对任意$x \in F$, $f(x) \geqslant a(\leqslant a)$, 称超平面$H_f^a$分离集合$E$与$F$.

定义2.4.3 设A, B是实赋范空间X中的子集, 若存在X上的非零实线性泛函f使得

$$\sup\{f(x): x \in A\} \leqslant \inf\{f(y): \forall y \in B\},$$

则称A, B可分离. 若上面的不等式是严格的不等号, 则称A, B可严格分离.

注 这里的严格分离强于如下的分离: 存在f和$a \in \mathbb{R}$使得

$$f(x) < a,\ \forall x \in A,\ f(y) > a,\ \forall y \in B.$$

显然, 线性泛函f(严格)分离A, B的充分必要条件是f(严格)分离$A-B$与0, 这里$A-B=\{x-y: x \in A, y \in B\}$.

定理2.4.7 设A, B是实赋范空间X中的不相交凸集,

(i) 若A是开集, 则A, B可分离;

(ii) 若A, B是开集, 则A, B可被一个连续线性泛函严格分离的充分必要条件是$0 \notin \overline{A-B}$;

(iii) 若A是紧集, B是闭集, 则A, B可被一个连续线性泛函严格分离.

证明 (i) 若A为开集, 由于$A-B=\{x-y: x \in A, y \in B\}=\bigcup_{y \in B} A-y$, 则$A-B$是开集. 取定$-z \in A-B$, 令$E=z+A-B$, 则$E$也是开集且$0 \in E$, $z \notin E$. 所以E是0的凸邻域, 因而也是吸收的. 由命题1.5.3和命题1.5.2知E上的Minkowski泛函P是次可加且连续的. 当$\lambda \geqslant 0$时, 有$P(\lambda x)=\lambda P(x)$.

在X的一维子空间$Y=\{\lambda z: \lambda \in \mathbb{R}^n\}$上定义泛函$f(\lambda z)=\lambda$, 则$f(z)=1$. 因为$z \notin E$, 所以$P(z) \geqslant 1$. 因此有$f(\lambda z) \leqslant P(\lambda z)$. 由线性空间上的Hahn-Banach泛函延拓定理知存在X上的线性泛函F使得$F(x) \leqslant P(x)$, $x \in X$, 且$F(x)=f(x)$, $x \in Y$. 因此得对任意$x \in X$, $-P(-x) \leqslant F(x) \leqslant P(x)$. 而$P(x)$是连续的, 所以$F(x)$在0点连续, 从而$F(x)$在整个空间$X$上连续. 由于对任意$x \in A$, $y \in B$, 有$z+x-y \in E$, 所以

$$F(z)+F(x)-F(y)=F(z+x-y) \leqslant P(z+x-y) \leqslant 1.$$

即得$F(x) \leqslant F(y)$. 所以$\sup\limits_{x \in A} F(x) \leqslant \inf\limits_{y \in B} F(y)$. 任取$a \in \mathbb{R}$使得$\sup\limits_{x \in A} F(x) \leqslant a \leqslant \inf\limits_{y \in B} F(y)$. 则超平面$\{x \in X: F(x)=a\}$分离$A, B$.

(ii) 若$0 \notin \overline{A-B}$, 则存在一个0点的开凸集U与$\overline{A-B}$不相交. 因此由命题(i)知存在一个非零连续线性泛函f可分离U与$\overline{A-B}$. 故存在一个常数δ使得在$\overline{A-B}$上$f \geqslant \delta$, 在U上$f \leqslant \delta$. 由于f是非零的, 所以存在$x \in X$使得$f(x)=1$. 而$f(\alpha x)=\alpha$. 而当α很小时, $\alpha x \in U$. 所以存在$\varepsilon>0$使得当$|\alpha|<\varepsilon$时, $\alpha x \subset U$. 因此有

$$f(0)=0<\varepsilon \leqslant \inf\{f(x): x \in \overline{A-B}\}.$$

即A与B严格分离.

反之, 若$0 \in \overline{A-B}$, 则0与$\overline{A-B}$不能被一个非零连续线性泛函f分离, 因为0是$A-B$的聚点.

(iii) 此时$A-B$是闭集,由命题(ii)得结论. 下证$A-B$是闭集. 设$x_n \in A$, $y_n \in B$, 且$x_n - y_n \to z$. 由于A为紧集, 则存在$\{x_n\}$的子列$\{x_{n_k}\}$ 收敛到$x \in A$, 则$\{y_{n_k}\}$收敛到$x-z \in B$. 所以$z = x-(x-z) \in A-B$. 即$A-B$为闭集. □

由此可得如下的凸集分离结果.

推论2.4.5 设E_1, E_2是实赋范空间X内的非空凸集, 若$\mathring{E}_1$非空且$\mathring{E}_1 \cap E_2 = \varnothing$. 则存在一个超平面$H_f^a$分离$E_1$ 与E_2.

证明 由定理2.4.7, 知存在有界线性泛函f分离$\mathring{E}_1$和E_2. 然后再由定理1.5.1, 知f分离$\overline{E_1}$和E_2. □

若两个不相交的凸集的内部为空集, 则不一定存在有界线性泛函分离它们. 换而言之, 前面凸集分离定理的条件是本质的.

例2.4.1 设E_1, E_2是$L^2[0,1]$中的如下凸集,

$$E_1 = \{f \in C[0,1]:\ f(0)=0\},\ E_2 = \{f \in C[0,1]:\ f(0)=1\},$$

由于E_1, E_2是$L^2[0,1]$的稠密集, 所以不存在分离它们的有界线性泛函.

推论2.4.6 设E是实赋范空间X内的一个含有内点的非空凸集, $x_0 \notin E$, 则存在一个超平面H_f^a分离x_0和E.

证明 由推论2.4.5得. 也可以用类似定理2.4.7(i)的证明方法证明. □

推论2.4.7 设E是实赋范空间X内的非空闭凸集, 则对任意$x_0 \notin E$, 存在$f \in X^*$, $a \in \mathbb{R}$使得

$$f(x) < a < f(x_0),\ \forall x \in E.$$

证明 由于$x_0 \notin E$, 所以存在$r>0$使得$B(x_0,r)$与E不相交. 由定理2.4.7存在非零泛函$f \in X^*$使得

$$\sup_{x \in E} f(x) \leqslant \inf_{y \in B(x_0,r)} f(y).$$

由于f非零, 所以存在$\|y_0\| < r$, $f(y_0) > 0$, 所以$f(x_0) > f(x_0 - y_0) \geqslant \inf\limits_{y \in B(x_0,r)} f(y)$. 故任取$a$满足$\inf\limits_{y \in B(x_0,r)} f(y) < a < f(x_0)$, 则得结论. □

推论2.4.8 设E是实赋范空间X内有内点的凸集, F是X内的一个线性流形且$\overset{\circ}{E}\cap F=\varnothing$. 则存在一个包含$F$的闭超平面$L$使$E$在$L$的一侧. 而线性流形即是线性子空间的平移.

证明 由推论2.4.5, 知存在非零连续线性泛函f分离E与F. 即存在$a\in\mathbb{R}$使得

$$\sup_{x\in E} f(x)\leqslant a\leqslant \inf_{y\in F} f(y).$$

若$F=x_0+X_0$, X_0为子空间, 则对任意$x\in X_0$, 有$f(x)\geqslant a-f(x_0):=b$. 因此对任意$x\in X_0$, $t>0$, 有$f(tx)\geqslant b/t$, 令$t\to+\infty$, 则有$f(x)\geqslant 0$. 故$f(-x)\geqslant 0$. 所以对任意$x\in X_0$, $f(x)=0$. 因此$F\subset x_0+H_f^0=H_f^{f(x_0)}$. □

定义2.4.4 若E在H_f^a的一侧, 且$x_0\in\bar{E}\cap H_f^a$, 则称超平面H_f^a为凸集E在点x_0处的支撑超平面, 又称为切平面.

定理2.4.8 设E是实赋范空间X内有内点的闭凸集, 则在E的每一个边界点都存在E的一个支撑超平面.

证明 设E是实赋范空间X内有内点的闭凸集, 则由定理1.5.1, $\operatorname{int}E$为开的凸集. 如果x_0是E的边界点, 则由定理2.4.7, 存在非零连续线性泛函f分离x_0与$\operatorname{int}E$. 记$f(x_0)=a$, 不妨设$f(x)\leqslant a$, $\forall x\in\operatorname{int}E$. 则由连续性得$f(x)\leqslant a$, $\forall x\in E$. 因此H_f^a就是E在x_0处的一个支撑超平面. □

注 凸集的分离定理在一般的拓扑线性空间上也成立. 复赋范空间上也存在凸集分离定理, 此时只需用泛函的实部去分离. 这些详见[1].

2.4.3 凸规划的Lagrange乘子

下面先给出凸泛函的一个等价描述.

命题2.4.1 设X是线性空间, $C\subset X$为凸集, 泛函$f: C\to\overline{\mathbb{R}}$. 则下列陈述等价:

(i) f是凸的;

(ii) f的上方图形$\operatorname{Epi}(f)=\{(x,t)\in C\times\mathbb{R}:\ f(x)\leqslant t\}$是$X\times\mathbb{R}$中的凸集;

(iii) f满足Jensen不等式: 即对任意$x_1,\cdots,x_n\in C$, 正数$\lambda_1,\cdots,\lambda_n$且$\lambda_1+\cdots+\lambda_n=1$, 则有

$$f\left(\sum_{k=1}^n\lambda_k x_k\right)\leqslant\sum_{k=1}^n\lambda_k f(x_k).$$

证明 (i) ⇒ (ii) 设$(x,r),\ (y,s)\in \mathrm{Epi}(f),\ \lambda\in[0,1]$. 由于$f$是凸的, 则

$$f(\lambda x+(1-\lambda)y)\leqslant \lambda f(x)+(1-\lambda)f(y)\leqslant \lambda r+(1-\lambda)s,$$

因此

$$\lambda(x,r)+(1-\lambda)(y,s)=(\lambda x+(1-\lambda)y,\lambda r+(1-\lambda)s)\in \mathrm{Epi}(f).$$

(ii) ⇒ (iii) 设$n\in\mathbb{N},\ x_1,\cdots,x_n\in C$, 正数$\lambda_1,\cdots,\lambda_n$且$\lambda_1+\cdots+\lambda_n=1$. 则点$(x_k,f(x_k))\in \mathrm{Epi}(f),\ 1\leqslant k\leqslant n$. 由于$\mathrm{Epi}(f)$为凸的, 则有

$$\left(\sum_{k=1}^{n}\lambda_k x_k,\sum_{k=1}^{n}\lambda_k f(x_k)\right)=\sum_{k=1}^{n}\lambda_k(x_k,f(x_k))\in \mathrm{Epi}(f),$$

即

$$f\left(\sum_{k=1}^{n}\lambda_k x_k\right)\leqslant \sum_{k=1}^{n}\lambda_k f(x_k).$$

(iii) ⇒ (i) 显然. □

凸规划问题(P): 给定凸集C上的凸函数$f,g_1,g_2,\cdots,g_n$. 求$x_0\in C$满足:

$$g_i(x_0)\leqslant 0,\ \ i=1,2,\cdots,n;$$

且

$$f(x_0)=\min\{f(x):\ x\in C,\ g_i(x)\leqslant 0,\ i=1,2,\cdots,n\}.$$

其中条件$g_i(x_0)\leqslant 0,\ i=1,2,\cdots,n$称为约束条件.

定理2.4.9 (Kuhn-Tucher定理) 设X是线性空间, $C\subset X$为凸集, $f,g_1,g_2,\cdots,g_n$是C上的凸函数, 且存在$\hat{x}\in C$使得$g_i(\hat{x})<0,\ i=1,2,\cdots,n$. 若$x_0$是问题(P)的解, 则存在实数$\lambda_1,\cdots,\lambda_n\geqslant 0$, 满足$\lambda_i g_i(x_0)=0,\ i=1,2,\cdots,n$, 且

$$f(x_0)=\min\left\{f(x)+\sum_{i=1}^{n}\lambda_i g_i(x):\ x\in C\right\}.$$

证明 要证明的结论即是

$$f(x_0)+\sum_{i=1}^{n}\lambda_i g_i(x_0)\leqslant f(x)+\sum_{i=1}^{n}\lambda_i g_i(x):\ x\in C.$$

为此记

$$E:=\{(t_0,t_1,\cdots,t_n)\in\mathbb{R}^{n+1}:\ t_0\leqslant f(x_0),t_i\leqslant 0;\ i=1,2,\cdots,n\},$$

$$F := \{(t_0, t_1, \cdots, t_n) \in \mathbb{R}^{n+1}:\ 存在x \in C使得t_0 \geqslant f(x_0), t_i \geqslant g_i(x);\ i = 1, 2, \cdots, n\}.$$

因为$f, g_1, g_2, \cdots, g_n$是C上的凸函数, 易知F是$\mathbb{R}^{n+1}$中的一个凸集, 而E是一个有内点的凸集, 其内点为

$$\overset{\circ}{E} = \{(t_0, t_1, \cdots, t_n) \in \mathbb{R}^{n+1}:\ t_0 < f(x_0), t_i < 0;\ i = 1, 2, \cdots, n\}.$$

由于x_0是问题(P)的解, 所以$\overset{\circ}{E} \cap F = \varnothing$. 由分离定理存在$a_0, a_1, \cdots, a_n \in \mathbb{R}$使得$\forall x \in C$, $\forall \xi_i \geqslant 0, i = 0, 1, \cdots, n$, 有

$$a_0 f(x_0) + \sum_{i=1}^{n} a_i g_i(x_0) \leqslant a_0(f(x) + \xi_0) + \sum_{i=1}^{n} a_i(g_i(x) + \xi_i).$$

令$\xi_i \to +\infty$, $i = 0, 1, \cdots, n$, 则得$a_i \geqslant 0$, $i = 0, 1 \cdots, n$. 且

$$a_0 f(x_0) + \sum_{i=1}^{n} a_i g_i(x_0) \leqslant a_0 f(x) + \sum_{i=1}^{n} a_i g_i(x),\ \forall x \in C. \tag{2.2}$$

又由于$(f(x_0), 0, \cdots, 0) \in E$, $(f(x_0), g_1(x_0), \cdots, g_n(x_0)) \in F$, 则由分离定理,

$$a_0 f(x_0) \leqslant a_0 f(x_0) + \sum_{i=1}^{n} a_i g_i(x_0).$$

因此得

$$\sum_{i=1}^{n} a_i g_i(x_0) \geqslant 0.$$

另一方面, 由假设$g_i(x_0) \leqslant 0$, 且$a_i \geqslant 0$, 得$a_i g_i(x_0) = 0$, $i = 1, \cdots, n$. 下面说明$a_0 > 0$. 若$a_0 = 0$, 则由前面知

$$0 \leqslant \sum_{i=1}^{n} a_i g_i(\hat{x}).$$

可是$(a_0, a_1, \cdots, a_n) \neq (0, 0, \cdots, 0)$且$a_i \geqslant 0$, $i = 0, \cdots, n$. 由假设得

$$\sum_{i=1}^{n} a_i g_i(\hat{x}) < 0.$$

这是矛盾的. 在式(2.2)中除以a_0可得要证的结论. □

例2.4.2 考虑如下问题:

$$\inf\{(x_1 - 4)^2 + (x_2 - 4)^2:\ x_1 + x_2 \leqslant 4,\ 3x_1 + x_2 \leqslant 9\}.$$

由定理2.4.9, 考虑的问题等价于求

$$\inf\{(x_1-4)^2+(x_2-4)^2+\lambda_1(x_1+x_2-4)+\lambda_2(3x_1+x_2-9)\},$$

其中$\lambda,\lambda_2\geqslant 0$使得$\lambda_1(x_1+x_2-4)=0$, $x_1+x_2\leqslant 4$; $\lambda_2(3x_1+x_2-9)=0$, $3x_1+x_2\leqslant 9$.

由于函数$(x_1-4)^2+(x_2-4)^2+\lambda_1(x_1+x_2-4)+\lambda_2(3x_1+x_2-9)$对$x_1,x_2$可导, 则有

$$2(x_1-4)+\lambda_1+3\lambda_2=0 \tag{2.3}$$

$$2(x_2-4)+\lambda_1+\lambda_2=0 \tag{2.4}$$

下面对λ_1,λ_2分四种情形.

情形1, $\lambda_1=\lambda_2=0$. 得$x_1=4$, $x_2=4$. 它们不满足约束条件.

情形2, $\lambda_1,\lambda_2>0$. 此时$x_1+x_2-4=0$, $3x_1+x_2-9=0$. 得$x_1=\frac{5}{2}$, $x_2=\frac{3}{2}$.

情形3, $\lambda_1=0,\lambda_2>0$. 此时有$3x_1+x_2-9=0$, 且方程(2.3)和方程(2.4)变为

$$2(x_1-4)+3\lambda_2=0, \tag{2.5}$$

$$2(x_2-4)+\lambda_2=0. \tag{2.6}$$

得$x_1=\frac{19}{10}$, $x_2=\frac{33}{10}$. 它们不满足约束条件.

情形4, $\lambda_1>0,\lambda_2=0$. 此时$x_1+x_2-4=0$, 且方程(2.3)和方程(2.4)变为

$$2(x_1-4)+\lambda_1=0,$$

$$2(x_2-4)+\lambda_1=0.$$

得$x_1=x_2=2$.

经比较得要求的最小值为8.

练习2.4

1. (i) 设X为赋范空间. $V_1=x_1+L$, $V_2=x_2+L$, L是X内的线性子空间, $x_1,x_2\in X$. 证明$d(V_1,V_2)=d(x_1-x_2,L)$;

   (ii) 设X为赋范空间. $H_1=\{x\in X:\ x^*(x)=a_1\}$, $H_2=\{x\in X:\ x^*(x)=a_2\}$, $a_1,a_2\in\mathbb{K}$, $0\neq x^*\in X^*$. 证明$d(H_1,H_2)=\dfrac{|a_1-a_2|}{\|x^*\|}$;

   (iii) 计算闭超平面$H_1=\{f\in C[0,1]:\displaystyle\int_0^1 f(x)\mathrm{d}x=1\}$, $H_2=\{f\in C[0,1]:\displaystyle\int_0^1 f(x)\mathrm{d}x=-1\}$在$C[0,1]$内之间的距离.

2. 设$M=\left\{\{x_n\}_{n\in\mathbb{N}}\in\ell^1:\displaystyle\sum_{n=1}^{\infty}\frac{1}{n}x_n=1\right\}$. 证明$M$在$\ell^1$内存在唯一的范数极小元并求此元.

3. 设X为赋范空间. $0 \neq x^* \in X^*$. 记$L = N(x^*)$. 证明$d(x, L) = \dfrac{|x^*(x)|}{\|x^*\|}$, $\forall x \in X$.

4. 设H为Hilbert空间, G是H的闭子空间. 证明G上的任意连续线性泛函存在H上的唯一的Hahn-Banach延拓. 事实上,
(i) 若$f \in G^*$, 则唯一的Hahn-Banach延拓为$F(x) = f(P_G(x))$, $\forall x \in H$, 这里P_G是H到G的投影算子.
(ii) 若$f \in G^*$, 且存在$b \in H$使得$f(x) = \langle x, b\rangle$. 则唯一的Hahn-Banach延拓为$F(x) = \langle x, P_G(b)\rangle$, $\forall x \in H$, 且$\|f\| = \|F\| = \|P_G(b)\|$.

5. 设$G = \{\{x_n\}_{n\in\mathbb{N}} \in \ell^1 : \ x_{2k-1} = 0, \ \forall k \in \mathbb{N}\}$. 证明$G$上的非零线性连续泛函具有无穷多个到$\ell^1$上的Hahn-Banach延拓.

6. 设$1 < p < \infty$, $G = \left\{\{x_n\}_{n\in\mathbb{N}} \in \ell^p : \ \sum\limits_{n=1}^{\infty} x_n = 0\right\}$. 证明$G$是$\ell^p$的稠密子空间.

7. 设V是赋范空间X的一个子空间, $x \in X$. v_0是x在V的最佳逼近元, 当且仅当存在$u \in X^*$使得: (i) $\|u\| = 1$; (ii) $\langle u, v\rangle = 0$, $\forall v \in V$; (iii) $\langle u, x - v_0\rangle = \|x - v_0\|$.

8. 设X为Banach空间, Y是赋范空间. $\mathcal{F}$是从X到Y内的有界线性算子族, 则$\mathcal{F}$一致有界当且仅当

$$\sup_{T\in\mathcal{F}} |l(Tx)| < \infty, \ \forall x \in X, \ l \in Y^*.$$

9. 设$X = L^\infty[0,1]$, 其中$[0,1]$取Lebesgue测度, 证明存在X上非零的有界线性泛函ϕ使得ϕ在$C[0,1]$上为零. (提示: $C[0,1]$是X内闭的真子空间, 则由定理2.4.5知结论成立)

2.5 共轭空间、弱收敛、自反空间

上节告诉我们非零的赋范空间X存在非零的共轭空间X^*. X^*中元素即是X上的连续线性泛函. 但是为了使X^*中元素是X上的连续线性泛函只需要一种较弱的拓扑. 本节将介绍赋范空间的弱收敛或者弱拓扑, 并通过它去研究原空间的性质.

2.5.1 弱收敛

设$(X, \|\cdot\|)$是赋范空间, X^*为X的共轭空间. 对于$\mathbb{R}$中的任意开集U, 若$f \in X^*$, 则$f^{-1}(U)$必是X中的开集. 记

$$\mathcal{B} = \{\cap_{j=1}^m f_j^{-1}(U), \ m \in \mathbb{N}, \ f_j \in X^*, \ j = 1, \cdots, m, \ U\text{为}\mathbb{R}\text{中的开集}\}.$$

若$\mathcal{B}$是X上的拓扑$\mathcal{W}$的基, 则称$\mathcal{W}$为$(X, \|\cdot\|)$的弱拓扑, 记$\mathcal{W}$为$\sigma(X, X^*)$. 明显地, X的弱拓扑$\sigma(X, X^*)$是使得所有线性泛函$f \in X^*$都连续的最弱(粗)的拓扑. 容易验证加法和数乘在弱拓扑上连续, 因此X带上弱拓扑就是一个拓扑向量空间.

弱拓扑是平移不变的, 因此它是由X的原点的一个局部基所决定的. 而原点的局部基为

$$\mathcal{O}=\{\cap_{j=1}^{m}f_j^{-1}(-\alpha_j,\alpha_j),\ m\in\mathbb{N},\ f_j\in X^*,\ \alpha_j>0,\ j=1,\cdots,m\}.$$

$\mathcal{O}$中的集也可以表示成

$$V=\{x\in X:\ |f_j(x)|<\alpha_j,\ m\in\mathbb{N},\ f_j\in X^*,\ \alpha_j>0,\ j=1,\cdots,m\}.$$

由于上述的V都是凸的, 所以X带上弱拓扑就是一个局部凸的拓扑向量空间, 即原点存在一个凸的局部基的拓扑向量空间.

命题2.5.1 弱拓扑$\sigma(X,X^*)$是Hausdorff的.

证明 若$x_1\neq x_2$, 则由分离定理知存在$f\in X^*$使得$\langle f,x_1\rangle<\alpha<\langle f,x_2\rangle$. 因此令

$$U_1=\{x\in X:\ \langle f,x_1\rangle<\alpha\},$$

$$U_2=\{x\in X:\ \langle f,x_2\rangle>\alpha\}.$$

则U_1和U_2分别是x_1和x_2的弱拓扑中的邻域且它们不相交. 所以弱拓扑$\sigma(X,X^*)$是Hausdorff的. □

若点列$\{x_n\}$依弱拓扑$\sigma(X,X^*)$收敛到x, 则记为$x_n\stackrel{w}{\to}x$, 或者$w-\lim\limits_{n\to\infty}x_n=x$. 在这节及以后, 为了表示泛函与元素的对偶关系, 有时记$f(x)=\langle f,x\rangle$.

命题2.5.2 设$\{x_n\}$是X中的点列, 则:

(i) 在$\sigma(X,X^*)$内$x_n\stackrel{w}{\to}x$等价于$\langle f,x_n\rangle\to\langle f,x\rangle$, $\forall f\in X^*$;

(ii) 若$x_n\to x$依范数, 则在$\sigma(X,X^*)$内$x_n\stackrel{w}{\to}x$;

(iii) 若在$\sigma(X,X^*)$内$x_n\stackrel{w}{\to}x$, 则$\{\|x_n\|\}$有界且$\|x\|\leqslant\lim\limits_{n\to\infty}\inf\|x_n\|$;

(iv) 若在$\sigma(X,X^*)$内$x_n\stackrel{w}{\to}x$且$\|f_n-f\|_{X^*}\to0$, 则$\langle f_n,x_n\rangle\to\langle f,x\rangle$.

证明 (i) 对任意$f\in X^*$, 任意$\varepsilon>0$, 则$V=\{x\in X:|f(x)|<\varepsilon\}$为0点的一个弱邻域. 若$x_n\stackrel{w}{\to}x$, 则存在$N$使得当$n>N$时, $x_n-x\in V$, 即$|\langle f,x_n\rangle-\langle f,x\rangle|=|\langle f,x_n-x\rangle|<\varepsilon$, 故$\langle f,x_n\rangle\to\langle f,x\rangle$.

反之, 若$\langle f,x_n\rangle\to\langle f,x\rangle$, $\forall f\in X^*$. 令

$$V=\{x\in X:\ |f_j(x)|<\alpha_j,\ m\in\mathbb{N},\ f_j\in X^*,\ \alpha_j>0,\ j=1,\cdots,m\}.$$

则存在N使得当$n>N$时, 有$|f_j(x_n-x)|<\alpha_j$, $j=1,\cdots,m$. 即$x_n-x\in V$, 当$n>N$. 故$x_n\stackrel{w}{\to}x$.

(ii) 若$x_n \to x$依范数, 则$\langle f, x_n\rangle \to \langle f, x\rangle$, $\forall f \in X^*$. 则由命题(i)知$x_n \xrightarrow{w} x$.

(iii) 将x看成X^*上有界线性泛函. 若$x_n \xrightarrow{w} x$, 则对任意$f \in X^*$, 由命题(i)知$\lim\limits_{n\to\infty} f(x_n) = f(x)$. 由一致有界原理得$\{\|x_n\|\}$有界. 且

$$\|x\| = \sup_{\substack{\|f\|\leqslant 1\\ f\in X^*}} |f(x)| = \sup_{\substack{\|f\|\leqslant 1\\ f\in X^*}} \lim_{n\to\infty} |f(x_n)| \leqslant \varliminf_{n\to\infty} \|x_n\|.$$

(iv) 因为由命题(iii)存在$M > 0$使得$\|x_n\| \leqslant M$,

$$\begin{aligned}|\langle f_n, x_n\rangle - \langle f, x\rangle| &= |\langle f_n - f, x_n\rangle - \langle f, x - x_n\rangle|\\ &\leqslant |\langle f_n - f, x_n\rangle| + |\langle f, x - x_n\rangle|\\ &\leqslant M\|f_n - f\| + |f(x - x_n)| \to 0,\ n \to \infty.\end{aligned}$$ □

命题2.5.3 *若X为有限维, 则弱拓扑$\sigma(X, X^*)$与范数拓扑等价. 特别地, $\{x_n\}$弱收敛等价于$\{x_n\}$依范数收敛.*

证明 若$V = \{x \in X : |f_j(x)| < \alpha_j,\ m \in \mathbb{N},\ f_j \in X^*,\ \alpha_j > 0,\ j = 1, \cdots, m\}$, 则$V$是0的一个强邻域, 因此范数拓扑强于弱拓扑. 反之, 对任意$x_0 \in X$, 设U为x_0的强邻域, 则存在$r > 0$使得$B(x_0, r) \subset U$. 由于X为有限维, 设$e_1, \cdots, e_k$是X的一个基且$\|e_i\| = 1$, $i = 1, \cdots, k$. $x = \sum\limits_{i=1}^{k} x_i e_i$, 记$f_i:\ x \mapsto x_i$. 则$f_i$为线性连续泛函. 令$\varepsilon = r/k$,

$$V = \{x \in X : |\langle f_i, x - x_0\rangle| < \varepsilon,\ i = 1, \cdots, k\}.$$

则有

$$x \in X,\ \|x - x_0\| \leqslant \sum_{i=1}^{k} |x_i - x_i^0| = \sum_{i=1}^{k} |\langle f_i, x - x_0\rangle| < r,$$

这里$x_0 = \sum\limits_{i=1}^{k} x_i^0 e_i$. 即$V \subset B(x_0, r) \subset U$. □

实际上弱拓扑$\sigma(X, X^*)$与范数拓扑等价是有限维赋范空间的特征. 即若X是无穷维空间, 则强拓扑一定比弱拓扑真强.

命题2.5.4 *若X为无穷维空间, 则$\overline{S}^{\sigma(X,X^*)} = B_X$, 这里$S = \{x \in X : \|x\| = 1\}$为$X$的单位球面, B_X为单位闭球.*

证明 设$\|x_0\| < 1$, 由前面知我们只需考虑这样的弱邻域, $\varepsilon > 0$, $f_1, \cdots, f_k \in X^*$,

$$V = \{x \in X : |\langle f_i, x - x_0\rangle| < \varepsilon,\ i = 1, \cdots, k\}.$$

选取$y_0 \in X$使得$\langle f_i, y_0\rangle = 0,\ i=1,\cdots,k$. 由于$X$为无穷维, 这样$y_0$一定存在. 若这样的$y_0$不存在, 则映射$\phi:\ X \to \mathbb{R}^k;\ \phi(x) = (\langle f_i, x\rangle)_{1\leqslant i\leqslant k}$就是单射. 故$X$与$\phi(X)$线性同构, 所以$X$的维数不大于$k$. 这与$X$为无穷维矛盾. 函数$g(t) = \|x_0 + ty_0\|$在$[0,\infty)$上连续且$g(0) = \|x_0\|$和$\lim\limits_{t\to\infty} g(t) = \infty$. 因此存在$t_0 > 0$使得$\|x_0 + t_0 y_0\| = 1$. 从而$x_0 + t_0 y_0 \in V \cap S$. 故

$$S \subset B_X \subset \overline{S}^{\sigma(X,X^*)}.$$

可是

$$B_X = \bigcap_{f\in X^*, \|f\|\leqslant 1} \{x \in X:\ |\langle f, x\rangle| \leqslant 1\}$$

是弱闭集的交也是弱闭集. 因此$\overline{S}^{\sigma(X,X^*)} = B_X$. □

由命题2.5.4知: 若X为无穷维, 则单位开球$U = \{x \in X:\ \|x\| < 1\}$不可能为弱开集. 否则若$U$为弱开集, 则而$U^{\mathrm{C}} = \{x \in X:\ \|x\| \geqslant 1\}$是弱闭集. 由此得$S = B_X \cap U^{\mathrm{C}}$为弱闭集, 这与命题2.5.4矛盾.

任何弱闭集必是强闭集, 在无穷维空间内反之不成立. 但是对于凸集它们是相同的.

定理2.5.1 设E是赋范空间里的凸集, 则E是弱闭集等价于E是强闭集.

证明 只需证明凸集E是强闭集必是弱闭集. 换言之只要验证E^{C}是弱开集. 设$x_0 \notin E$, 由凸集分离定理存在$f \in X^*$和$\alpha \in \mathbb{R}$使得

$$\langle f, x_0\rangle < \alpha < \langle f, y\rangle,\ \forall y \in E.$$

令

$$V = \{x \in X:\ \langle f, x\rangle < \alpha\},$$

则V为弱开集且$V \cap E = \varnothing$. 故x_0为E^{C}的弱内点. 因此E^{C}是弱开集. □

推论2.5.1 (Mazur) 设$\{x_n\}$弱收敛到x, 则存在$\{x_n\}$的凸组合$\{y_n\}$强收敛到x.

证明 设$E = \mathrm{con}\{x_n:\ n \in \mathbb{N}\}$, 则由定理2.5.1, $x \in \overline{E}$. 故结论成立. □

推论2.5.2 设X是赋范空间, $\phi:\ X \to \mathbb{R}$为凸函数且相对于强拓扑是下半连续的, 则ϕ相对于弱拓扑也是下半连续的.

证明 对于任意$\alpha \in \mathbb{R}$, 集合

$$E = \{x \in X:\ \phi(x) \leqslant \alpha\}$$

是凸的强闭集. 所以由定理2.5.1知E也是弱闭集. 故ϕ相对于弱拓扑也是下半连续的. □

定理2.5.2 设X, Y为Banach空间. T是从X到Y内的线性算子且在强拓扑下连续，则T从X的弱拓扑到Y的弱拓扑连续. 反之也成立.

证明 由命题2.5.2, 只需验证对任意$f \in Y^*$映射$x \mapsto \langle f, Tx\rangle$是从$X$的弱拓扑到$\mathbb{R}$上连续的. 而$x \mapsto \langle f, Tx\rangle$是$X$上的连续线性泛函, 所以它是从$X$的弱拓扑到$\mathbb{R}$上连续的.

反之, 若T从X的弱拓扑到Y的弱拓扑连续, 则$G(T)$是在$X \times Y$上的拓扑$\sigma(X, X^*) \times \sigma(Y, Y^*)$ 上的闭集. 而它与$\sigma(X \times Y, (X \times Y)^*)$是一样的. 由定理2.5.1得$G(T)$是在$X \times Y$上的强拓扑下的闭集. 再由闭图像定理得$T$是在强拓扑下连续的. □

若T是从X的强拓扑到Y的弱拓扑的线性连续算子, 则类似上面的推理可得T是从X的强拓扑到Y的强拓扑连续的. 由此得对于线性算子从强拓扑到弱拓扑的连续, 从强拓扑到强拓扑的连续, 从弱拓扑到弱拓扑的连续, 这三种连续性是等价的. 只有很少的算子是从弱拓扑到强拓扑连续. 而从弱拓扑到强拓扑连续等价于从强拓扑到强拓扑连续且$R(T)$为有限维.

一般地, 非线性算子从强拓扑到强拓扑连续不会是从弱拓扑到弱拓扑连续. 这也是研究非线性算子比线性算子要困难的主要原因之一.

2.5.2 二次共轭空间

给定赋范空间X, X^*为它的共轭空间, 则由前面知X^*在共轭范数下为Banach空间. 记$(X^*)^*$为X^{**}, 则称X^{**}为X的二次共轭空间. 若$F \in X^{**}$, 则$\|F\| = \sup_{f \in B_{X^*}} |F(f)|$. 归纳的定义$X^{***} = (X^{**})^*$等.

定义2.5.1 给定赋范空间X, 则从X到X^{**}内的典型嵌入映射π定义为: $\forall x \in X$,

$$\pi(x): \ f \mapsto f(x), \ \forall f \in X^*.$$

π是线性等距到内的映射. 事实上, $\forall x, y \in X$,

$$\pi(\alpha x + \beta y)(f) = f(\alpha x + \beta y) = \alpha f(x) + \beta f(y) = [\alpha\pi(x) + \beta\pi(y)](f);$$

$$\|\pi(x)\| = \sup_{f \in B_{X^*}} |f(x)| \leqslant \sup_{f \in B_{X^*}} \|f\|\|x\| \leqslant \|x\|.$$

反之, 记$f_0 \in S_{X^*}$满足$f_0(x) = \|x\|$, 则有$\|\pi(x)\| \geqslant |f_0(x)| = \|x\|$. 故$\|\pi(x)\| = \|x\|$.

正由于有以上的典型嵌入关系, 习惯上对任意$x \in X$, 记$x \in X^{**}$替代$\pi(x) \in X^{**}$, 且将X看成为X^{**}内的子空间替代$\pi(X) \subset X^{**}$. 特别地, 记$\pi(x)(f) = x(f)$, $\forall x \in X$, $\forall f \in X^*$.

X^{**}中的元素在什么条件下可以属于X? 后面的命题2.5.7说: 若$F \in X^{**}$在X^*上$*$弱连续, 则存在$x \in X$使得$\pi(x) = F$.

在分析学中, 完备空间是非常重要的空间. 虽然不是每个赋范空间都是完备的, 但我们总可以将它完备化.

定义2.5.2 设X是赋范空间, Y是Banach空间. 若X能线性等距于Y的一个稠密子空间, 则称Y是X的完备化空间.

若$\widetilde{X}$是X的完备化空间, 习惯上人们把X看成是$\widetilde{X}$的子空间.

定理2.5.3 任何赋范空间必有完备化空间.

证明 设X为赋范空间, 由定理2.1.1知X^{**}为Banach空间且设$\pi:\ X\to X^{**}$为定义2.5.4中的映射. 记$\widetilde{X}$为$\pi(X)$在X^{**}的闭包. 则$\widetilde{X}$就是X的完备化空间. □

事实上赋范空间的完备化空间中的元素有如下的表示.

引理2.5.1 设X为赋范空间. 则X的完备化空间$\tilde{X}$中的任意元素$\tilde{x}$可以表示为$\tilde{x}=\sum_{n=1}^{\infty}x_n$, $x_n\in X$且$\sum_{n=1}^{\infty}\|x_n\|<\infty$. 更有$\|\tilde{x}\|=\inf\sum_{n=1}^{\infty}\|x_n\|$, 这里的下确界取遍所有$\tilde{x}$用$X$中的元素的级数表示.

证明 显然$\overline{B}_X=B_{\tilde{X}}$. 因此不失一般性, 设$\tilde{x}\in B_{\tilde{X}}$. 则存在$x_1\in B_X$使得$\|\tilde{x}-x_1\|\leqslant 1/2$. 又由于$2(\tilde{x}-x_1)\in B_{\tilde{X}}$. 因此存在$x_2\in B_X$使得$\|2(\tilde{x}-x_1)-x_2\|\leqslant 1/2$. 即$\|\tilde{x}-x_1-(1/2)x_2\|\leqslant 1/2^2$. 依此类推, 存在$\{x_n\}\subset B_X$使得

$$\left\|\tilde{x}-x_1-\frac{1}{2}x_2-\cdots-\frac{1}{2^n}x_{n+1}\right\|\leqslant 1/2^{n+1},\ \forall n\in\mathbb{N}.$$

此表示$\tilde{x}=\displaystyle\sum_{n=1}^{\infty}\frac{1}{2^{n-1}}x_n$. 为证明第二个结论. 只需调整上面的构造过程. 固定$m\in\mathbb{N}$. 选取$x_1\in B_X$使得$\|\tilde{x}-x_1\|\leqslant 1/2^{m+1}$. 然后选取$x_2\in B_X$使得$\|\tilde{x}-x_1-(1/2^{m+1})x_2\|\leqslant 1/2^{m+2}$. 依此类推, 存在$\{x_n\}\subset B_X$使得

$$\left\|\tilde{x}-x_1-\frac{1}{2^{m+1}}x_2-\cdots-\frac{1}{2^{m+n+1}}x_{n+1}\right\|\leqslant\frac{1}{2^{m+n+1}},\ \forall n\in\mathbb{N}.$$

由于$\|x_1\|\leqslant\|\tilde{x}\|+\frac{1}{2^{m+1}}$. 因此

$$\|x_1\|+\sum_{n=2}^{\infty}\frac{1}{2^{m+n-1}}\|x_n\|\leqslant\|\tilde{x}\|+\frac{1}{2^m}.$$ □

接下来我们讨论共轭算子.

定义2.5.3 设X, Y是赋范空间, 算子$T \in \mathscr{L}(X,Y)$, 则称算子$T^*: Y^* \to X^*$,

$$(T^*f)(x) = f(Tx),\ \forall f \in Y^*,\ x \in X$$

为T的共轭算子.

由定理2.1.4得$\|T^*\| \leqslant \|T\|$. 例2.1.1中的T的共轭算子$T^*x = \boldsymbol{U}^{\mathrm{T}}x$, 其中$\boldsymbol{U}^{\mathrm{T}}$为$\boldsymbol{U}$的转置矩阵.

例2.5.1 设$X = \ell^1$, 则由后面第2.7节可知$X^* = \ell^\infty$. 若记T为右推移算子:

$$T(x_1, x_2, x_3, \cdots) = (0, x_1, x_2, x_3, \cdots),\ \forall (x_1, x_2, x_3, \cdots) \in \ell^1.$$

则有

$$T^*(y_1, y_2, y_3, \cdots) = (y_2, y_3, y_4, \cdots),\ \forall (y_1, y_2, y_3, \cdots) \in \ell^\infty.$$

即T^*为左推移算子.

例2.5.2 在复的$L^2(\Omega, \mu)$上, 设$K \in L^2(\Omega \times \Omega, \mu \times \mu)$, 定义算子

$$Tf(x) = \int_\Omega K(x,y)f(y)\,\mathrm{d}\mu(y),\quad \forall f \in L^2(\Omega, \mu),$$

则

$$T^*g(x) = \int_\Omega K(y,x)g(y)\,\mathrm{d}\mu(y),\quad \forall g \in L^2(\Omega, \mu).$$

证明 首先说明T是有界的. 任取$f \in L^2(\Omega, \mu)$,

$$\begin{aligned}
\|Tf\|^2 &= \int_\Omega \left| \int_\Omega K(x,y)f(y)\,\mathrm{d}\mu(y) \right|^2 \mathrm{d}\mu(x) \\
&\leqslant \int_\Omega \int_\Omega |K(x,y)|^2 \mathrm{d}\mu(y) \int_\Omega |f(y)|^2\,\mathrm{d}\mu(y)\mathrm{d}\mu(x) \\
&= \int_\Omega \int_\Omega |K(x,y)|^2 \mathrm{d}\mu(y)\mathrm{d}\mu(x)\|f\|^2.
\end{aligned}$$

又由下节可知$L^2(\Omega, \mu)$的共轭空间就是其本身. 任取$g \in L^2(\Omega, \mu)$, 由定义和Fubini定理

$$\begin{aligned}
T^*g(f) = g(Tf) &= \int_\Omega \int_\Omega K(x,y)f(y)\,\mathrm{d}\mu(y)g(x)\mathrm{d}\mu(x) \\
&= \int_\Omega f(y) \int_\Omega K(x,y)g(x)\,\mathrm{d}\mu(x)\mathrm{d}\mu(y),
\end{aligned}$$

所以

$$T^*g(y) = \int_\Omega K(x,y)g(x)\,\mathrm{d}\mu(x).$$

将x, y互换即得. □

定理2.5.4 设X, Y是赋范空间, 设$S, T \in \mathscr{L}(X, Y)$. 则:

(i) $(S+T)^* = S^* + T^*$;

(ii) $(\lambda T)^* = \lambda T^*$, $\forall \lambda \in \mathbb{K}$;

(iii) $T^{**} \in \mathscr{L}(X^{**}, Y^{**})$ 是T在X^{**}内的保范延拓;

(iv) $\|T^*\| = \|T\|$;

(v) 若T是等距且是满射, 则T^*也是等距且是满射.

证明 性质(i), 性质(ii)由定义容易验证. 它们说明了共轭运算是线性的.

性质(iii)和性质(iv). 设$x \in X$, 则$\pi(x) \in X^{**}$, $Tx \in Y$, 因此$T^{**}\pi(x) \in Y^{**}$, $\pi(Tx) \in Y^{**}$, 由此它们是可以比较的, $\forall g \in Y^*$,

$$(T^{**}(\pi(x)))(g) = \pi(x)(T^*g) = (T^*g)(x) = g(Tx) = \pi(Tx)(g).$$

由前面的说明有$\|T^*\| \leqslant \|T\|$. 所以$\|T^{**}\| \leqslant \|T^*\| \leqslant \|T\|$. 可是由此前证明的等式, 则对于$\forall x \in X$, 有

$$\|Tx\| = \|\pi(Tx)\| = \|T^{**}(\pi(x))\| \leqslant \|T^{**}\|\|\pi(x)\|,$$

得$\|T^{**}\| \geqslant \|T\|$. 因此得$\|T^{**}\| = \|T^*\| = \|T\|$.

性质(v) 设T是等距且是满射. 则$\{Tx: x \in X, \|x\| \leqslant 1\} = \{y \in Y: \|y\| \leqslant 1\}$, 因此对任意$g \in Y^*$, 有

$$\begin{aligned}\|T^*g\| &= \sup\{|(T^*g)(x)|: x \in X, \|x\| \leqslant 1\}\\ &= \sup\{|g(Tx)|: x \in X, \|x\| \leqslant 1\}\\ &= \sup\{|g(y)|: y \in Y, \|y\| \leqslant 1\}\\ &= \|g\|,\end{aligned}$$

即T^*也是等距的. 若$f \in X^*$, 定义$g = f \circ T^{-1}$, 则$g \in Y^*$, 且$T^*g = (f \circ T^{-1}) \circ T = f$, 即$T^*$是满射. □

2.5.3 ∗弱拓扑

到现在为止, 在X^*上我们已经定义了两个主要的拓扑: (i) X^*上的范数拓扑; (ii) X^*上弱拓扑$\sigma(X^*, X^{**})$. 接下来定义第三种拓扑.

定义2.5.4 X^*上的∗弱拓扑是使得$(\phi_x)_{x \in X}$都连续的最粗拓扑, 这里的

$$\phi_x: X^* \to \mathbb{R},\ \phi_x(f) = \langle f, x\rangle,\ \forall f \in X^*.$$

记X^*上的∗弱拓扑为$\sigma(X^*, X)$.

同前可知$\sigma(X^*,X)$也是局部凸拓扑向量空间. 且$\sigma(X^*,X)$在原点的局部基由如下的集合组成.

$$\mathcal{V}=\{f\in X^*:\ |f(x_j)|<\alpha_j,\ m\in\mathbb{N},\ x_j\in X,\ \alpha_j>0,\ j=1,\cdots,m\}.$$

由于$X\subset X^{**}$, 因此拓扑$\sigma(X^*,X)$比$\sigma(X^*,X^{**})$粗, 即在拓扑$\sigma(X^*,X)$中的开集(闭集)比拓扑$\sigma(X^*,X^{**})$中的开集(闭集)少, 后者比强拓扑中的少.

考虑弱拓扑的一个重要原因是粗的拓扑具有更多的紧集. 而由第1章, 我们知道紧集具有许多好的性质.

命题2.5.5 X^*上的$*$弱拓扑是Hausdorff的.

证明 若$f_1\neq f_2$, 则存在$x\in X$使得$f_1(x)\neq f_2(x)$. 不妨设$f_1(x)<\alpha<f_2(x)$. 则记

$$V_1=\{f\in X^*:\ \langle f,x\rangle<\alpha\},$$

$$V_2=\{f\in X^*:\ \langle f,x\rangle>\alpha\}.$$

而V_1,V_2分别是f_1和f_2的$*$弱邻域, 且它们分离了f_1和f_2. 故X^*上的$*$弱拓扑为Hausdorff的. □

为了避免混淆, f_n为$*$弱收敛到f, 记为$f_n\overset{*w}{\to}f$, 或者$*w-\lim\limits_{n\to\infty}f_n=f$.

命题2.5.6 设(f_n)是X^*中的点列, 则:

(i) 在$\sigma(X^*,X)$内$f_n\overset{*w}{\to}f$等价于$\langle f_n,x\rangle\to\langle f,x\rangle$, $\forall x\in X$;

(ii) 若$f_n\to f$依范数, 则在$\sigma(X^*,X)$内$f_n\overset{*w}{\to}f$;

若$f_n\overset{w}{\to}f$, 则在$\sigma(X^*,X)$内$f_n\overset{*w}{\to}f$;

(iii) 若在$\sigma(X^*,X)$内$f_n\overset{*w}{\to}f$, 则$(\|f_n\|)$有界且$\|f\|\leqslant\lim\limits_{n\to\infty}\inf\|f_n\|$;

(iv) 若在$\sigma(X^*,X)$内$f_n\overset{*w}{\to}f$且$\|x_n-x\|_X\to0$, 则$\langle f_n,x_n\rangle\to\langle f,x\rangle$.

此命题容易证明, 留作练习.

命题2.5.7 设ϕ: $X^*\to\mathbb{R}$线性泛函且相对$*$弱拓扑连续, 则存在$x_0\in X$使得

$$\phi(f)=\langle f,x_0\rangle,\ \forall f\in X^*.$$

为证明此命题, 我们需要一个引理.

引理2.5.2 设f, $f_1,\cdots,f_n$为线性空间X上的线性泛函, 则f与$f_1,\cdots,f_n$线性相关, 即存在a_1, $\cdots$, a_n使得$f=a_1f_1+\cdots+a_nf_n$, 当且仅当$N(f)\supset\bigcap_{k=1}^nN(f_k)$.

证明 必要性是显然的. 下面用归纳法证明充分性. 若$N(f) \supset N(f_1)$. 不妨设存在x_1使得$f_1(x_1) \neq 0$. 则$x - \frac{f_1(x)}{f_1(x_1)}x_1 \in N(f_1)$, 因此$x - \frac{f_1(x)}{f_1(x_1)}x_1 \in N(f)$, 即$f(x - \frac{f_1(x)}{f_1(x_1)}x_1) = 0$, 移项得$f(x) = \frac{f(x_1)}{f_1(x_1)}f_1(x)$. 若结论对于$n-1$成立. 则在空间$N(f_n)$上有$N(f) \supset \bigcap_{k=1}^{n-1} N(f_k)$. 因此存在$a_1$, $\cdots$, a_{n-1}使得$f = a_1 f_1 + \cdots + a_{n-1} f_{n-1}$在空间$N(f_n)$上成立. 若$f_n \equiv 0$则结论成立. 因此设$f_n(x_n) \neq 0$. 则$x - \frac{f_n(x)}{f_n(x_n)}x_n \in N(f_n)$, 因此$f(x - \frac{f_n(x)}{f_n(x_n)}x_n) = a_1 f_1(x - \frac{f_n(x)}{f_n(x_n)}x_n) + \cdots + a_{n-1}f_{n-1}(x - \frac{f_n(x)}{f_n(x_n)}x_n)$, 移项整理得$f = b_1 f_1 + \cdots + b_n f_n$. □

命题2.5.7的证明 由假设存在0的一个$\sigma(X^*, X)$邻域V使得对任意$f \in V$, 有$|\phi(f)| < 1$. 不妨设

$$V = \{f \in X^* : |\langle f, x_i \rangle| < \varepsilon, \ \forall i = 1, \cdots, k\},$$

其中$x_i \in X$, $i = 1, \cdots, k$, $\varepsilon > 0$. 因此若

$$\langle f, x_i \rangle = 0, \ i = 1, \cdots, k, \ \text{则有} \ \phi(f) = 0.$$

由引理2.5.2知存在λ_i, $i = 1, \cdots, k$使得

$$\phi(f) = \sum_{i=1}^{k} \lambda_i \langle f, x_i \rangle = \left\langle f, \sum_{i=1}^{k} \lambda_i x_i \right\rangle, \ \forall f \in X^*.$$ □

定理2.5.5 (Banach-Alaoglu - Bourbaki) X^*中的闭单位球在$*$弱拓扑内为紧集.

此定理的证明较长, 我们在这里省略. 参见参考文献[20].

2.5.4 自反空间

定义2.5.5 设X为Banach空间. 若定义2.5.4中的映射π是从X到X^{**}的满射, 则称X为自反空间.

显然自反空间X线性等距同构于X^{**}. 反之存在非自反的X线性等距同构于X^{**}, 当然同构映射不是π. 详见R. C. James在参考文献[19] 中构造的例子. 由定义可得任何有限维赋范空间都是自反的.

例2.5.3 (i) 当$1 < p < \infty$, ℓ^p和L^p为自反的. 证明见下节.

(ii) c_0不是自反的. 因为$c_0^{**} = \ell^\infty$, c_0可分, 但ℓ^∞不可分.

(iii) $C[0,1]$不是自反的. 因为若$C[0,1]$为自反, 则$C[0,1]^{**} = C[0,1]$必是可分的. 由练习2.5的习题7得$C[0,1]^*$也可分, 但是$C[0,1]^*$不可分. 若$C[0,1]^*$可分, 显然有$L^\infty[0,1] \subset C[0,1]^*$, 可分空间的子集一定是可分的. 而$L^\infty[0,1]$不是可分的.

定理2.5.6 Banach空间X是自反的当且仅当X^*是自反的.

证明 若X是自反空间, 则有$X^* = (X^{**})^* = (X^*)^{**}$. 事实上, 设$\pi$是从$X$到$X^{**}$的典型映射. 设$\phi \in X^{***}$. 则映射$x \mapsto \langle \phi, \pi x\rangle$就是$X$上的一个连续线性泛函, 记其为$f \in X^*$. 即$\langle \phi, \pi x\rangle = \langle f, x\rangle$, $\forall x \in X$. 因此$\langle \phi, \pi x\rangle = \langle \pi x, f\rangle$, $\forall x \in X$. 由于π为满射, 因此$\langle \phi, \xi\rangle = \langle \xi, f\rangle$, $\forall \xi \in X$. 故X^*到X^{***}的典型映射是满射. 所以X^*是自反空间.

反之, 若X是Banach空间且X^*是自反空间. 若X不是自反的, 则典型的映射π将X映射为X^{**}的闭子集, 我们仍然记其为X. 则存在$z \in X^{**}\backslash X$, 使得$\inf\limits_{x\in X} \|z-x\| > 0$, 因为$X$ 是X^{**}的真闭子空间. 由Hahn-Banach延拓定理存在$f \in X^{***}$使得$f(x) = 0$, 对于任意$x \in X$, 但$f(z) = 1$, 由于$X^* = X^{***}$, 这是不可能的. □

为了刻画自反空间我们需要如下的定理. 关于它的证明可参见参考文献[20].

定理2.5.7 (Goldstine定理) *若X为Banach空间, 则B_X在X^{**}内的$*$弱闭包为$B_{X^{**}}$.*

定理2.5.8 *Banach空间X为自反的当且仅当B_X是弱紧的.*

证明 若X为自反的, 则$B_X = B_{X^{**}}$. 由定理2.5.5知$B_{X^{**}}$为$*$弱紧的. 即在X内B_X为弱紧的.

反之, 若B_X是弱紧的, 则其在X^{**}内为$*$弱闭的. 由Goldstine定理, B_X在X^{**}内的$*$弱闭包为$B_{X^{**}}$. 因此得$B_X = B_{X^{**}}$. 即X为自反的. □

定理2.5.9 *Banach空间X为自反的当且仅当X^*上的弱拓扑和$*$弱拓扑等价.*

证明 若X为自反的, 则$X = X^{**}$. 因此X^*上的弱拓扑和$*$弱拓扑等价.

反之, 由定理2.5.5知B_{X^*}是弱紧的, 故由前面的定理2.5.8知X^*为自反的. 再由定理2.5.6得X为自反的. □

定理2.5.10 *设M为自反空间X的闭子空间, 则M为自反空间.*

证明 M上有两个弱拓扑: (i) 由$\sigma(X, X^*)$导出的; (ii) $\sigma(M, N^*)$. 而它们是相同的. 因为由Hahn-Banach延拓定理, M上的有界线性泛函是X上有界线性泛函在M上的限制. 因此由定理2.5.8只需说明B_M是弱紧的. 由定理2.5.1知B_M是弱闭的, 再由定理2.5.8知B_X是弱紧的, 所以B_M是弱紧的. □

最后我们不加证明地指出一些重要的空间是自反的.

定义2.5.6 *设X是一个赋范空间. 对所有$0 \leqslant \varepsilon \leqslant 2$, 设*

$$\delta_X(\varepsilon) = \inf\{1 - \|(x+y)/2\| : \ \|x\|, \|y\| \leqslant 1, \ \|x-y\| \geqslant \varepsilon\},$$

则$\delta_X(\varepsilon)$叫作X的凸模. 若对任意$0 < \varepsilon \leqslant 2$, 有$\delta_X(\varepsilon) > 0$, 则称$X$为一致凸的.

由定义可知内积空间是一致凸的. 但是$\mathbb{R}^n$装备范数$\|x\| = \max\{|x_i|:\ i = 1, \cdots, n\}$, $\forall x = (x_1, x_2, \cdots, x_n)$, 就不是一致凸的. 故一致凸是几何概念.

定理2.5.11 若X是一致凸的Banach空间, 则X必是自反的.

此定理的证明见参考文献[20].

一致凸的空间具有如下的一个重要性质.

定理2.5.12 设X是一致凸的Banach空间, (x_n)为X的点列, $x_n \xrightarrow{w} x$且$\limsup\limits_{n\to\infty} \|x_n\| \leqslant \|x\|$. 则$x_n$强收敛到$x$.

证明 不妨设$x \neq 0$. 令$\lambda_n = \max\{\|x_n\|, \|x\|\}$, $y_n = \lambda_n^{-1} x_n$, $y = \|x\|^{-1} x$, 则$\lambda_n \to \|x\|$, $y_n \xrightarrow{w} y$. 由命题2.5.2, $\|y\| \leqslant \liminf\limits_{n\to\infty} \|(y_n + y)/2\|$. 可是$\|y\| = 1$, $\|y_n\| \leqslant 1$. 因此得$\|(y_n + y)/2\| \to 1$. 由一致凸性得$\|y_n - y\| \to 0$, 故x_n强收敛到x. □

2.5.5 算子空间上的拓扑

若X, Y为赋范空间, 则在空间$\mathscr{L}(X, Y)$上我们已经在第2章2.1节定义过算子范数的收敛性, 此收敛又称为一致收敛. 在空间$\mathscr{L}(X, Y)$上还可以定义许多的收敛. 其中重要的有强收敛和弱收敛.

定义2.5.7 若X, Y为赋范空间, 设$(T_n) \subset \mathscr{L}(X, Y)$, $T \in \mathscr{L}(X, Y)$.

(i) 若对任意$x \in X$, $\lim\limits_{n\to\infty} T_n x = Tx$, 则称$T_n$强收敛到$T$.

(ii) 若对任意$x \in X$, $w - \lim\limits_{n\to\infty} T_n x = Tx$, 则称$T_n$弱收敛到$T$.

显然T_n一致收敛到T必是强收敛到T, 反之不成立.

例2.5.4 设$X = \ell^2(N)$, 定义投影算子

$$P_n(x_1, x_2, \cdots, x_n, x_{n+1}, \cdots) = (x_1, x_2, \cdots, x_n, 0, 0, \cdots).$$

则P_n强收敛到恒等算子, 但不一致收敛到恒等算子.

因为对任意$x \in X$, $\|P_n x - x\| = \left(\sum\limits_{k=n+1}^{\infty} |x_k|^2\right)^{1/2} \to 0,\ n \to \infty$. 可是$\|P_n - I\| = 1$, $n \in \mathbb{N}$.

显然T_n强收敛到T必是弱收敛到T, 反之不成立.

例2.5.5 设$X = \ell^2(N)$, 定义算子

$$T_n(x_1, x_2, \cdots, x_n, x_{n+1}, \cdots) = (0, 0, \cdots, 0, x_1, x_2, \cdots),$$

即T_n往右推移n位. 则T_n弱收敛到0, 但不强收敛到0.

因为对任意$x \in X$, 有$\|T_n x\| = \|x\|$. 可是对任意$y = (y_1, y_2, \cdots,) \in \ell^2$, 有

$$|\langle y, T_n x\rangle| = \left|\sum_{k=n+1}^{\infty} y_k \overline{x}_{k-n}\right| \leqslant \|x\| \left(\sum_{k=n+1}^{\infty} |y_k|^2\right)^{1/2} \to 0,\ n \to \infty.$$

练习2.5

1. 设X为无穷维赋范空间, 证明原点的任何弱邻域必包含一个无穷维子空间.

2. (i) 设$\{x_n\}$是Banach空间X内的序列. 证明$x_n \overset{w}{\to} x$当且仅当$\{x_n\}$有界且集合$\{f \in X^* : f(x_n) \to f(x)\}$在$X^*$内稠密;

   (ii) 设$\{f_n\}$是Banach空间X的共轭空间X^*内序列. 证明$f_n \overset{*w}{\to} f$当且仅当$\{f_n\}$有界且集合$\{x \in X : f_n(x) \to f(x)\}$在$X$内稠密.

3. 设X为赋范空间, 若$\{x_n\}$为Cauchy序列且$x_n \overset{w}{\to} 0$, 证明$\{x_n\}$依范数收敛到0. (提示: $x_m + \varepsilon B_X$为弱闭的)

4. 设X, Y为赋范空间, T为从X的弱拓扑到Y内的弱拓扑的连续线性算子, 证明T为从X的强拓扑到Y内的强拓扑连续的. (提示: 反设T不是从X的强拓扑到Y内的强拓扑连续的, 则存在$\|x\| \leqslant 1$, 使得$T(x_n) \geqslant n^2$. 由此导出矛盾)

5. 证明命题2.5.6.

6. 设H为X^*的一个$\sigma(X^*, X)$闭的超平面, 证明存在$x_0 \in X$, $a \in \mathbb{R}$使得

$$H = \{f \in X^* : \langle f, x_0\rangle = a\}.$$

   (提示: 设$H = \{f \in X^* : \phi(f) = a\}$, 证明$\phi$是$\sigma(X^*, X)$连续, 然后由命题2.5.7得)

7. 设X为Banach空间. 证明

   (i) 若X^*可分, 则X也是可分的.

   (ii) 若X可分和自反, 则X^*也是可分的. (对(i)提示: 设S为X^*的单位球面, 则S是可分的. 取S的可数稠密集$\{f_n\}$. 对每个f_n任取$\|x_n\| = 1$且$f_n(x_n) \geqslant \frac{1}{2}$. 然后证明$\overline{\text{span}\{x_n\}}$为$X$的稠密集. (ii)由(i)推出.)

8. 若X是无穷维的赋范空间, 证明X^*必是无穷维的.

9. 设X为自反的Banach空间, E为X中的非空闭凸集, ϕ是从E到$(-\infty, +\infty]$上凸的下半连续函数使得$\phi(x)$不恒为$+\infty$, 且

$$\lim_{\substack{x \in E \\ \|x\| \to +\infty}} \phi(x) = +\infty(\text{若}E\text{有界, 则不需此条件}).$$

   证明ϕ在E上取到最小值. (提示: 任取$a \in E$使得$\phi(x) < +\infty$, 考虑集合$A = \{x \in E : \phi(x) \leqslant \phi(a)\}$. 并利用第1章练习1.5中第6题的结论)

10. 设$X = C[0,1]$ 定义$T_n f = \displaystyle\int_0^1 \sin(n\pi x) f(x) \mathrm{d}x$, $\forall f \in X$. 证明T_n强收敛到0, 但T_n不一致收敛到0.

11. 设X是自反的Banach空间, f是X上的有界线性泛函, 则f在闭单位球上能取到最大值. (提示: 利用定理2.5.2) (注反之也成立, 即有James定理: Banach空间X为自反的当且仅当其上的任意连续线性泛函在闭单位球上取到最大值, 见参考文献[20])

2.6 Riesz定理及其应用

这节说明Hilbert空间上的有界线性泛函的表示, 然后给出此定理的一些应用.

定理2.6.1 (Riesz定理) 设$(H, \langle\cdot,\cdot\rangle)$为Hilbert空间, 若$f$是$H$上的有界线性泛函, 则存在唯一的向量$u \in H$ 使得

$$f(x) = \langle x, u\rangle,\ \forall x \in H.$$

证明 唯一性显然. 下证存在性. 不妨设$f \neq 0$. 记N为f的核空间, 则N为H的真闭子空间. 取$z \in N^{\perp}$, $z \neq 0$, 且$f(z) = 1$. 则对任意$x \in H$有$x - f(x)z \in N$, 因此$\langle z, x - f(x)z\rangle = 0$. 故$f(x)\|z\|^2 = \langle x, z\rangle$. 令$u = \|z\|^{-2}z$, 则$u$即为所求. □

此定理说明Hilbert空间必是自反的.

定理2.6.2 设$(H_1, \langle\cdot,\cdot\rangle_1), (H_2, \langle\cdot,\cdot\rangle_2)$是Hilbert空间. 若$T$是从$H_1$到$H_2$内的有界算子, 则存在唯一的映射$T'$: $H_2 \to H_1$使得

$$\langle Tx, y\rangle_2 = \langle x, T'y\rangle_1,\ \forall x \in H_1,\ y \in H_2.$$

更有T'是有界的线性算子且$\|T'\| \leqslant \|T\|$.

证明 对任意$y \in H_2$, 映射$x \mapsto \langle Tx, y\rangle_2$是$H_1$上的连续线性泛函. 因此由Riesz表示定理存在$z \in H_1$ 使得$\langle Tx, y\rangle_2 = \langle x, z\rangle_1$. 记$T'y = z$, 则$T'$: $H_2 \to H_1$满足要求. 若还有S: $H_2 \to H_1$使得对任意$x \in H_1$, $y \in H_2$, $\langle Tx, y\rangle_2 = \langle x, Sy\rangle_1$, 则有$Sy = T'y$. 即$S = T'$. 再证$T'$是线性的. 对任意$y_1$, $y_2 \in H_2$, $x \in H_1$, 有

$$\begin{aligned}\langle x, T'(y_1 + y_2)\rangle_1 &= \langle Tx, y_1 + y_2\rangle_2 = \langle Tx, y_1\rangle_2 + \langle Tx, y_2\rangle_2 \\ &= \langle x, T'y_1\rangle_1 + \langle x, T'y_2\rangle_1 \\ &= \langle x, T'y_1 + T'y_2\rangle_1.\end{aligned}$$

即$T'(y_1 + y_2) = T'y_1 + T'y_2$. 若$\lambda \in \mathbb{C}$, $y \in H_2$, 还有

$$\langle x, T'\lambda y\rangle_1 = \langle Tx, \lambda y\rangle_2 = \lambda^*\langle Tx, y\rangle_2 = \lambda^*\langle x, T'y\rangle_1 = \langle x, \lambda T'y\rangle_1.$$

即$T'\lambda y = \lambda T'y$. 综合, T'是线性的.

又由于

$$\begin{aligned}\|T'y\| &= \sup_{\|x\|\leqslant 1} |\langle T'y, x\rangle_1| = \sup_{\|x\|\leqslant 1} |\langle x, T'y\rangle_1| \\ &= \sup_{\|x\|\leqslant 1} |\langle Tx, y\rangle_2| \leqslant \sup_{\|x\|\leqslant 1} \|Tx\|\|y\| \leqslant \|T\|\|y\|.\end{aligned}$$

故$\|T'\| \leqslant \|T\|$. □

定义2.6.1 设T'如上, 则称T'为T的伴随算子. 若$T' = T$, 则称T为自伴算子.

注 这里的伴随算子的记号与前面的Banach空间上算子的共轭算子的记号不一样, 有些书将两者用同一个记号. 只有在底空间是Hilbert空间时, 才可能有伴随算子和共轭算子, 虽然伴随算子与共轭算子有些差别, 但它们是类似的. 习惯上对于Hilbert空间上使用伴随算子时多. 自伴算子的详细介绍在下一章.

由此定义马上知道若$\boldsymbol{A}$是$\mathbb{R}^n$上的对称矩阵, 则算子$\boldsymbol{A}$就是自伴算子. 若$\boldsymbol{A}$是$\mathbb{C}$上的Hermite矩阵, 则算子$\boldsymbol{A}$也是自伴算子.

例2.6.1 在复的$L^2(\Omega,\mu)$上, 设$K \in L^2(\Omega\times\Omega,\mu\times\mu)$, 定义算子

$$Tf(x) = \int_\Omega K(x,y)f(y)\,\mathrm{d}\mu(y), \quad \forall f \in L^2(\Omega,\mu),$$

则(i)

$$T'g(x) = \int_\Omega \overline{K(y,x)}g(y)\,\mathrm{d}\mu(y), \quad \forall g \in L^2(\Omega,\mu).$$

(ii) 若$K(x,y) = \overline{K(y,x)}$, 则$T$是$L^2(\Omega,\mu)$上的自伴算子.

证明 任取$g \in L^2(\Omega,\mu)$, 由定义和Fubini定理

$$\begin{aligned}\langle f, T'g\rangle = \langle Tf, g\rangle &= \int_\Omega\int_\Omega K(x,y)f(y)\,\mathrm{d}\mu(y)\overline{g(x)}\mathrm{d}\mu(x)\\ &= \int_\Omega f(y)\int_\Omega K(x,y)\overline{g(x)}\,\mathrm{d}\mu(x)\mathrm{d}\mu(y),\end{aligned}$$

所以

$$T'g(y) = \int_\Omega \overline{K(x,y)}g(x)\,\mathrm{d}\mu(x).$$

将x,y互换即得. 由定义得结论(ii). □

定理2.6.3 设$(H_1,\langle\cdot,\cdot\rangle_1),(H_2,\langle\cdot,\cdot\rangle_2)$是Hilbert空间. 若$S,T$是从$H_1$到$H_2$内的有界算子, $\lambda \in \mathbb{C}$, 则:

(i) $T'' = T$;

(ii) $(S+T)' = S' + T'$;

(iii) $(\lambda T)' = \lambda^* T'$;

(iv) $\|T'\| = \|T\|$;

(v) $\|T'T\| = \|TT'\| = \|T\|^2$.

证明 (i) 由于$T' \in \mathscr{L}(H_2,H_1)$, 因此$T'' \in \mathscr{L}(H_1,H_2)$且

$$\langle T''x, y\rangle_2 = \langle x, T'y\rangle_1 = \langle Tx, y\rangle_2, \ \forall x \in H_1,\ y \in H_2.$$

所以$T'' = T$.

(ii)和(iii)容易验证留作练习.

(iv) 由定理2.6.2知$\|T'\| \leqslant \|T\|$. 可是$\|T\| = \|T''\| \leqslant \|T'\|$. 故$\|T'\| = \|T\|$.

(v) $\forall x \in H_1$, $\|x\| \leqslant 1$. 由Cauchy-Schwarz不等式, 则有

$$\|Tx\|^2 = \langle Tx, Tx\rangle_2 = \langle T'Tx, x\rangle_1 \leqslant \|T'Tx\| \leqslant \|T'T\|\|x\|.$$

由此得

$$\|Tx\|^2 = (\sup\{\|Tx\|:\ \|x\| \leqslant 1\})^2 = \sup\{\|Tx\|^2:\ \|x\| \leqslant 1\} \leqslant \|T'T\|.$$

另一方面, $\|T'T\| \leqslant \|T'\|\|T\| = \|T\|^2$. 所以$\|T'T\| = \|T\|^2$. 将$T'$替代$T$得$\|T'T\| = \|TT'\| = \|T\|^2$. □

定理2.6.4 设$(H_1, \langle\cdot,\cdot\rangle_1), (H_2, \langle\cdot,\cdot\rangle_2), (H_3, \langle\cdot,\cdot\rangle_3)$ 都是Hilbert空间. 若$T \in \mathscr{L}(H_1, H_2)$, $S \in \mathscr{L}(H_2, H_3)$, 则$(ST)' = T'S'$.

证明 由上知$(ST)^*, T'S^* \in \mathscr{L}(H_3, H_1)$. 对任意$x \in H_1, z \in H_3$, 则有

$$\langle x, (ST)'z\rangle_1 = \langle STx, z\rangle_3 = \langle Tx, S'z\rangle_2 = \langle x, T'S'z\rangle_1.$$

故$(ST)' = T'S'$. □

若H是Hilbert空间, 则$\mathscr{L}(H)$为一个Banach代数. 由定理2.6.2和定理2.6.3知$T \mapsto T'$是从$\mathscr{L}(H)$到$\mathscr{L}(H)$内的映射且满足: (i) $T'' = T$, (ii) $(S+T)' = S' + T'$, (iii) $(\lambda T)' = \lambda^* T'$, (iv) $(ST)' = T'S'$, (v) $\|T'T\| = \|T\|^2$. 由(i)知$T \mapsto T'$是$\mathscr{L}(H)$上的双射. 由(v)可得$\|T'\| = \|T\|$.

我们把满足上述性质的代数称为$*$代数或对合代数.

定义2.6.2 设A是一个代数. 若A内的映射$a \mapsto a^*$满足: 对任意$a, b \in A$, $\lambda \in \mathbb{C}$, (i) $a^{**} = a$, (ii) $(a+b)^* = a^* + b^*$, (iii) $(\lambda a)^* = \lambda^* a^*$, (iv) $(ab)^* = b^* a^*$. 则称$*$为一个对合运算. 此时称A为$*$代数或对合代数. 若Banach代数还满足(v) $\|a^* a\| = \|a\|^2$. 则称A为C^*代数.

下面给出Riesz表示定理的一个应用. 为此我们先做些准备

一般地不能用函数的导数的范数估计函数的范数, 因为常数函数的导数为0. 但是如果增加条件排除常数函数, 这样的估计是可能的. 这类不等式称为Poincaré不等式.

设Ω为$\mathbb{R}^n$中的开集, 若存在$\mathbb{R}^n$中的一个单位向量$\boldsymbol{e}$和常数a, b使得$a < \langle \boldsymbol{x}, \boldsymbol{e}\rangle < b$, $\forall \boldsymbol{x} \in \Omega$, 则称$\Omega$为在某个方向有界的.

定义2.6.3 设Ω为$\mathbb{R}^n$中的开集, $C_c^\infty(\Omega)$表示在Ω上具有紧支集的无穷阶光滑函数的全体, 对任意$u,v\in C_c^\infty(\Omega)$定义内积

$$\langle u,v\rangle_0=\int_\Omega (uv+\nabla u\cdot\nabla v)\mathrm{d}x.$$

记$C_c^\infty(\Omega)$在此内积上导出的赋范空间的完备化空间为$H_0^1(\Omega)$. 此空间称为Sobolev空间.

定理2.6.5 (Poincaré不等式) 设Ω为$\mathbb{R}^n$中的开集且在某个方向是有界的. 则存在常数C使得

$$\int_\Omega u^2\mathrm{d}x\leqslant C\int_\Omega |\nabla u|^2\mathrm{d}x,\ \forall u\in H_0^1(\Omega).$$

证明 因为$C_c^\infty(\Omega)$在$H_0^1(\Omega)$内稠密, 因此只需证明上式对所有$u\in C_c^\infty(\Omega)$成立即可. 而要证的不等式是旋转和平移不变的, 因此不失一般性假设在x_n方向上有界, 即$0<x_n<a$.

记$x=(x',x_n)$, $x'=(x_1,\cdots,x_{n-1})$, 则有

$$|u(x',x_n)|=\left|\int_0^{x_n}\partial_n u(x',t)\mathrm{d}t\right|\leqslant\int_0^{x_n}|\partial_n u(x',t)|\mathrm{d}t.$$

再由Cauchy - Schwarz不等式得

$$\int_0^{x_n}|\partial_n u(x',t)|\mathrm{d}t\leqslant\sqrt{a}\left(\int_0^{x_n}|\partial_n u(x',t)|^2\mathrm{d}t\right)^{1/2}.$$

因此

$$|u(x',x_n)|^2\leqslant a\int_0^{x_n}|\partial_n u(x',t)|^2\mathrm{d}t.$$

对变量x_n积分得

$$\int_0^a |u(x',x_n)|^2\mathrm{d}x_n\leqslant a^2\int_0^{x_n}|\partial_n u(x',t)|^2\mathrm{d}t.$$

再对x'积分得

$$\int_\Omega |u(x)|^2\mathrm{d}x\leqslant a^2\int_\Omega|\partial_n u(x)|^2\mathrm{d}x.$$

由于$|\partial_n u|\leqslant|\nabla u|$, 取$C=a^2$得结论成立. □

Poincaré不等式表示在$H_0^1(\Omega)$的内积中只需用函数的导数而无需用函数本身.

推论2.6.1 设Ω为$\mathbb{R}^n$中的开集且在某个方向是有界的. 则$H_0^1(\Omega)$装备内积

$$\langle u,v\rangle_1=\int_\Omega\nabla u\cdot\nabla v\,\mathrm{d}x,\ \ \forall u,v\in H_0^1(\Omega)$$

为Hilbert空间. 且其相应的范数与$H_0^1(\Omega)$上的标准范数等价.

证明 记与内积$\langle\cdot,\cdot\rangle_1$对应的范数为$\|u\|_1=\left(\int_\Omega|\nabla u|^2\mathrm{d}x\right)^{1/2}$. 而标准内积和范数分别为

$$\langle u,v\rangle_0=\int_\Omega(uv+\nabla u\cdot\nabla v)\mathrm{d}x;$$

$$\|u\|_0=\left(\int_\Omega[u^2+|\nabla u|^2]\mathrm{d}x\right)^{1/2}.$$

由Poincaré不等式, 则有

$$\|u\|_1\leqslant\|u\|_0\leqslant(C+1)^{1/2}\|u\|_1.$$

即两个范数等价. 由于$(H_0^1(\Omega),\langle\cdot,\cdot\rangle_0)$完备, 所以$(H_0^1(\Omega),\langle\cdot,\cdot\rangle_1)$也完备. 故$(H_0^1(\Omega),\langle\cdot,\cdot\rangle_1)$为Hilbert空间. □

有了上面的准备, 我们就可以来讨论Laplace方程$-\Delta u=f$的Drichlet边值问题的弱解了.

设$\Omega\subset\mathbb{R}^n$是一个区域, $f\in L^2(\Omega)$, 称实函数u是

$$\begin{cases}-\Delta u &= f \text{ 在}\Omega\text{内},\\ u|_{\partial\Omega} &= 0\end{cases}\tag{2.7}$$

的一个弱解, 若

$$\int_\Omega\nabla u\cdot\nabla v\,\mathrm{d}x=\int_\Omega fv\,\mathrm{d}x,\quad\forall v\in C_0^\infty(\Omega).$$

这是因为若$u\in C^2(\bar{\Omega})$, 满足方程(2.7), 则

$$\int_\Omega-\Delta u\cdot v\,\mathrm{d}x=\int_\Omega fv\,\mathrm{d}x,\quad\forall v\in C_0^\infty(\Omega).$$

在左边利用Green公式得

$$\int_\Omega-\Delta u\cdot v\,\mathrm{d}x=\int_\Omega\nabla u\cdot\nabla v\,\mathrm{d}x-\int_{\partial\Omega}\frac{\partial u}{\partial n}v\,\mathrm{d}\sigma=\int_\Omega\nabla u\cdot\nabla v\,\mathrm{d}x.$$

但是$H_0^1(\Omega)$是$C_0^\infty(\Omega)$在$H^1(\Omega)$内的闭包. 由于$u\in H_0^1(\Omega)$得对任意$v\in H_0^1(\Omega)$

$$\int_\Omega\nabla u\cdot\nabla v\,\mathrm{d}x=\int_\Omega fv\,\mathrm{d}x,\quad\forall v\in H_0^1(\Omega).$$

这种弱解的定义是由Sobolev首先提出来的, 它已成为现代求偏微分方程的一种基本思想和方法. 即先求弱解并证明其是唯一的, 然后再证明其具有经典的导数. 前面中的右端只要f是$H_0^1(\Omega)^*$中的元素也可. 习惯上记$H_0^1(\Omega)^*$为$H^{-1}(\Omega)$. 显然有$H_0^1(\Omega)\hookrightarrow L^2(\Omega)\hookrightarrow H^{-1}(\Omega)$.

定义2.6.4 设$\Omega\subset\mathbb{R}^n$是一个区域且设$f\in H^{-1}(\Omega)$. 若$\Omega$上的实函数$u$满足$u\in H_0^1(\Omega)$且

$$\langle u,\phi\rangle_1=\langle f,\phi\rangle,\ \forall\phi\in H_0^1(\Omega).$$

则称u为方程(2.7)的弱解.

定理2.6.6 设Ω为$\mathbb{R}^n$中的开集且在某个方向是有界的. 则对任意$f\in H^{-1}(\Omega)$, 方程(2.7)的Drichlet边值问题存在唯一弱解.

证明 由Poincaé不等式

$$\begin{aligned}\left|\int_\Omega fv\,\mathrm{d}x\right|&\leqslant\left(\int_\Omega|f|^2\,\mathrm{d}x\right)^2\left(\int_\Omega|v|^2\,\mathrm{d}x\right)^2\\&\leqslant C\|f\|\|v\|_1,\ \forall v\in H_0^1(\Omega),\end{aligned}$$

此表示

$$v\mapsto\int_\Omega fv\,\mathrm{d}x,\quad\forall v\in H_0^1(\Omega)$$

是$H_0^1(\Omega)$上的一个有界线性泛函. 由Riesz表示定理和推论2.6.1存在唯一的$u_0\in H_0^1(\Omega)$使得

$$\langle u_0,v\rangle_1=\int_\Omega\nabla u_0\cdot\nabla v\,\mathrm{d}x=\int_\Omega fv\,\mathrm{d}x,\ \forall v\in H_0^1(\Omega).$$

即u_0是一个弱解. □

例2.6.2 设$f\in H^{-1}(\Omega)$. 称$u\in H_0^1(\Omega)$为Drichlet问题

$$-\Delta u+u=f,\quad 在\Omega内,$$
$$u=0,\quad 在\partial\Omega上$$

的弱解, 若

$$\int_\omega(\nabla u\cdot\nabla\phi+u\phi)\mathrm{d}x=\langle f,\phi\rangle,\ \forall\phi\in H_0^1(\Omega).$$

这等价于条件

$$\langle u,\phi\rangle_1=\langle f,\phi\rangle,\ \forall\phi\in H_0^1(\Omega).$$

因此由Riesz表示定理知存在唯一的弱解.

上面的例子没有用到Poincaré不等式, 因此对$\Omega=\mathbb{R}^n$也成立. 可是$H_0^1(\mathbb{R}^n)=H^1(\mathbb{R}^n)$. 因此对任意$f\in H^{-1}(\mathbb{R}^n)$存在唯一弱解$u\in H^1(\mathbb{R}^n)$使得$-\Delta u+u=f$. 更有$\|u\|_{H^1}=\|f\|_{H^{-1}}$. 这表示算子$-\Delta+I$是从$H^1(\mathbb{R}^n)$到$H^{-1}(\mathbb{R}^n)$的一个等距算子.

定理2.6.7 (Lax-Milgram定理) 设H是Hilbert空间. $B: H \times H \to \mathbb{R}$为双线性映射且存在$\alpha, \beta > 0$ 使得

$$|B[u,v]| \leqslant \alpha\|u\|\|v\|, \ \forall u, v, \in H;$$

$$\|\beta\|u\| \leqslant B[u,u], \ \forall u \in H.$$

若$f: H \to \mathbb{R}$是H上的有界线性泛函, 则存在唯一的$u \in H$使得

$$B[u,v] = \langle f, v\rangle = f(v), \ \forall v \in H.$$

证明 对任意$u \in H$, 映射$v \mapsto B[u,v]$是H上的有界线性泛函, 由Riesz表示定理知存在唯一$w \in H$使得

$$B[u,v] = \langle w, v\rangle, \ \forall v \in H.$$

记$w = Au$, 则容易验证A是线性的. 事实上A还是有界的. 因为

$$\|Au\|^2 = \langle Au, Au\rangle = B[u, Au] \leqslant \alpha\|u\|\|Au\|,$$

所以$\|Au\| \leqslant \alpha\|u\|$.

再由于

$$\beta\|u\|^2 \leqslant B[u,u] = \langle Au, u\rangle \leqslant \|u\|\|Au\|,$$

所以$\beta\|u\| \leqslant \|Au\|$. 这说明$A$是一一对应的且$R(A)$是$H$的闭集.

接下来说明$R(A) = H$. 若此等式不成立, 则存在非零$w \in R(A)^{\perp}$. 可是

$$\beta\|w\|^2 \leqslant B[w,w] = \langle Aw, w\rangle = 0,$$

矛盾.

再由表示定理知存在$w \in H$使得$\langle f, v\rangle = \langle w, v\rangle$. 取$u$使得$Au = w$. 则

$$B[u,v] = \langle Au, v\rangle = \langle f, v\rangle, \ \forall v \in H.$$

最后证明这样的u是唯一的. 因为若还存在$u_1 \neq u$使得$B[u_1, v] = \langle f, v\rangle$. 则

$$B[u,v] - B[u_1,v] = B[u-u_1, v] - 0, \ \forall v \subset H.$$

令$v = u - u_1$, 则有

$$\beta\|u-u_1\|^2 \leqslant B[u-u_1, u-u_1] = 0,$$

矛盾. □

有了Lax-Milgram定理, 例2.6.2中的Laplace算子可以换成更一般的椭圆型算子, 详见参考文献[12].

最后我们给出一个变分不等式的解的存在性.

定理2.6.8 设Ω为$\mathbb{R}^n$中的开集且在某个方向是有界的. 设C是$H_0^1(\Omega)$中的闭子集, 若$f \in L^2(\Omega)$, 则下列不等式存在唯一解$w \in C$:

$$\int_\Omega \nabla w \cdot \nabla(v-w)\,\mathrm{d}x \geqslant \int_\Omega f \cdot (v-w)\,\mathrm{d}x, \quad \forall v \in C.$$

证明 由Riesz表示定理和推论2.6.1知存在$u_0 \in H_0^1(\Omega)$使得

$$\int_\Omega \nabla u_0 \cdot \nabla u\,\mathrm{d}x = \int_\Omega fu\,\mathrm{d}x, \ \forall u \in H_0^1(\Omega).$$

因此不等式可以化为

$$\int_\Omega \nabla w \cdot \nabla(v-w)\,\mathrm{d}x \geqslant \int_\Omega \nabla u_0 \cdot \nabla(v-w)\,\mathrm{d}x, \ \forall v \in C.$$

换言之,

$$\langle w-u_0, v-w\rangle_1 \geqslant 0, \forall v \in C.$$

所以w是u_0在C上的最佳逼近元. □

练习2.6

1. 设M是Hilbert空间H内的一维子空间, $a \in M$且$a \neq 0$. 证明

$$\mathrm{d}(x, M^\perp) = \frac{|\langle x, a\rangle|}{\|a\|}, \ \forall x \in H.$$

2. 设T是Hilbert空间X上的非扩张映射, 证明对$g \in X$, $Tg = g$等价于$T'g = g$, 这里T'是T的伴随映射.

(提示: 若$\langle g, Tg\rangle = \|g\|^2$, 则$\langle g, Tg\rangle$为实数, 因此有$\langle g, Tg\rangle = \langle Tg, g\rangle = \langle g, T'g\rangle$.

$$\|Tg-g\|^2 = \langle Tg-g, Tg-g\rangle = \|Tg\|^2 + \|g\|^2 - 2\langle g, Tg\rangle \leqslant 2\|g\|^2 - 2\|g\|^2 = 0.$$

因此$g = Tg$等价于$\|g\|^2 = \langle g, Tg\rangle = \langle T'g, g\rangle$. 应用此于$T'$得$g = T'g$)

3. 设$\mathcal{F}$是Hilbert空间X上的一族非扩张映射, 记$F = \{g \in X : Tg = g, \forall T \in \mathcal{F}\}$, 证明:

$$F^\perp = \overline{\mathrm{span}\{h - Th : h \in X,\ T \in \mathcal{F}\}}.$$

(提示: 记$N = \mathrm{span}\{h - Th:\ h \in X,\ T \in \mathcal{F}\}$, 则$g \perp N \Leftrightarrow \langle g, (T-I)h\rangle = 0,\ \forall h \in X,\ T \in \mathcal{F} \Leftrightarrow \langle T'g - g, h\rangle = 0,\ \forall h \in X,\ T \in \mathcal{F} \Leftrightarrow \langle T'g = g, \forall T \in \mathcal{F} \Leftrightarrow Tg = g\ \forall T\mathcal{F} \Leftrightarrow g \in F$. 因此$F = N^\perp$, $F^\perp = (N^\perp)^\perp = \overline{N}$)

4. 设$f \in H^{-1}(\Omega)$, $\lambda > 0$. 称$u \in H_0^1(\Omega)$为Drichlet问题

$$\begin{aligned} -\Delta u + \lambda u = f, &\quad 在\Omega内, \\ u = 0, &\quad 在\partial\Omega上 \end{aligned}$$

的弱解, 若

$$\langle u, \phi\rangle_\lambda = \langle f, \phi\rangle, \ \forall \phi \in H_0^1(\Omega).$$

这里

$$\langle u, v\rangle_\lambda = \int_\omega (\nabla u \cdot \nabla v + \lambda uv)\mathrm{d}x, \ \forall u, v \in H_0^1(\Omega).$$

证明此方程存在唯一的弱解. (提示只需证明相应内积$\langle\cdot,\cdot\rangle_\lambda$的范数与标准范数等价)

5. 设$f \in H^{-1}(\Omega)$, $\lambda < 0$. 称$u \in H_0^1(\Omega)$为Drichlet问题

$$\begin{aligned} -\Delta u + \lambda u = f, &\quad 在\Omega内, \\ u = 0, &\quad 在\partial\Omega上 \end{aligned}$$

的弱解, 若

$$\langle u, \phi\rangle_\lambda = \langle f, \phi\rangle, \ \forall \phi \in H_0^1(\Omega).$$

这里

$$\langle u, v\rangle_\lambda = \int_\omega (\nabla u \cdot \nabla v + \lambda uv)\mathrm{d}x, \ \forall u, v \in H_0^1(\Omega).$$

若存在Poincaré不等式, $\|u\|_{L^2} \leqslant C\|\nabla u\|_{L^2}$. 证明当$-\frac{1}{C} < \lambda < 0$时此方程存在唯一的弱解. (提示只需证明与内积$\langle\cdot,\cdot\rangle_\lambda$相应的范数与标准范数等价)

2.7 L^p的共轭空间

上节介绍了L^2的共轭空间就是L^2自身. 本节介绍L^p的共轭空间, $1 < p < \infty$. 经典的方法是利用Radon-Nikodym性质. 下面我们将利用它们的自反性质. 事实上这些空间是一致凸的. 若$1 \leqslant p \leqslant \infty$, 记$p$的共轭指数为$p'$, 则$1/p + 1/p' = 1$. 这一节的主要结果是若$1 \leqslant p < \infty$, 则$L^p$的共轭空间为$L^{p'}$.

定理2.7.1 设$1 < p < \infty$. 则$L^p(\Omega)$是自反的.

当$p = 2$时, 此结论已证. 为证明此定理, 先介绍Clarkson不等式.

引理2.7.1 设$2 \leqslant p < \infty$, 则有

$$\left\|\frac{f+g}{2}\right\|_{L^p}^p + \left\|\frac{f-g}{2}\right\|_{L^p}^p \leqslant \frac{1}{2}(\|f\|_{L^p}^p + \|g\|_{L^p}^p), \quad \forall\ f,\ g \in L^p.$$

证明 充分性只需证明

$$\left|\frac{a+b}{2}\right|^p+\left|\frac{a-b}{2}\right|^p\leqslant\frac{1}{2}(|a|^p+|b|^p),\ \forall\ a,\ b\in\mathbb{R}.$$

首先注意到

$$\alpha^p+\beta^p\leqslant(\alpha^2+\beta^2)^{\frac{p}{2}},\quad\forall\ \alpha,\ \beta>0.$$

这是因为, 由齐次性, 不妨设$\beta=1$, 再注意到函数$(x^2+1)^{\frac{p}{2}}-x^p-1$在$[0,\infty)$内递增. 然后令$\alpha=\dfrac{|a+b|}{2}$, $\beta=\dfrac{|a-b|}{2}$, 则有

$$\left|\frac{a+b}{2}\right|^p+\left|\frac{a-b}{2}\right|^p\leqslant\left(\left|\frac{a+b}{2}\right|^2+\left|\frac{a-b}{2}\right|^2\right)^{\frac{p}{2}}=\left(\frac{a^2}{2}+\frac{b^2}{2}\right)^{\frac{p}{2}}\leqslant\frac{1}{2}(|a|^p+|b|^p),$$

最后的不等式是由于函数$|x|^{\frac{p}{2}}$为凸的, $p\geqslant 2$. □

定理2.7.1的证明 证明分为两种情况. (i) 若$2\leqslant p<\infty$, 则L^p是一致凸的. 因为$\forall\varepsilon>0$, 设$f,\ g\in L^p$, $\|f\|_{L^p}$, $\|g\|_{L^p}\leqslant 1$, 且$\|f-g\|_{L^p}>\varepsilon$. 由引理2.7.1,

$$\left\|\frac{f+g}{2}\right\|_{L^p}^p<1-\left(\frac{\varepsilon}{2}\right)^p.$$

因此

$$\left\|\frac{f+g}{2}\right\|_{L^p}<1-\delta,\ \delta=1-\left[1-(\frac{\varepsilon}{2})\right]^{\frac{1}{p}}>0.$$

由定理2.5.11得L^p为自反的.

为完成证明, 我们还需要做些准备. 若$1<p<\infty$. 考虑算子$T:L^p\to(L^{p'})^*$为: 设$u\in L^p$固定, 定义$Tu\in(L^{p'})^*$为

$$\langle Tu,f\rangle=\int uf,\quad\forall\ f\in L^{p'}.$$

这里及以后为了简便我们把积分变量和积分区域都省去. 则有

$$\|Tu\|_{(L^{p'})^*}=\|u\|_{L^p},\quad\forall\ u\in L^p.$$

因为由Hölder不等式, 有

$$|\langle Tu,f\rangle|\leqslant\|u\|_{L^p}\cdot\|f\|_{L^{p'}},\quad\forall\ f\in L^{p'}.$$

即

$$\|Tu\|_{(L^{p'})^*}\leqslant\|u\|_{L^p}.$$

另一方面, 令f_0为: 若$u(x)\neq 0$, $f_0(x)=|u(x)|^{p-2}u(x)$, 若$u(x)=0$, $f_0(x)=0$. 显然有$f_0\in L^{p'}$, $\|f_0\|_{L^{p'}}=\|u\|_p^{p-1}$且$\langle Tu,f_0\rangle=\|u\|_{L^p}^p$.

因此

$$\|Tu\|_{(L^{p'})^*}\geqslant\frac{\langle Tu,f_0\rangle}{\|f_0\|_{L^{p'}}}=\|u\|_{L^p}.$$

这表示T是从L^p到$(L^{p'})^*$内的一个等距映射. 又由于L^p为Banach空间, 由此得$T(L^p)$为$(L^{p'})^*$内的一个闭子空间.

(ii) 若$1<p<2$, 由证明(i)知$L^{p'}$为自反的, 由此得$(L^{p'})^*$也是自反的. 因此$T(L^p(\Omega))$是自反的. 从而$L^p(\Omega)$为自反的. □

注 若$1<p\leqslant 2$, $L^p(\Omega)$也是一致凸的. 这可由下面的Clarkson第二不等式导出.

引理2.7.2 设$1<p\leqslant 2$, 则有

$$\left\|\frac{f+g}{2}\right\|_{L^p}^{p'}+\left\|\frac{f-g}{2}\right\|_{L^p}^{p'}\leqslant\left(\frac{1}{2}\|f\|_{L^p}^p+\frac{1}{2}\|g\|_{L^p}^p\right)^{1/(p-1)},\quad\forall\ f,\ g\in L^p.$$

此引理的证明留作练习.

定理2.7.2 (Riesz表示定理) 设$1<p<\infty$, $\phi\in(L^p(\Omega))^*$. 则存在唯一函数$u\in L^{p'}(\Omega)$, 使得

$$\langle\phi,f\rangle=\int uf,\quad\forall\ f\in L^p(\Omega).$$

更有$\|u\|_{L^{p'}}=\|\phi\|_{(L^p)^*}$.

证明 考虑算子$T:\ L^{p'}\to(L^p)^*$为

$$\langle Tu,f\rangle=\int uf,\ \forall u\in L^{p'},\ f\in L^p.$$

由前面定理2.7.1的证明可知, 对任意$u\in L^{p'}$, $\|Tu\|_{(L^p)^*}=\|u\|_{L^{p'}}$. 下面证明$T$是满射. 记$E=T(L^{p'})$, 由于$E$是闭子空间, 只需证明$E$在$(L^p)^*$内稠密. 设$h\in(L^p)^{**}$ 满足$\langle h,Tu\rangle=0$, $\forall u\in L^{p'}$. 由于L^p是自反的, 因此$h\in L^p$且$\int uh=0$, $\forall u\in L^{p'}$. 若$h(x)\neq 0$, 令$u(x)=|h(x)|^{p-2}h(x)$, 若$h(x)=0$, 令$u(x)=0$. 得$\|h\|_{L^p}=0$. 故$h=0$. 由定理2.4.5得$E=(L^p)^*$. □

定理2.7.3 若$1\leqslant p<\infty$, 则$C_c(\mathbb{R}^d)$在$L^p(\mathbb{R}^d)$内稠密

为了叙述方便, 定义$\mathbb{R}\to\mathbb{R}$内的截断算子T_n为, $\forall r\in\mathbb{R}$,

$$T_nr=\begin{cases}r, & |r|\leqslant n,\\ \frac{nr}{|r|}, & |r|>n.\end{cases}$$

证明 给定$f \in L^p(\mathbb{R}^d)$. 对任意$\varepsilon > 0$, 若记χ_n为球$B(0,n)$上的特征函数, 记$f_n = \chi_n T_n f$. 则由Lebesgue控制收敛定理知$\|f_n - f\|_{L^p} \to 0,\ n \to \infty$. 因此选取充分大的$n$, 令$g = f_n$. 则$g \in L^\infty(\mathbb{R}^d)$和一个紧集$K \subset \mathbb{R}^d$使得$g$在$K$外为0且$\|f-g\|_{L^p} < \varepsilon$.

给定$\delta > 0$, 由Lusin定理知存在$h \in C_c(\mathbb{R}^d)$使得$\|h-g\|_{L^1} < \delta$. 若$p=1$, 则结论成立. 若$1 < p < \infty$, 由Lusin定理还可假设前面的h满足$\|h\|_{L^\infty} \leqslant \|g\|_{L^\infty}$. 因此有

$$\|g-h\|_{L^p} \leqslant \|g-h\|_{L^1}^{1/p} \|g-h\|_{L^\infty}^{1-1/p} \leqslant \varepsilon^{1/p}(2\|g\|_{L^\infty})^{1-1/p}.$$

选取充分小的δ使得

$$\varepsilon^{1/p}(2\|g\|_{L^\infty})^{1-1/p} < \varepsilon.$$

即得证明. □

注 事实上由定理2.7.3和光滑化可以得到$\mathbb{R}^n$中具有紧支集的光滑函数全体$C_0^\infty(\mathbb{R}^n)$也是$L^p(\mathbb{R}^n)$的稠密集, $1 \leqslant p < \infty$. 此结论见参考文献[6, 10, 31].

接下来论述空间的可分性. 为此先引入测度空间的可分性.

定义2.7.1 *设$(\Omega, \mathcal{M}, \mu)$为测度空间, 若存在$\mathcal{M}$中的可数个元素$\{E_n\}$使得$\mathcal{M}$就是由$\{E_n\}$生成的$\sigma$代数, 则称$(\Omega, \mathcal{M}, \mu)$为可分的.*

$\mathbb{R}^d$是可分的. 事实上任取可数个开集$\{E_n\}$使得$\mathbb{R}^d$中的任意开集可以表示成$\{E_n\}$中的一些元素的并. 一般地, 若Ω是可分的度量空间, $\mathcal{M}$是Ω的所有Borel集, 则Ω是可分的测度空间.

定理2.7.4 *设Ω是可分的测度空间. 若$1 \leqslant p < \infty$, 则$L^p(\Omega)$是可分的.*

证明 只就$\Omega = \mathbb{R}^d$的情形证明, 其他情形是类似的. 记

$$A = \left\{ I = \prod_{k=1}^d (a_k, b_k):\ a_k, b_k \in \mathbb{Q} \right\}.$$

则A是可数的. 记$\mathcal{A}$为由函数$\{\chi_I\}_{I \in A}$在$\mathbb{Q}$上生成的线性空间. 则$\mathcal{A}$也是可数的.

下面证明$\mathcal{A}$在$L^p(\mathbb{R}^d)$内稠密. 给定$f \in L^p(\mathbb{R}^d)$. 对任意$\varepsilon > 0$, 由定理2.7.3知存在函数$g \in C_c(\mathbb{R}^d)$ 使得$\|f-g\|_{L^p} < \varepsilon$. 任取$I \in A$使得$\operatorname{supp} g \subset I$. 则对任意给定$\delta > 0$, 很容易构造函数$h \in \mathcal{A}$使得$\|h-g\|_{L^\infty} < \delta$ 且h在I外为0. 因此有

$$\|g-h\|_{L^p} \leqslant |I|^{1/p}\|g-h\|_{L^\infty} \leqslant \delta|I|^{1/p}.$$

选取充分小的δ使得$\delta|I|^{1/p} < \varepsilon$. 则$\|f-h\|_{L^p} < 2\varepsilon$. 即得证明. □

定理2.7.5 (Riesz表示定理) 设Ω是σ有限的测度空间. 若$\phi \in (L^1(\Omega))^*$, 则存在唯一函数$u \in L^\infty(\Omega)$使得

$$\langle \phi, f\rangle = \int uf, \quad \forall\, f \in L^1.$$

更有$\|u\|_{L^\infty} = \|\phi\|_{(L^1)^*}$.

证明 设$\{A_n\}$是Ω内的一列测度有限的可测集使得$\Omega = \sum_{n=1}^{\infty} A_n$. 记$\chi_n = \chi_{A_n}$. 为简便, 记可测集$S$的测度为$|S|$.

先证u的唯一性. 事实上, 若$u \in L^\infty(\Omega)$满足

$$\int uf = 0, \ \forall f \in L^1.$$

令$f = \chi_n \operatorname{sign} u$代入上式得$u = 0$几乎处处于$A_n$上成立. 因此得$u = 0$几乎处处于$\Omega$上成立.

下证u的存在性. 首先构造函数$\theta \in L^2(\Omega)$使得

$$\theta(x) \geqslant a_n > 0, \ \forall x \in A_n.$$

这样的函数是存在的. 事实上可以定义θ在A_1上为a_1, 在$A_2\backslash A_1$上为a_2, $\cdots$, 在$A_n\backslash A_{n-1}$上为a_n, 等. 然后调整$a_n > 0$使得$\theta \in L^2(\Omega)$.

则映射$L^2(\Omega) \ni f \mapsto \langle \phi, \theta f\rangle$是$L^2(\Omega)$上的连续线性泛函. 因此由定理2.7.2知存在$v \in L^2(\Omega)$使得

$$\langle \phi, \theta f\rangle = \int vf, \ \forall f \in L^2(\Omega).$$

令$u(x) = v(x)/\theta(x)$, 则u在Ω上有定义, 更有u是可测的且$u\chi_n \in L^2(\Omega)$. 下证$u \in L^\infty$且$\|u\|_\infty = \|\phi\|_{(L^1)^*}$.

对任意$g \in L^\infty(\Omega)$, 在上式中令$f = \chi_n g/\theta$, 因为$f \in L^2(\Omega)$, 所以有

$$\langle \phi, \chi_n g\rangle = \int u\chi_n g, \ \forall g \in L^\infty(\Omega), \ \forall n. \tag{2.8}$$

对任意$C > \|\phi\|_{(L^1)^*}$, 令$A = \{x \in \Omega: \ |u(x)| > C\}$, 则$A$为零测集. 事实上, 取$g = \chi_A \operatorname{sign} u$得

$$\int_{A\cap A_n} |u| \leqslant \|\phi\|_{(L^1)^*}|A \cap A_n|.$$

因此

$$C|A \cap A_n| \leqslant \|\phi\|_{(L^1)^*}|A \cap A_n|.$$

故对任意n, 有$|A \cap A_n| = 0$. 从而$|A| = 0$.

再有

$$\langle \phi, h \rangle = \int uh, \ \forall h \in L^1,$$

这是因为在式(2.8)中令$g = T_n h$, 注意到在$L^1(\Omega)$内有$\chi_n T_n h \to h$, 取极限可得.

最后由式

$$|\langle \phi, h \rangle| \leqslant \|u\|_\infty \|h\|_1, \ \forall h \in L^1$$

得$\|u\|_\infty \geqslant \|\phi\|_{(L^1)^*}$. 总之得$\|u\|_\infty = \|\phi\|_{(L^1)^*}$. □

注 一般地, $L^1(\Omega)$不是自反的, 除非Ω是由有限个原子组成的. 在后者$L^1(\Omega)$是有限维空间. 详见参考文献[6].

当(Ω, μ)为$\mathbb{Z}$上的计数测度时, 定理2.7.2表示: $(\ell^p)^* = \ell^{p'}$, 这里$1 \leqslant p < \infty$. 当然此结论也可以直接证明, 我们把它留作练习.

练习2.7

1. 证明空间$C[0,1]^*$非可分.

2. 证明$c_0^* = \ell^1$. 这里相等的意义是对任意$f \in c_0^*$, 存在唯一的$(a_i) \in \ell^1$使得$f(x) = \sum_{i=1}^{\infty} a_i x_i$, $x = (x_i) \in c_0$, 映射$f \mapsto (a_i)$是从c_0^*到ℓ^1上线性等距的.

3. 若$p, q \in (1, +\infty)$, 且$1/p + 1/q = 1$. 证明$(\ell^p)^* = \ell^q$, 这里相等的意义类似于前题.

4. 一般地, $L^\infty(\Omega)$不是可分的. 例如$L^\infty[0,1]$不可分, 证明之.

5. 证明$L^1(\mathbb{R})$和$L^\infty(\mathbb{R})$都不是一致凸.

6. 设$1 < p < \infty$, f_n为$L^p(\Omega)$的点列, $f \in L^p(\Omega)$. 若$f_n \xrightarrow{w} f$且$\|f_n\|_p \to \|f\|_p$. 证明$\|f_n - f\|_p \to 0$. (提示: $L^p(\Omega)$为一致凸)

7. 证明$L^1[0,1]$中的序列$\{f_n\}$弱收敛于$f \in L^1[0,1]$当且仅当$\{\|f_n\|_1\}$有界且对任意的$[0,1]$中的可测集E有

$$\lim_{n \to \infty} \int_E f_n(x) \mathrm{d}z = \int_E f(x) \mathrm{d}x.$$

(提示: 由于$L^1[0,1]$的共轭空间为$L^\infty[0,1]$, 上式即为

$$\lim_{n \to \infty} \int_0^1 f_n(x) \chi_E \mathrm{d}z = \int_0^1 f(x) \chi_E \mathrm{d}x.$$

而由于全体简单函数是$L^\infty[0,1]$的稠密集)

8. 证明$L^1[0,1]$不是自反的. (提示: 只需证明$L^\infty[0,1]$的共轭空间不是$L^1[0,1]$, 利用练习2.4的习题9)

2.8 线性空间上的微分学

本节要介绍欧氏空间上实函数的微分理论在无穷维空间上的推广.

2.8.1 强微分(Fréchet微分)

定义2.8.1 设X和Y是两个赋范空间, F是定义在空间X中的某个开子集U上到Y内的映射. 设$x \in U$. 如果存在有界线性算子$L_x \in \mathscr{L}(X,Y)$, 使得

$$F(x+h) - F(x) - L_x h = o(h).$$

即对于任意$\varepsilon > 0$, 总存在$\delta > 0$, 使得当$h \in X$且$\|h\| < \delta$时,

$$\|F(x+h) - F(x) - L_x h\| \leqslant \varepsilon \|h\|.$$

称映射F在点$x \in U$处可微, 表达式$L_x h$称为F在点x处的强微分, 算子L_x称为映射F在点x处的强导数, 记为$F'(x)$. 强导数简称为导数.

显然映射F在点$x \in U$处可微必在点$x \in U$处连续且强导数是唯一的.

例2.8.1 (i) 设f是从$\mathbb{R}^n$到$\mathbb{R}$的函数, 若f在x存在强导数, 则其强导数$f'(x)$即是f的梯度.

(ii) 设F是从$\mathbb{R}^n$到$\mathbb{R}^m$映射, 若F在x存在强导数, 则其强导数$F'(x)$即是相应的Jacobi矩阵.

例2.8.2 设$\boldsymbol{A}$为n阶实对称矩阵, $b \in \mathbb{R}^n$, $f:\ \mathbb{R}^n \to \mathbb{R}$为

$$f(x) := \frac{1}{2} x^{\mathrm{T}} \boldsymbol{A} x - b^{\mathrm{T}} x.$$

对任意$a, h \in \mathbb{R}^n$, 简单的计算可知

$$f(a+h) = f(a) + (a^{\mathrm{T}} \boldsymbol{A} - b^{\mathrm{T}})h + \frac{1}{2} h^{\mathrm{T}} A h.$$

记$\phi:\ h \mapsto (a^{\mathrm{T}} \boldsymbol{A} - b^{\mathrm{T}})h$为线性. 由于$\mathbb{R}^n$为有限维, 所以$\phi$是连续的. 又由于

$$|h^{\mathrm{T}} \boldsymbol{A} h| \leqslant \|\boldsymbol{A} h\|_2 \|h\|_2 \leqslant \|\boldsymbol{A}\|_2 \|h\|_2^2.$$

因此$f'(a) = \phi$.

由定义可得如下命题, 其证明留作练习.

命题2.8.1 (i) 若$F(x) \equiv y_0$, 则$F'(x) \equiv 0$.

(ii) 若$F(x) = L(x)$, $L \in \mathscr{L}(X, Y)$, 则$F'(x) = L$.

(iii) 设X, Y, Z是赋范空间, $U(x_0)$是点$x_0 \in X$的一个邻域, F是这个邻域到Y内的一个映射, $y_0 = F(x_0)$, $V(y_0)$是点$y_0 \in Y$的一个邻域, G是此邻域到Z的映射. 如果F在x_0点可微, G在y_0点可微, 则映射$H = GF$在x_0点可微, 且

$$H'(x_0) = G'(y_0)F'(x_0).$$

(iv) 设F和G是X到Y的两个映射, 如果F, G在x_0点可微和$\alpha \in \mathbb{K}$, 则$F \pm G$和αF在x_0点都可微. 且

$$(F \pm G)'(x_0) = F'(x_0) \pm G'(x_0)$$

和

$$(\alpha F)'(x_0) = \alpha F'(x_0).$$

赋范空间上最重要的函数就是它的范数. 下面我们讨论范数的可微性. 在数学分析中已知函数$f(x) = |x|$在$\mathbb{R}$内在原点不可微, 同样的$\|\cdot\|$在原点不可微. 事实上若$\|\cdot\|$在$\mathbf{0}$处可微, 即

$$\|h\| = \|\mathbf{0}\|'h + o(h).$$

故

$$\lim_{h \to \mathbf{0}} \left(1 - \|\mathbf{0}\|' \frac{h}{\|h\|}\right) = 0.$$

用$-h$替代h得

$$\lim_{h \to \mathbf{0}} \left(1 + \|\mathbf{0}\|' \frac{h}{\|h\|}\right) = 0.$$

两式相加得$2 = 0$, 矛盾.

定理2.8.1 设$(X, \|\cdot\|)$为赋范空间. 若$\|\cdot\|$在$a \neq \mathbf{0}$处可微, $\lambda > 0$, 则$\|\cdot\|$在λa处可微且$\|\lambda a\|' = \|a\|'$. 更有$\|\|a\|'\|_{X^*} = 1$.

证明 若$\|\cdot\|$在$a \neq \mathbf{0}$处可微, $\lambda > 0$, 当$h \neq \mathbf{0}$充分小时, 则有

$$\|\lambda a + h\| = \lambda\|a + h/\lambda\| = \lambda(\|a\| + \|a\|'(h/\lambda) + o(h/\lambda)) = (\|\lambda a\| + \|a\|'(h) + o(h)).$$

此表示$\|\lambda a\|' = \|a\|'$.

下面证明$\|\|a\|'\|_{X^*} = 1$. 考虑函数

$$f:\ \mathbb{R}_+ \to \mathbb{R},\ \lambda \mapsto \|\lambda a\|,\ \forall \lambda > 0.$$

固定$\lambda > 0$. 当h充分小时, 则有$\|(\lambda + h)a\| = (\lambda + h)\|a\|$. 因此

$$\lim_{h\to\mathbf{0}} \frac{\|(\lambda+h)a\| - \|\lambda a\|}{h} = \lim_{h\to\mathbf{0}} \frac{h\|a\|}{h} = \|a\|.$$

即$f'(\lambda) = \|a\|$. 另一方面, $f = \|\cdot\| \circ \phi$, 这里$\phi(\lambda) = \lambda a$. 由复合函数的求导法则,

$$f'(\lambda) = \|\lambda a\|'\phi'(\lambda) = \|a\|'a.$$

所以$\|a\|'a = \|a\|$. 故$\|\|a\|'\|_{X^*} \geqslant 1$.

接着证明反向的不等式. 若$\|\cdot\|$在$a \neq \mathbf{0}$处可微, $\lambda > 0$, 则有

$$\|a + \lambda x\| - \|a\| - \|a\|'(\lambda x) = o(\lambda x)).$$

因此得

$$|\|a\|'(x)| \leqslant \frac{|\|a+\lambda x\| - \|a\||}{\lambda} + \|o(x)\| \leqslant \|x\| \left(1 + \frac{o(x)}{\|x\|}\right).$$

此表示$\|\|a\|'\|_{X^*} \leqslant 1$.

总之得$\|\|a\|'\|_{X^*} = 1$. □

在数学分析中利用导数讨论极值的方法可以推广到赋范空间上讨论函数的极值. 设X为一个赋范空间, f为集合E上的一个实函数, 若存在a的一个球$B(a, r)$ 使得

$$f(a) \leqslant f(x),\ \forall x \in B(a,r) \cap E,$$

则称a为f的一个极小值点, $f(a)$为极小值. 类似可以定义极大值点和极大值. 极大值和极小值统称为极值. 极大值点和极小值点统称为极值点.

定理2.8.2 设X为赋范空间, $U \subset X$为开集, $E \subset U$为凸集. f为U上的一个实函数. 若f限制在E上在x处取极小值且f在x处可微, 则

$$f'(x)(y-x) \geqslant 0,\ \forall y \in E.$$

证明 设$\lambda \in (0,1)$, 对任意$y \in E$, 则有$x + \lambda(y-x) \in E$. 当λ充分小时,

$$0 \leqslant f(x + \lambda(y-x)) - f(x) = \lambda f'(x)(y-x) + o(\lambda(y-x)).$$

两边同除以λ, 则有

$$0 \leqslant f'(x)(y-x) + \frac{o(\lambda(y-x))}{\lambda}.$$

令$\lambda \to 0$, 则有$f'(x)(y-x) \geqslant 0$. □

推论2.8.1 设X为赋范空间, U为开集且$U\cap X\neq\varnothing$, E为线性流形(仿射集), 即$E=a+V$, V为线性子空间. f为U上的一个实函数. 若f限制在E上在x处取极值且f在x处可微, 则

$$f'(x)(v)=0,\ \forall v\in V.$$

证明 不妨设x为极小值点. 设$\forall z\in B(x,r)\cap E$, 有$f(z)\geqslant f(x)$. 则由前面的定理有

$$f'(x)(y-x)\geqslant 0,\ \forall y\in B(x,r)\cap\in E.$$

对任意$v\in V$, 存在$\lambda>0$使得$x+\lambda v\in B(x,r)\cap\in E$. 故有$f'(x)(\lambda v)\geqslant 0$. 即$f'(x)(v)\geqslant 0$. 由于$-v\in V$, 所以有$f'(x)(-v)\geqslant 0$. 总之得$f'(x)(v)=0$. □

在前面的推论中, 若$X=\mathbb{R}^n$, 则$f'(x)(v)=0$, $\forall v\in V$等价于$\nabla f(x)v=0$, $v\in V$. 即$\nabla f(x)\in V^{\perp}$. 若$E=X$, 则有如下的推论.

推论2.8.2 设X为赋范空间, U为开集. f为U上的一个实函数, $x\in U$, 若f在x处取极值且f在x处可微, 则$f'(x)=0$.

作为应用, 我们来看如下的例子.

设Ω为$\mathbb{R}^n$中的区域. 设$f\in H_0^1(\Omega)^*=H^{-1}$, 且$f$作用在$u\in H_0^1(\Omega)$记为$\langle f,u\rangle$. 定义二次泛函$J$: $H_0^1(\Omega)\to\mathbb{R}$为

$$J(u)=\frac{1}{2}\int_\Omega|\nabla u|^2\mathrm{d}x-\langle f,u\rangle,\ \forall u\in H_0^1(\Omega).$$

则有

命题2.8.2 泛函J: $H_0^1(\Omega)\to\mathbb{R}$是可微的且它的导数$DJ(u)$: $H_0^1(\Omega)\to\mathbb{R}$ 为

$$DJ(u)=\int_\Omega\nabla u\cdot\nabla h\mathrm{d}x-\langle f,h\rangle,\ \forall h\in H_0^1(\Omega).$$

证明 给定$u\in H_0^1(\Omega)$, 定义线性映射A: $H_0^1(\Omega)\to\mathbb{R}$为

$$Ah=\int_\Omega\nabla u\cdot\nabla h\mathrm{d}x-\langle f,h\rangle,\ \forall h\in H_0^1(\Omega).$$

则A是有界线性算子且$\|A\|\leqslant\|\nabla u\|_{L^2}+\|f\|_{H^{-1}}$. 因为

$$|Ah|\leqslant\|\nabla u\|_{L^2}\|\nabla h\|_{L^2}+\|f\|_{H^{-1}}\|h\|_{H_0^1}\leqslant(\|\nabla u\|_{L^2}+\|f\|_{H^{-1}})\|h\|_{H_0^1}.$$

对任意$h\in H_0^1(\Omega)$, 有$J(u+h)-J(u)-Ah=\frac{1}{2}\int_\Omega|\nabla h|^2\mathrm{d}x$. 因此得

$$|J(u+h)-J(u)-Ah|\leqslant\frac{1}{2}\|h\|_{H_0^1}^2.$$

从而得

$$\lim_{h\to 0}\frac{|J(u+h)-J(u)-Ah|}{\|h\|_{H_0^1}}=0.$$

故J可微且$DJ(u)=A$. □

由上可知$DJ(u)=0$当且仅当u是Possion方程的弱解. 故有

推论2.8.3 若$J:\ H_0^1(\Omega)\to\mathbb{R}$如上定义且在$u\in H_0^1(\Omega)$处取得极值, 则$u$就是方程$-\Delta u=f$的弱解.

2.8.2 弱微分(Gâteaux微分)

定义2.8.2 设X和Y是两个赋范空间, F是定义在空间X中的某个开子集U上到Y内的映射. 若对于任意的$h\in X$,

$$\frac{\mathrm{d}}{\mathrm{d}t}F(x+th)|_{t=0}=\lim_{t\to 0}\frac{F(x+th)-F(x)}{t}$$

存在, 则称映射F在点$x\in U$处弱可微, 记此极限为$DF(x,h)$. 如果存在有界线性算子$L_x\in\mathscr{L}(X,Y)$, 使得$DF(x,h)=L_xh$, 则称算子L_x为映射F在点x处的弱导数, 记为$F'_w(x)$.

由定义得若F在x处强可微, 则F在x处弱可微且$F'_w(x)=F'(x)$. 由定义易得如下命题, 其证明留作练习.

命题2.8.3 (i) 若$F(x)\equiv y_0$, 则$F'_w(x)\equiv 0$.

(ii) 若$F(x)=\mathscr{L}(x)$, $L\in\mathscr{L}(X,Y)$, 则$F'_w(x)=L$.

(iii) 设F和G是X到Y的两个映射, 如果F, G在x_0的弱可微, $\alpha\in\mathbb{K}$, 则$F\pm G$和αF在x_0点都弱可微. 且

$$D(F\pm G)(x_0,h)=DF(x_0,h)\pm DG(x_0,h)$$

和

$$D(\alpha F)(x_0,h)=\alpha DF(x_0,h).$$

例2.8.3 设

$$f(x,y)=\begin{cases}\frac{x^2y}{x^4+y^2}, & 若(x,y)\neq(0,0),\\ 0, & 若(x,y)=(0,0).\end{cases}$$

则f在点$(0,0)$处Gâteaux可微, 弱微分是

$$g(a,b)=\begin{cases}\frac{a^2}{b}, & 若b\neq 0,\\ 0, & 若b=0.\end{cases}$$

因为此映射是非线性的, 所以f在点$(0,0)$处不是Fréchet可微的.

例2.8.4 设

$$f(x,y)=\begin{cases}\frac{x^3y}{x^6+y^2}, & 若(x,y)\neq(0,0),\\ 0, & 若(x,y)=(0,0).\end{cases}$$

则f在点$(0,0)$处Gâteaux可微, 弱微分是$Df((0,0),h)=0$对任意$h\in\mathbb{R}^2$, 但是f在点$(0,0)$处不连续. 所以f在点$(0,0)$处不是Fréchet可微的.

例2.8.5 设X是Banach空间, ϕ是X上的非连续的线性函数. 令

$$f(x)=\|x\|\phi(x).$$

则$f(x)$在$x=0$处是Gâteaux可微的且导数为0. 但是$f(x)$不是Fréchet可微的, 因为$\lim\limits_{x\to0}\phi(x)$不存在.

相应于微积分中的Lagrange中值定理, 也有如下的中值定理或估计.

定理2.8.3 (中值定理) 设X和Y是两个赋范空间, F是定义在空间X中的某个开子集U上到Y内的映射. 又设闭区间$[x_0,x]\subset U$, 映射F在闭区间$[x_0,x]$内每一点存在弱导数$F'_w(x)$. 记$\Delta x=x-x_0$, 则有

$$\|F(x)-F(x_0)\|\leqslant\sup_{0\leqslant\theta\leqslant1}\|F'_w(x_0+\theta\Delta x)\|\|\Delta x\|.$$

证明 设$g\in Y^*$. 令

$$G(t)=\langle g,F(x_0+t(x-x_0))\rangle,\ t\in[0,1].$$

则

$$\begin{aligned}G'(t)&=\lim_{\Delta t\to0}\left\langle g,\frac{F(x_0+t(x-x_0)+\Delta t(x-x_0))-F(x_0+t(x-x_0))}{\Delta t}\right\rangle\\&=\langle g,F'_w(x_0+t(x-x_0))(x-x_0)\rangle.\end{aligned}$$

因此由微分中值定理知存在$\theta\in[0,1]$使得

$$\langle g,F(x)\rangle-\langle g,F(x_0)\rangle=G(1)-G(0)=G'(\theta)=\langle g,F'_w(x_0+\theta(x-x_0))(x-x_0)\rangle.$$

对所有$\|g\|\leqslant1$取上确界, 则有

$$\|F(x)-F(x_0)\|\leqslant\sup_{0\leqslant\theta\leqslant1}\|F'_w(x_0+\theta\Delta x)\|\|\Delta x\|.$$ □

定理2.8.4 (i) 若f在x处Fréchet可微，则也是Gâteaux可微的，且对于任意向量$h \in X$，有$Df(x,h) = f'(x)h$. (ii) 但是Gâteaux可微不一定Fréchet可微. (iii) 若f是在开集$U \subset X$上Gâteaux可微，它的Gâteaux导数在U的任意点都是有界线性算子且Gâteaux导数是$U \to \mathscr{L}(X,Y)$的连续映射. 则f是Fréchet可微.

证明 (i) 由定义立得.

(ii) 由前面的例可得.

(iii) 设$x \in U$. 由假设对任意$\varepsilon > 0$, 存在$\delta > 0$, 使得当$\|h\| < \delta$, 有$\|f'_w(x+h) - f'_w(x)\| < \varepsilon$. 由定理2.8.3的证明过程可知, 对任意$g \in Y^*$, 则有

$$\langle g, f(x+h) - f(x)\rangle = \langle g, f'_w(x+\theta h)h\rangle,\ \theta \in (0,1).$$

所以

$$\langle g, f(x+h) - f(x) - f'_w(x)h\rangle = \langle g, [f'_w(x+\theta h) - f'_w(x)]h\rangle.$$

对所有$\|g\| \leqslant 1$取上确界, 则有

$$\|f(x+h) - f(x) - f'_w(x)h\| \leqslant \sup_{0\leqslant\theta\leqslant1} \|f'_w(x+\theta h) - f'_w(x)\|\|h\| \leqslant \varepsilon\|h\|. \qquad \square$$

承前所述, 赋范空间$(X, \|\cdot\|)$上的一个基本的函数就是其上的范数$\|\cdot\|$. 同前面一样的推理, $\|\cdot\|$在0点不弱可导. 与定理2.8.1的推理一样可知, 讨论$\|\cdot\|$弱可导只需考虑单位球上的点弱可导. 若$\|\cdot\|$在单位球上的所有点都弱可导, 则称范数为弱可导的. 若赋范空间$(X, \|\cdot\|)$上范数弱可导, 则称$(X, \|\cdot\|)$为光滑空间. 在后面的4节中我们会讨论凸函数的弱可微性. 由于范数是凸函数, 所以这里不单独讨论范数的弱可微性.

2.8.3 隐函数存在定理和逆映射定理

在这小节介绍一般的隐函数存在定理和逆映射定理. 如下定理2.8.5的证明选自参考文献[29].

定理2.8.5 (隐函数存在定理) 设X, Y, Z是Banach空间, U是点$(x_0, y_0) \in X \times Y$的一个邻域, 而$F$是$U$到$Z$内的一个映射, 具有下列性质

(i) F在点(x_0, y_0)处连续;

(ii) $F(x_0, y_0) = 0$;

(iii) 偏导数$F'_y(x, y)$在U内存在且在点(x_0, y_0)连续, 算子$F'_y(x_0, y_0)$有有界逆算子.

则方程$F(x, y) = 0$在点(x_0, y_0)的某个邻域内可解.

证明 设$U_x \subset Y$表示对于给定的x使$(x,y) \in U$的y的全体. 若$\|x-x_0\|$充分的小, 则有$y_0 \in U_x$. 考虑定义在U_x上的映射T_x:

$$T_x(y) = y - [F_y'(x_0,y_0)]^{-1}F(x,y).$$

显然, 方程$T_x(y) = y$等价于方程$F(x,y) = 0$.

为了证明方程(1)的解存在, 我们将应用Banach不动点定理. 为此我们来证明: 对于每一充分小的$\varepsilon > 0$总可以找到这样的$\delta > 0$, 使得当$\|x-x_0\| < \delta$时映射T_x是将球$\{y : \|y-y_0\| \leqslant \varepsilon\}$映射到它自己的一个压缩映射. 首先估计$T_x$的导数

$$(T_x)_y'(y) = I - [F'y(x_0,y_0)]^{-1}F_y'(x,y) = [F'y(x_0,y_0)]^{-1}[F'y(x_0,y_0) - F_y'(x,y)].$$

由导数F_y'在点(x_0,y_0)的连续性, 可以选取这样的ε和δ使得

$$\|(T_x)_y'\| \leqslant r < 1.$$

根据有限增量公式, 对于任意满足$\|x-x_0\| < \delta$的x, 映射T_x是将球$\{y : \|y-y_0\| \leqslant \varepsilon\}$映射到$Y$的一个压缩映射. 下面来估计$\|T_x(y_0) - y_0\|$.

$$\|T_x(y_0) - y_0\| \leqslant \|[F_y'(x_0,y_0)]^{-1}\|\|F(x,y_0)\| = \|[F_y'(x_0,y_0)]^{-1}\|\|F(x_0,y_0) - F(x,y)\|.$$

由于映射F在点(x_0,y_0)的连续性, 当δ很小时, 上式可以很小. 因此选取δ很小, 使得当$\|x-x_0\| < \delta$时, 有

$$\|T_x(y_0) - y_0\| < \varepsilon(1-r).$$

下面来验证, 当δ满足上面的条件时映射T_x是将球$\{y : \|y-y_0\| \leqslant \varepsilon\}$映射到它自己的. 如果$\|x-x_0\| < \delta$和$\|y-y_0\| \leqslant \varepsilon$, 则由有限增量公式得

$$\begin{aligned}\|T_x(y) - y_0\| &\leqslant \|T_x(y_0) - y_0\| + \|T_x(y) - T_x(y_0)\| \\ &\leqslant \varepsilon(1-r) + \sup_{0\leqslant\theta\leqslant 1}\|(T_x)_y'(y_0 + \theta(y-y_0))\|\|y_0 - y\| \\ &\leqslant \varepsilon(1-r) + \varepsilon r = \varepsilon.\end{aligned}$$

因此$\|x-x_0\| < \delta$时映射T_x是将球$\{y : \|y-y_0\| \leqslant \varepsilon\}$映射到它自己的一个压缩映射. 由Banach不动点定理知在该球内存在唯一的不动点$y^* = f(x)$, 即

$$y^* = y^* - [F_y'(x_0,y_0)]^{-1}F(x,y^*),$$

也就是$F(x,y^*) = 0$. 映射f即为所求的映射. 等式$f(x_0) = y_0$由T_x的不动点的唯一性而得. 函数f的连续性可以由上面的推理中的量ε可以任意小而得. □

推论2.8.4 设$F(x,y)$满足定理2.8.5的条件且偏导数$F'_x(x,y)$在U内存在且在点(x_0,y_0)连续，则隐函数$f(x)$ 在x_0处可导且导数$f'(x_0)=F'_y(x_0,y_0)^{-1}F'_x(x_0,y_0)$.

证明 设隐函数为$y=f(x)$, $\Delta y=f(x_0+\Delta x)-f(x_0)$. 则有

$$0=F(x_0+\Delta x,y_0+\Delta y)-F(x_0,y_0)=F'_x(x_0,y_0)\Delta x+F'_y(x_0,y_0)\Delta y+o(\|\Delta x\|+\|\Delta y\|).$$

因此得

$$\Delta y=F'_y(x_0,y_0)^{-1}F'_x(x_0,y_0)\Delta x+o(\|\Delta x\|+\|\Delta y\|).$$

因此存在$M>0$, 当$\|\Delta x\|$很小时有$\|\Delta y\|\leqslant M\|\Delta x\|$. 所以有

$$\Delta y=F'_y(x_0,y_0)^{-1}F'_x(x_0,y_0)\Delta x+o(\|\Delta x\|).$$

即$f(x)$ 在x_0处可导且导数$f'(x_0)=F'_y(x_0,y_0)^{-1}F'_x(x_0,y_0)$. □

定理2.8.6 (逆映射定理) 设X,Y是Banach空间, U是点$x_0\in X$的一个邻域, 而f是U到Y内的一个映射, 偏导数$f'(x)$在U内存在且在点x_0处连续, 算子$f'(x_0)$为有界逆算子. 则方程f在点x_0的某个邻域内为一一映射, 换言之, f存在逆映射f^{-1}.

证明 令$F(x,y)=f(x)-y:\ (x,y)\in U\times Y$. 则$F'_x(x,y)=f'(x)$. 记$y_0=f(x_0)$, 由定理2.8.5, 存在$y_0$的一个邻域$V$, 对任意$y\in V$存在唯一的连续映射$\phi(y)$, 满足$0=F(\phi(y),y)=f(\phi(y))-y$. 因此$f$在$\phi(V)$内可逆. 且$f^{-1}=\phi$. □

隐函数存在定理和逆映射定理是等价的, 即也可以由逆映射定理推出隐函数存在定理.

欧氏空间上函数的Taylor公式对一般的Banach空间上的函数也成立, 这些结果可以参见参考文献[29, 30].

2.8.4 凸函数的弱可微性

我们约定$\overline{\mathbb{R}}:=\mathbb{R}\cup\{\infty\}$.

定理2.8.7 设函数f为线性空间X上的凸函数, $z\in X$, $x_0\in D(f)$. 则映射$u:\ \mathbb{R}_0\to(-\infty,\infty]$,

$$t\mapsto u(t):=\frac{f(x_0+tz)-f(x_0)}{t}$$

单调递增.

证明 设h: $\mathbb{R}_0 \mapsto (-\infty, \infty]$为

$$t \mapsto h(t) = f(x_0 + tz) - f(x_0).$$

显然h 也是凸的, $\forall 0 < s \leqslant t$,

$$h(s) = h(\frac{s}{t}t + \frac{t-s}{t}0) \leqslant \frac{s}{t}h(t) + \frac{t-s}{t}h(0) = \frac{s}{t}h(t).$$

即

$$\frac{f(x_0 + sz) - f(x_0)}{s} \leqslant \frac{f(x_0 + tz) - f(x_0)}{t}.$$

□

由定理2.8.7可得:

推论2.8.5 设f为凸函数,$z \in X$, $x_0 \in D(f)$. 则右边方向导数

$$f'_+(x_0, z) = \lim_{t \downarrow 0} \frac{f(x_0 + tz) - f(x_0)}{t}$$

和左边方向导数

$$f'_-(x_0, z) = \lim_{t \downarrow 0} \frac{f(x_0 + tz) - f(x_0)}{t}$$

在$\mathbb{R}$内存在, 且它们有如下的关系

$$f'_-(x_0, z) = -f'_+(x_0, -z). \tag{2.9}$$

单边方向导数的次线性性:

定理2.8.8 设X为线性空间, f: $X \to \overline{\mathbb{R}}$为凸函数, x_0为$D(f)$的一个代数内点: 即对任意$y \in X$, 存在$t > 0$使得线段$[x_0 - ty, x_0 + ty] \subset D(f)$. 则在$x_0$处对于所有$z \in X$左右导数都是有限的, 且:

(i) $f'_+(x_0, \cdot)$: $X \to \mathbb{R}$为次线性;

(ii) $f'_-(x_0, .)$: $X \to \mathbb{R}$为上线性;

(iii) $\forall z \in X$, $f'_-(x_0, z) \leqslant f'_+(x_0, z)$.

证明 首先证明单边导数$f'_+(x_0, z)$, $f'_-(x_0, z)$对所有$z \in X$都是有限的. 由于x_0为$D(f)$的代数内点, 则存在$\varepsilon > 0$使得$[x_0 - \varepsilon z, x_0 + \varepsilon z] \subset D(f)$. 由于差商为单调增, 因此

$$f'_+(x_0, z) \leqslant \frac{f(x_0 + \varepsilon z) - f(x_0)}{\varepsilon} < \infty.$$

又由于f为凸的, $\forall t \in [0, 1]$,

$$f(x_0) = f\left(\frac{1}{1+t}(x_0 + t\varepsilon z) + \frac{t}{1+t}(x_0 - \varepsilon z)\right) \leqslant \frac{1}{1+t}f(x_0 + t\varepsilon z) + \frac{t}{1+t}f(x_0 - \varepsilon z).$$

因此

$$f(x_0)+tf(x_0)=(1+t)f(x_0)\leqslant f(x_0+t\varepsilon z)+tf(x_0-\varepsilon z).$$

由此得

$$tf(x_0)-tf(x_0-\varepsilon z)\leqslant f(x_0+t\varepsilon z)-f(x_0),$$

所以

$$-\infty<\frac{f(x_0)-f(x_0-\varepsilon z)}{\varepsilon}\leqslant\frac{f(x_0+t\varepsilon z)-f(x_0)}{t\varepsilon}\mapsto f'_+(x_0,z),\ t\mapsto 0^+.$$

因此$f'_+(x_0,z)\in\mathbb{R}$.

(i) 下面证明$f'_+(x_0,\cdot)$的正齐性和次可加性. 设$z\in X$, $\alpha\geqslant 0$. 若$\alpha=0$, 则

$$f'_+(x_0,0z)=f'_+(x_0,0)=0=0\cdot f'_+(x_0,z).$$

若$\alpha>0$, 则

$$f'_+(x_0,\alpha z)=\lim_{\lambda\downarrow 0}\frac{f(x_0+\lambda\alpha z)-f(x_0)}{\lambda}=\alpha\lim_{\lambda\downarrow 0}\frac{f(x_0+\lambda\alpha z)-f(x_0)}{\lambda\alpha}=\alpha f'_+(x_0,z).$$

然后证明次可加性, 设$z_1,z_2\in X$, 由f的凸性

$$\begin{aligned}
f'_+(x_0,z_1+z_2)&=\lim_{\lambda\downarrow 0}\frac{f(x_0+\lambda(z_1+z_2))-f(x_0)}{\lambda}\\
&=\lim_{\lambda\downarrow 0}\frac{1}{\lambda}\left[f\left(\frac{1}{2}(x_0+2\lambda z_1)+\frac{1}{2}(x_0+2\lambda z_2)\right)-f(x_0)\right]\\
&\leqslant\lim_{\lambda\downarrow 0}\frac{1}{\lambda}\left[\frac{1}{2}f((x_0+2\lambda z_1))+\frac{1}{2}f(x_0+2\lambda z_2)-f(x_0)\right]\\
&=\lim_{\lambda\downarrow 0}\frac{f(x_0+2\lambda z_1)-f(x_0)}{2\lambda}+\lim_{\lambda\downarrow 0}\frac{f(x_0+2\lambda z_2)-f(x_0)}{2\lambda}\\
&=f'_+(x_0,z_1)+f'_+(x_0,z_2).
\end{aligned}$$

(ii) 由命题(i)和式(2.9)可得.

(iii) 设$z\in X$, 则

$$0=f'_+(x_0,z-z)\leqslant f'_+(x_0,z)+f'_+(x_0,-z).$$

因此

$$f'_-(x_0,z)=-f'_+(x_0,-z)\leqslant f'_+(x_0,z).$$ □

定义2.8.3 设X是Banach空间, $f:\ X\to\overline{\mathbb{R}}$是凸函数, 对任意$x_0\in X$, 称集合

$$\partial f(x_0)=\{x^*\in X^*:\ \langle x^*,x-x_0\rangle+f(x_0)\leqslant f(x),\ \forall x\in X\}$$

为f在点x_0的次微分, $\partial f(x_0)$中的任意泛函x^*称为f在x_0点的次梯度.

定理2.8.9 设X是赋范空间, $f:\ X\to\overline{\mathbb{R}}$是凸函数, 并在$x_0$点连续, 则$\partial f(x_0)\neq\varnothing$.

证明 设$g=f(x+x_0)-f(x_0)$, 则g在0处连续. 令$V=\{0\}$且$l(0)=0$, 则由Hahn-Banach延拓定理存在l的延拓u使得

$$\langle u,x\rangle\leqslant g(x)=f(x+x_0)-f(x_0),\ \forall x\in X.$$

由于g在0点连续, 则u在0点也连续, 所以$u\in X^*$. 令$x=x_1-x_0$代入得

$$\langle u,x_1-x_0\rangle\leqslant f(x_1)-f(x_0).$$

即$u\in\partial f(x_0)$. □

定理2.8.10 (Moreau-Pschenitschnii定理) 设X是赋范空间, $f:\ X\to\overline{\mathbb{R}}$是凸函数, 并在$x_0$点连续, 则对任意$h\in X$, 有:

(i) $f'_+(x_0,h)=\max\{\langle u,h\rangle:\ u\in\partial f(x_0)\}$.

(ii) $f'_-(x_0,h)=\min\{\langle u,h\rangle:\ u\in\partial f(x_0)\}$.

证明 对任意$u\in\partial f(x_0)$, $t>0$, 由定义

$$\langle u,h\rangle\leqslant f(x_0+th)-f(x_0).$$

因此得

$$\langle u,h\rangle\leqslant\lim_{t\downarrow 0}\frac{f(x_0+th)-f(x_0)}{t}=f'_+(x_0,h).$$

另一方面, 固定$h\neq 0\in X$, 线性泛函

$$l(th):=tf'_+(x_0,h)$$

定义在$V:=\mathrm{span}\{h\}$. 则对任意$x\in V$,

$$l(x)\leqslant f(x_0+x)-f(x_0):=q(x),$$

因为对$t>0$, 由正齐次性

$$tf'_+(x_0,h)=f'_+(x_0,th)\leqslant f(x_0+th)-f(x_0)=q(th).$$

再由次可加性

$$0=f'_+(x_0,th-th)\leqslant f'_+(x_0,th)+f'_+(x_0,-th)$$

得

$$-tf'_+(x_0,h)=-f'_+(x_0,th)\leqslant f'_+(x_0,-th)\leqslant f(x_0-th)-f(x_0)=q(-th).$$

而q为X上的凸函数且q在0点连续, 因此由Hahn-Banach延拓定理知l存在一个在X上的连续线性延拓u使得

$$\langle u, x\rangle \leqslant q(x) = f(x_0 + x) - f(x).$$

从而$u \in \partial f(x_0)$, 且对h有

$$\langle u, h\rangle = l(h) = f'_+(x_0, h).$$

因此命题(i)成立.

再由

$$f'_-(x_0, h) = -f'_+(x_0, -h) = -\max\{\langle u, -h\rangle:\ u \in \partial f(x_0)\} = \min\{\langle u, h\rangle:\ u \in \partial f(x_0)\}$$

得命题(ii)成立. □

定义2.8.4 若具有非空内部的凸集的每一个边界点存在唯一的支撑超平面, 则称此凸集为平凸集.

定理2.8.11 设X为实赋范空间, $f: X \to \mathbb{R}$为一个连续凸函数, 则对于$r > \inf\{f(x):\ x \in X\}$, 下列陈述等价:

(a) 凸集$S_r(f) = \{x \in X:\ f(x) \leqslant r\}$为平凸.

(b) 对于$S_r(f)$的边界点任意x_0, 有

(i) $[f'_+(x_0,\ \cdot) + f'_-(x_0,\ \cdot)] \in X^*$;

(ii) 存在$c > 0$使得

$$f'_-(x_0,\ x) = c \cdot f'_+(x_0,\ x)$$

对满足$f'_+(x_0,\ x) \geqslant 0$的所有$x$都成立.

特别地, 若f在$\{x \in X:\ f(x) = r\}$上每点Gâteaux可微, 则$S_r(f)$为平凸的.

证明 设f不是常数, 由f的连续性, $S_r(f)$具有非空的内部. 对于$S_r(f)$的任意边界点x_0, 则有$f(x_0) = r > \inf\{f(x):\ x \in X\}$, 因此由定义可知$0 \notin \partial f(x_0)$.

(a)⇒ (b) 设H为$S_r(f)$在x_0处的唯一支撑超平面, 由于对任意$\phi \in \partial f(x_0)$, $x_0 + \mathrm{Ker}\phi$也是一个支撑超平面, 因此$x_0 + \mathrm{Ker}\,\phi = H$. 若$\phi_0 \in X^*$表示超平面$H$, 则存在$\lambda \in \mathbb{R}$, 使得$\phi = \lambda\phi_0$. 由Moreau-Pschenitschnii定理, 则有

$$\partial f(x_0) = \{\lambda\phi_0:\ \lambda_1 \leqslant \lambda \leqslant \lambda_2\}.$$

因此

$$\left.\begin{aligned} f'_+(x_0,\ x) &= \lambda_2\phi_0(x) \\ f'_-(x_0,\ x) &= \lambda_1\phi_0(x) \end{aligned}\right\}\ \phi_0(x) \geqslant 0,$$

而

$$\left.\begin{aligned} f'_+(x_0,\ x) &= \lambda_1\phi_0(x) \\ f'_-(x_0,\ x) &= \lambda_2\phi_0(x) \end{aligned}\right\}\ \phi_0(x) \leqslant 0.$$

由此得结论(i)

$$[f'_+(x_0,\ \cdot) + f'_-(x_0,\ \cdot)] = (\lambda_1 + \lambda_2) \cdot \phi_0(\cdot) \in X^*.$$

接下来验证结论(ii). 由于$0 \notin \partial f(x_0)$, 则有λ_1与λ_2同号且不为0, 由此得对任意x满足$f'_+(x_0,\ x) \geqslant 0$有

$$f'_-(x_0,\ x) = (\lambda_1\lambda_2^{-1})^{\mathrm{sign}\lambda_1} f'_+(x_0,\ x).$$

(b)⇒(a) 对任意$\phi \in \partial f(x_0)$, 则有

$$f'_+(x_0,\ x) \geqslant \phi(x) \geqslant f'_-(x_0,\ x),\ \forall x \in X. \tag{2.10}$$

再由条件(ii), 对于任意x满足$f'_+(x_0,\ x) \geqslant 0$,

$$f'_+(x_0,\ x) \geqslant \phi(x) \geqslant cf'_+(x_0,\ x) = f'_-(x_0,\ x). \tag{2.11}$$

若$\phi(x) = 0$, 则由式(2.10), $f'_+(x_0,\ x) \geqslant 0$. 再由式(2.11),

$$f'_+(x_0,\ x) = f'_-(x_0,\ x) = 0,$$

即

$$\mathrm{Ker}\phi \subset \mathrm{Ker}(f'_+ + f'_-) = H_0.$$

由于$f'_+(x_0,\ \cdot) \geqslant f'_-(x_0,\ \cdot)$且$0 \notin \partial f(x_0)$, 则由式(2.11)得$H_0 \neq X$. 因此$\mathrm{Ker}\phi = H_0$. 现设$H$是$S_f(r)$在$x_0$处支撑超平面. 则由推论2.4.8, 仿射集(线性流形)$H \times \{f(x_0)\}$可扩张为一个f的上方图形在$(x_0,\ f(x_0))$处在$X \times \mathbb{R}$内的支撑超平面, 则存在$\phi \in \partial f(x_0)$使得

$$H \times \{f(x_0)\} \subset \{(x,\ f(x_0) + \phi(x - x_0)):\ x \in X\}.$$

因此

$$H \subset \{x:\ \phi(x - x_0) = 0\} = x_0 + \mathrm{Ker}\phi = x_0 + H_0,$$

从而得$H = x_0 + H_0$. □

推论2.8.6 设$S_f(r)$为平凸的且f在x_0不是Gâteaux可微, 则f在x_0处对方向x可微当且仅当$f'_+(x_0, x) = 0$.

证明 若$f'_+(x_0, x) = 0$, 则由定理2.8.11的(ii)得$f'_+(x_0,\ x) = f'_-(x_0,\ x)$. 反之若$f'_+(x_0, x) = f'_-(x_0, x)$, 则由定理2.8.11的(i)可假设$f'_+(x_0, x) \geqslant 0$ (必要时用$-x$代替x). 因为$c \neq 1$, 由定理2.8.11的(ii)得$f'_+(x_0,\ x) = 0$. □

定理2.8.12 设f是非负的且为正齐次的, 则$S_f(r)$为平凸当且仅当f在$\{x \in X: f(x) > 0\}$上Gâteaux可微.

证明 若$S_f(r)$对某个$r > 0$为平凸, 由f为正齐次, 则对所有水平集$S_f(r)$都是平凸的. 然后

$$\begin{aligned} f'_+(x_0, x_0) &= \lim_{t\downarrow 0} \frac{f(x_0 + tx_0) - f(x_0)}{t} = f(x_0) \\ &= \lim_{t\downarrow 0} \frac{f(x_0 - tx_0) - f(x_0)}{-t} = f'_-(x_0, x_0). \end{aligned}$$

因此在定理2.8.11(ii)中, $c = 1$. 若$f'_+(x_0, x) \geqslant 0$, 则$f'_+(x_0, x) = f'_-(x_0, x)$. 若$f'_+(x_0, x) < 0$, 则$f'_+(x_0, -x) \geqslant f'_-(x_0, -x) = -f'_+(x_0, x) > 0$. 在定理2.8.11(ii)中, 由$c = 1$, 得

$$f'_+(x_0, -x) = f'_-(x_0, -x).$$

从而由式(2.9)和定理2.8.11(i)得

$$2f'_+(x_0, x) = -2f'_-(x_0, -x) = -(f'_+(x_0, -x) + f'_-(x_0, -x)) = f'_+(x_0, x) + f'_-(x_0, x).$$

故

$$f'_+(x_0, x) = f'_-(x_0, x).$$

□

若f为一个范数, 则有

定理2.8.13 (Mazur定理) 赋范空间X为平凸(光滑)当且仅其范数在$X \setminus \{0\}$为Gâteaux可微.

推论2.8.7 设X为赋范空间, 则如下命题等价:

(a) X是光滑的;

(b) 对任意$x \in S_X$, 存在唯一的$f \in S_{X^*}$在x处支撑B_X;

(c) 对任意$x \in S_X$, 存在唯一的$f \in S_{X^*}$使得$\mathrm{Re}\, f(x) = 1$;

(d) 对任意$x \in S_X$, 存在唯一的$f \in S_{X^*}$使得$f(x) = 1$.

光滑空间与严格凸的空间具有对偶性, 即有如下的结论.

命题2.8.4 若赋范空间X的共轭空间X^*为严格凸的, 则X为光滑的.

证明 若X不是光滑的, 则存在$x \in S_X$, $f \neq g \in S_{X^*}$使得$f(x) = g(x) = 1$. 因此$(f+g)/2(x) = 1$. 得$1 \leqslant \|(f+g)/2\| \leqslant 1$. 故$\|(f+g)/2\| = 1$. 因此与$X^*$为严格凸矛盾. □

命题2.8.5 若赋范空间X的共轭空间X^*为光滑的, 则X为严格凸的.

证明 若X非严格凸. 记π为从X到X^{**}的自然映射, 则存在$x_1 \neq x_2 \in S_X$, 使得$\|(x_1+x_2)/2\| = 1$. 因此存在$f \in S_{X^*}$ 使得$f((x_1+x_2)/2) = 1$. 所以得$f(x_1) = f(x_2) = 1$. 故$(\pi x_1)(f) = (\pi x_2)(f) = 1$. 此表示$X^*$不是光滑的. 矛盾. □

由此得如下的推论.

推论2.8.8 自反空间为严格凸的当且仅当其共轭空间为光滑的. 自反空间为光滑的当且仅当其共轭空间为严格凸的.

例2.8.6 设(Ω, Σ, μ)为一个正的$\sigma-$有限的测度空间, 当$1 < p < \infty$, $L^p(\Omega)$为一致凸的空间, 当然是严格凸的. 所以$L^p(\Omega)$为光滑的. 事实上还是一致光滑的. 一致光滑的概念见参考文献[20].

定理2.8.14 设赋范空间X的范数在$X \setminus \{0\}$上Gâteaux可微. 令$D:\ X \setminus \{0\} \to X^*$为其范数的Gâteaux导数, 则$\|D(x)\| = 1$且对所有$x \in X \setminus \{0\}$, $\langle D(x),\ x\rangle = \|x\|$.

证明 由次梯度不等式, $\forall h \in X$,

$$\langle D(x),\ h\rangle = \langle D(x),\ x+h-x\rangle \leqslant \|x+h\| - \|x\| \leqslant \|h\|.$$

因此$\|D(x)\| \leqslant 1$. 另一方面, $\langle D(x),\ 0-x\rangle \leqslant \|0\| - \|x\|$, 得$\|D(x)\| \geqslant \|x\|$. 因此得结论成立. □

下面我们讨论凸函数的极值.

定理2.8.15 设U是线性空间X的子集, $f:\ U \to \mathbb{R}$在U内的x_0取极小值. 若$z \in X$, 存在$a > 0$使得$(x_0 - az, x_0 + az) \subset U$且$f$在$x_0$处对方向$z$弱可微, 则$f'(x_0, z) = 0$.

证明 考虑函数$t \mapsto g(t) := f(x_0 + tz)$, 则$g$在0处取极小值. 因此$0 = g'(0) = f'(x_0, z)$. □

推论2.8.9 设U是线性空间X的子空间, $f:\ x_0 + U \to \mathbb{R}$在$x_0$可微且在$U$内的$x_0$取极小值. 对任意$z \in U$, 则$f'(x_0, z) = 0$.

上面是极值的必要条件, 下面讨论极值的充分条件.

定理2.8.16 设K是线性空间X的凸子集, $f:\ X \to \mathbb{R}$为凸函数. 则f在K内的x_0取极小值当且仅当对所有$x \in K$, $f'_+(x_0, x - x_0) \geqslant 0$.

证明 设x_0是f在K内的极小值点, 对任意$x \in K$, $t \in (0,1]$, 有$x_0 + t(x - x_0) = tx + (1-t)x_0 \in K$, 所以有

$$\frac{f(x_0 + t(x - x_0)) - f(x_0)}{t} \geqslant 0.$$

取极限得$f'_+(x_0, x-x_0) \geqslant 0$.

反之, 由定理2.8.7和$f'_+(x_0, x-x_0) \geqslant 0$, 得

$$f(x) - f(x_0) \geqslant f'_+(x_0, x-x_0) \geqslant 0.$$

故x_0是极小值点. □

推论2.8.10 设U是线性空间X的子空间, $f:\ x_0+U \to \mathbb{R}$在x_0弱可微的凸函数, 则f在U内的x_0取极小值当且仅当对任意$z \in U$, $f'(x_0, z) = 0$.

练习2.8

1. 设$\mathcal{M}_n(\mathbb{R})$为$n$阶实矩阵的全体, 其范数为由$\mathbb{R}^n$上的欧氏范数所导出的算子范数,

$$f:\ \mathcal{M}_n(\mathbb{R}) \to \mathcal{M}_n(\mathbb{R})\text{为}\boldsymbol{A} \mapsto \boldsymbol{A}^{\mathrm{T}}\boldsymbol{A},\ \forall \boldsymbol{A} \in \mathcal{M}_n(\mathbb{R}).$$

证明f在$\mathcal{M}_n(\mathbb{R})$中的任意点$\boldsymbol{A}$处可微并求$f'(\boldsymbol{A})$.

2. 证明命题2.8.1.

3. 证明命题2.8.3.

4. 设$X = C[0,1]$, $f(x) = \|x\|$, $\forall x \in X$. 计算$Df(x,h)$, $f'(x)$.

5. 设$X = L^p[0,1]$, $1 \leqslant p < \infty$, $f(x) = \|x\|$, $\forall x \in X$. 计算$Df(x,h)$, $f'(x)$.

6. 讨论下列算子的可微性

$$F(\phi)(t) := \left[\int_0^t \phi(s)]\mathrm{d}s\right]^2.$$

(i) $F:\ L^1[0,1] \to L^1[0,1]$;

(ii) $F:\ C[0,1] \to C[0,1]$;

(iii) $F:\ C[0,1] \to C^1[0,1]$.

7. 设E为赋范空间X内的紧集, 其内部非空. f是E上的连续函数且在E的内部上可微, 若f在E的边界上为常数, 证明f在E的某个内点上的导数为0.

8. 由逆映射定理证明隐函数存在定理.

9. Banach空间值函数的积分: 设X为Banach空间, $f:\ [a,b] \to X$. 若存在$[a,b]$的分割$a = t_0 < t_1 < \cdots < t_n = b$, f在区间$[t_i, t_{i+1})$为常向量, 则称f为阶梯函数. 记$[a,b]$上的阶梯函数全体为$S([a,b],X)$. 则$S([a,b],X)$ 为$B([a,b],X)$($[a,b]$上取值于X的有界函数全体, 它是Banach空间)的线性子空间.

阶梯函数f的积分定义为

$$\int_a^b f(t)\mathrm{d}t = \sum_{i=0}^{n} (t_{i+1} - t_i) f(t_i).$$

容易验证此积分与分割无关, 且有

$$\left\|\int_a^b f(t)\mathrm{d}t\right\| \leqslant \int_a^b \|f(t)\|\mathrm{d}t \leqslant (b-a)\|f\|_\infty.$$

这里$\|f\|_\infty = \sup_{a\leqslant t\leqslant b}\|f(t)\|$. 因此$\int_a^b:\ S([a,b],X)\to X$为连续线性的算子. 由线性扩张定理, 存在一个连续线性映射

$$\int_a^b:\ \mathscr{L}(\overline{S([a,b],X)})\to X.$$

(i) 证明: $C([a,b],X)\subset\overline{S([a,b],X)}\subset B([a,b],X)$;

(ii) 若Y也是Banach空间, $T\in\mathscr{L}(X,Y)$. 证明: $\forall f\in\overline{S([a,b],X)}$, 有$T\circ f\in\overline{S([a,b],Y)}$且

$$\int_a^b T\circ f(t)\mathrm{d}t = T\left(\int_a^b f(t)\mathrm{d}t\right);$$

(iii) 若Y也是Banach空间, 设$f\in\overline{S([a,b],\mathscr{L}(X,Y)}$, $x\in X$, 证明

$$\int_a^b f(t)x\mathrm{d}t = \left(\int_a^b f(t)\mathrm{d}t\right)(x);$$

(iv) 设$f\in\overline{S([a,b],\mathbb{R})}$, $x\in X$, 证明

$$\int_a^b f(t)x\mathrm{d}t = \left(\int_a^b f(t)\mathrm{d}t\right)x;$$

(v) 设$g:\ [a,b]\to X$是连续的且定义映射$f:\ [a,b]\to X$为

$$f(x) = \int_a^x g(t)\mathrm{d}t.$$

证明$f' = g$;

(vi) 设$f:\ [a,b]\to X$是连续的且在(a,b)的导数f'可以连续延拓到$[a,b]$. 证明

$$f(b)-f(a) = \int_a^b f'(t)\mathrm{d}t.$$

10. 设X是赋范空间, $f:\ X\to\overline{\mathbb{R}}$是凸函数. 若$u\in\partial f(x)$, $v\in\partial f(y)$, 则$\langle u-v, x-y\rangle\geqslant 0$.

11. 设$\phi:\ \mathbb{R}\to\mathbb{R}$为非减的函数. 记$f(x)=\int_0^x\phi(t)\mathrm{d}t$. 证明$\partial f(x) = [\phi(x^-),\phi(x^+)]$, 这里$\phi(x^-),\phi(x^+)$分别是$\phi$在$x$处的左右极限.

第 3 章　线性算子的谱

本章首先介绍线性算子谱的基本性质和Banach空间上紧算子的谱分解. 其次介绍Hilbert空间上的一些重要算子, 如投影算子, 自伴算子, 正常算子和酉算子和紧算子的谱分解理论. 最后简单介绍了谱定理和有界算子的解析泛函演算.

3.1　谱的概念和基本性质

设X是数域$\mathbb{K}$上的一个Banach空间, I为恒常算子, T是X到X上的线性算子. 对于任一数$z \in \mathbb{K}$, z 的特征空间$N(zI-T)=\{f \in D(T) | (zI-T)f=0\}$, 特征空间的维数称为$z$的重数. 称$z$是$T$的一个特征值, 若$N(zI-T) \neq \{0\}$, 这里0表示的是空间$X$中的零元. 这等价于: 若$zI-T$不是单射, 则$z$是$T$的特征值.

$N(zI-T)$里的非0元素称为T的相对于特征值z的特征向量. 若z不是特征值, 则$zI-T$为单射, 记算子

$$R(z,T)=(zI-T)^{-1}.$$

我们有如下的定义:

定义3.1.1 集合

$$\rho(T)=\{z \in \mathbb{K}:\ zI-T\text{是单射且}R(z,T) \in \mathscr{L}(X)\}$$

称为T的预解集. 预解集上的每一元素称为T的正则点. 特别地, 如果0是T的一个正则点, 则称T为X上的正则算子. 定义函数

$$R(\cdot,T):\ \rho(T) \to \mathscr{L}(X),\ z \to R(z,T)$$

为T的预解式. 对任意$z \in \rho(T)$, 算子$R(z,T)$称为T在z的预解式. 集合

$$\sigma(T)=\mathbb{K} \backslash \rho(T)$$

称为T的谱. 而T的所有特征值称为T的点谱, 其全体记为$\sigma_p(T)$. 显然点谱是谱里的一个子集. 若$zI-T$ 是单射, 其值域$R(zI-T)$不充满全空间, 但其值域的闭包$\overline{R(zI-T)}=X$, 则称z为连续谱, 其全体记为$\sigma_c(T)$. 若$zI-T$是单射, 且$\overline{R(zI-T)}\subsetneqq X$, 则称$z$为剩余谱, 其全体记为$\sigma_r(T)$. 从而$\sigma(T)=\sigma_p(T)\cup\sigma_r(T)\cup\sigma_c(T)$.

不难看出, 若T不是闭的, 则$zI-T$和$R(z,T)$都不是闭的, 因此$\rho(T)=\varnothing$. 这就是我们常假设T是闭算子的主要原因之一. 当T是闭算子时, 由闭图像定理

$$\rho(T)=\{z\in\mathbb{K}:\ zI-T\text{为双射}\}.$$

对于闭算子的谱, 以下举一些例子加以说明

例3.1.1 设T是从有限维空间X到X上的闭算子, 则T的谱必定是点谱.

证明 利用反证法, 假设T的谱不完全是点谱, 则根据定义, 必定存在$z\in\sigma(T)$, 使得$zI-T$是单射. 即z是T的连续谱或剩余谱. 令$\xi_1,\xi_2,\cdots,\xi_n$是空间X的一组基, 现在证明

$$(zI-T)\xi_1,(zI-T)\xi_2,\cdots,(zI-T)\xi_n$$

即是值域$R(zI-T)$的一组基.

事实上, 如果存在n个数$a_1,a_2,\cdots,a_n$满足

$$\sum_{k=1}^{n}a_k(zI-T)\xi_k=0$$

即

$$(zI-T)\left(\sum_{k=1}^{n}a_k\xi_k\right)=0,$$

考虑到$zI-T$是单射, 因此$\sum\limits_{k=1}^{n}a_k\xi_k=0$. 由基的线性无关性得

$$a_1=a_2=\cdots=a_n=0,$$

因此$(zI-T)\xi_1,(zI-T)\xi_2,\cdots,(zI-T)\xi_n$也是$n$个线性无关的量. 又因为$R(zI-T)\subseteq X$, 所以只能$R(zI-T)=X$, 而这是不符合连续谱或剩余谱的定义的. 故结论得证. □

对于无限维空间中的情况, 以下例子指出, 在无限维空间中, 有界线性算子的谱集更为复杂, 不仅仅是点谱, 还有可能是连续谱和剩余谱.

例3.1.2 设$X=L^2[0,1]$, $T:\ u(t)\mapsto-\frac{\mathrm{d}^2}{\mathrm{d}t^2}u(t)$, 其中

$$D(T)=\{u\in C^1[0,1]:\ u(0)=u(1),\ u'(0)=u'(1),\ u'\text{在}[0,1]\text{绝对可积且}u''\in X\}$$

则T是闭算子且$\sigma(T)=\sigma_p(T)=\{(2n\pi)^2:\ n=0,1,2,3,\cdots\}$.

证明 先证T是闭算子. 设$f_n \in D(T)$, $n \in \mathbb{N}$且$f_n \to f$, $f_n'' \to h$在X内. 所以$\{f_n\}$和$\{f_n''\}$都是X内的Cauchy列. 由假设对任意$x \in [0,1]$,

$$f_n'(x) = f_n'(0) + \int_0^x f_n''(t)\mathrm{d}t.$$

对上述在$[0,1]$上积分

$$\int_0^1 f_n'(x)\mathrm{d}x = f_n'(0) + \int_0^1 \int_0^x f_n''(t)\mathrm{d}t\mathrm{d}x.$$

由条件得$f_n'(0) = -\int_0^1 \int_0^x f_n''(t)\mathrm{d}t\mathrm{d}x$. 因此对任意$n, m \in \mathbb{N}$, 有

$$\begin{aligned}|f_n'(0) - f_m'(0)| &= \left|\int_0^1 \int_0^x (f_n''(t) - f_m''(t))\mathrm{d}t\mathrm{d}x\right| \\ &\leqslant \int_0^1 \int_0^1 |f_n''(t) - f_m''(t)|\mathrm{d}t\mathrm{d}x = \int_0^1 |f_n''(t) - f_m''(t)|\mathrm{d}t \\ &\leqslant \|f_n'' - f_m''\|,\end{aligned}$$

这里最后的不等式利用了Cauchy不等式. 所以$\{f_n'(0)\}$是Cauchy列. 记$a = \lim\limits_{n\to\infty} f_n'(0)$. 又对任意$x \in [0,1]$, $n, m \in \mathbb{N}$, 有

$$|f_n'(x) - f_n'(0) - f_m'(x) + f_m'(0)| = \left|\int_0^x (f_m''(t) - f_n''(t))\mathrm{d}t\right| \leqslant \|f_n'' - f_m''\|_{L^2}.$$

所以$\{f_n'(x) - f_n'(0)\}$在$[0,1]$上一致收敛. 所以$\{f_n'(x)\}$在$[0,1]$上一致收敛. 因此对等式

$$f_n'(x) = f_n'(0) + \int_0^x f_n''(t)\mathrm{d}t$$

取极限得

$$g(x) = \lim_{n\to\infty} f_n'(x) = \lim_{n\to\infty}\left[f_n'(0) + \int_0^x f_n''(t)\mathrm{d}t\right] = a + \int_0^x h(t)\mathrm{d}t.$$

即$g'(x) = h(x)$. 可是

$$f_n(x) = f_n(0) + \int_0^x f_n'(t)\mathrm{d}t.$$

因此对任意$n, m \in \mathbb{N}$, 有

$$f_n(0) - f_m(0) = f_n(x) - f_m(x) + \int_0^x (f_m'(t) - f_n'(t))\mathrm{d}t.$$

在上式两边取$L^2([0,1])$的范数得

$$
\begin{aligned}
|f_n(0)-f_m(0)| &\leqslant \|f_n-f_m\|_{L^2}+\left(\int_0^1\left|\int_0^x (f'_m(t)-f'_n(t))\mathrm{d}t\right|^2\mathrm{d}x\right)^{1/2}\\
&\leqslant \|f_n-f_m\|_{L^2}+\|f_n-f_m\|_{L^2}\\
&=2\|f_n-f_m\|_{L^2}.
\end{aligned}
$$

所以$\{f_n(0)\}$是Cauchy列, 记$b=\lim\limits_{n\to\infty} f_n(0)$. 又对任意$x\in[0,1]$, $n,m\in\mathbb{N}$, 有

$$
|f_n(x)-f_n(0)-f_m(x)+f_m(0)|=\left|\int_0^x (f'_m(t)-f'_n(t))\mathrm{d}t\right|\leqslant \|f'_n-f'_m\|_{L^2}.
$$

所以$\{f_n(x)-f_n(0)\}$在$[0,1]$上是一致收敛的. 得$\{f_n(x)\}$在$[0,1]$上是一致收敛的. 记$v(x)=\lim\limits_{n\to\infty} f_n(x)$, 则$v(x)$在$[0,1]$上连续且

$$
v(x)=\lim_{n\to\infty} f_n(x)=\lim_{n\to\infty}\left[f_n(0)+\int_0^x f'_n(t)\mathrm{d}t\right]=b+\int_0^x g(t)\mathrm{d}t,
$$

所以$v'(x)=g'(x)$. 由上面的推理得$v(0)=v(1)$且$g(0)=g(1)$. 所以$v\in D(T)$, 且$f=v$, $Tf=-h$. 所以T是闭算子.

现在考虑T的谱, 当$n=0,1,2,3,\cdots$, 有

$$
-\frac{\mathrm{d}^2}{\mathrm{d}t^2}\mathrm{e}^{2n\pi\mathrm{i}t}=(2n\pi)^2\mathrm{e}^{2n\pi\mathrm{i}t}.
$$

另一方面, 当$\lambda\neq(2n\pi)^2$, 对任意$f\in L^2[0,1]$, 利用Fourier级数的展开式得方程

$$
(\lambda I-T)u(t)=f(t)
$$

在$D(T)$内有唯一的解

$$
u(t)=\sum_{n=-\infty}^{\infty}\frac{c_n}{\lambda-(2n\pi)^2}\mathrm{e}^{2n\pi\mathrm{i}t},
$$

这里$c_n=\displaystyle\int_0^1 f(t)\mathrm{e}^{-2n\pi\mathrm{i}t}$. 由Plancherel定理得

$$
\|u\|^2=\sum_{n=-\infty}^{\infty}\frac{|c_n|^2}{|\lambda-(2n\pi)^2|^2}\leqslant M_\lambda^2\sum_{n=-\infty}^{\infty}|c_n|^2=M_\lambda^2\|f\|^2,
$$

这里

$$
M_\lambda=\sup_{n\in\mathbb{Z}}\frac{1}{|\lambda-(2n\pi)^2|}.
$$

因此$(\lambda I-T)^{-1}$是一个有界的算子. 总之得$\sigma(T)=\sigma_p(T)=\{(2n\pi)^2:\ n=0,1,2,3,\cdots\}$.

□

例3.1.3 设$X=C[0,1]$, $T: u(t)\mapsto tu(t)$. 显然T是一个有界线性算子, 容易得到$\|T\|=1$. T的谱为$\sigma(T)=\sigma_r(T)=[0,1]$.

证明 当$\lambda\notin[0,1]$, 则$(\lambda I-T)^{-1}x(t)=(\lambda-t)^{-1}x(t)$, 因此

$$\|(\lambda I-T)^{-1}x\|\leqslant\sup_{t\in[0,1]}|(\lambda-t)^{-1}|\|x\|.$$

所以$(\lambda I-T)^{-1}$是有界线性算子.

当$\lambda\in[0,1]$, 方程$(\lambda I-T)u(t)=(\lambda-t)u(t)=0$只有零解. 可是$v\in\overline{R(\lambda I-T)}$必须$v(\lambda)=0$, 但是$1\notin\overline{R(\lambda I-T)}$. 因此有

$$[0,1]\subset\sigma_r(T)\subset\sigma(T)\subset[0,1].$$ □

例3.1.4 设$X=L^2[0,1]$, $T: u(t)\mapsto tu(t)$. 显然T是一个有界线性算子且T的谱为$\sigma(T)=\sigma_c(T)=[0,1]$.

证明 当$\lambda\notin[0,1]$, 则$(\lambda I-T)^{-1}x(t)=(\lambda-t)^{-1}x(t)$, 记$g_\lambda(t):=(\lambda-t)^{-1}$, 则$g_\lambda$属于$L^2[0,1]$, 由Cauchy-Schwarz不等式,

$$\|(\lambda I-T)^{-1}x\|\leqslant\|g_\lambda\|\|x\|.$$

故$(\lambda I-T)^{-1}$是有界线性算子.

当$\lambda\in[0,1]$, 方程$(\lambda I-T)u(t)=(\lambda-t)u(t)=0$只有零解. 由于$g_\lambda$不属于$L^2[0,1]$, 所以$1\notin R(\lambda I-T)$. 但是$\overline{R(\lambda I-T)}=L^2[0,1]$. 因为$L^2[0,1]$中的函数可以由在$\lambda$的邻域内为零的函数逼近, 但是在$\lambda$的邻域内为零的函数属于$R(\lambda I-T)$. □

在Banach空间中的有界线性算子, 具有以下重要的基本性质:

定理3.1.1 设X是Banach空间, $T\in\mathscr{L}(X)$, $\|T\|<1$, 则$(I-T)^{-1}\in\mathscr{L}(X)$, 并且$\|(I-T)^{-1}\|\leqslant 1/(1-\|T\|)$.

证明 因为$\|T\|<1$, 所以

$$\|\sum_{n=0}^{\infty}T^n\|\leqslant\sum_{n=0}^{\infty}\|T\|^n<+\infty$$

即$\sum\limits_{n=0}^{\infty}T^n$收敛. 容易验证

$$(I-T)\sum_{n=0}^{\infty}T^n=(\sum_{n=0}^{\infty}T^n)(I-T)=\sum_{n=0}^{\infty}T^n(I-T)=I,$$

所以

$$(I-T)^{-1}=\sum_{n=0}^{\infty}T^n,$$

并且

$$\|(I-T)^{-1}\|\leqslant\sum_{n=0}^{\infty}\|T\|^n=\frac{1}{1-\|T\|}.$$ □

由定理3.1.1可以推导出Banach空间中闭线性算子谱集的闭集性质.

推论3.1.1 设T是Banach空间中的闭线性算子, 则$\rho(T)$是开集. 即$\sigma(T)$为闭集.

证明 欲证明$\rho(T)$是开集, 只需证明对于任一取定的$\lambda_0\in\rho(T)$, 存在λ_0的邻域也包含于$\rho(T)$中. 由于

$$\lambda I-T=(\lambda-\lambda_0)I+(\lambda_0I-T)=(\lambda_0I-T)[I+(\lambda-\lambda_0)(\lambda_0I-T)^{-1}].$$

因此当$|\lambda-\lambda_0|<\|(\lambda_0I-T)^{-1}\|^{-1}$时, 即$\|-(\lambda-\lambda_0)(\lambda_0I-T)^{-1}\|<1$. 由定理3.1.1得

$$[I+(\lambda-\lambda_0)(\lambda_0I-T)^{-1}]^{-1}=\{I-[-(\lambda-\lambda_0)(\lambda_0I-T)^{-1}]\}^{-1}\in\mathscr{L}(X),$$

所以$(\lambda I-T)^{-1}\in\mathscr{L}(X)$, 即$\lambda\in\rho(T)$. 于是$\rho(T)$是开集. 结论得证. □

引理3.1.1 (第一预解等式) 设$\lambda,\mu\in\rho(T)$, 则有

$$R(\lambda,T)-R(\mu,T)=(\mu-\lambda)R(\lambda,T)R(\mu,T).$$

证明 直接计算得

$$\begin{aligned}R(\lambda,T)-R(\mu,T)&=[(\lambda I-T)^{-1}(\mu I-T)-I](\mu I-T)^{-1}\\&=(\lambda I-T)^{-1}[(\lambda I-T)+\mu I-\lambda I-I](\mu I-T)^{-1}\\&=(\mu-\lambda)R(\lambda,T)R(\mu,T).\end{aligned}$$ □

定理3.1.2 预解式$R(\lambda,T)$是在$\rho(T)$内的算子值解析函数.

证明 (1) 先证$R(\lambda,T)$连续, 设$\lambda_0\in\rho(T)$, 当$|\lambda-\lambda_0|<\frac{1}{2}\|R(\lambda_0,T)\|^{-1}$时, 由第一预解式,

$$\begin{aligned}\|R(\lambda_0,T)\|&=\|R(\lambda,T)+(\lambda-\lambda_0)R(\lambda_0,T)R(\lambda,T)\|\\&\geqslant\|R(\lambda,T)\|-|\lambda-\lambda_0|\cdot\|R(\lambda_0,T)R(\lambda,T)\|\\&\geqslant\|R(\lambda,T)\|-|\lambda-\lambda_0|\cdot\|R(\lambda_0,T)\|\cdot\|R(\lambda,T)\|\\&\geqslant(1-|\lambda-\lambda_0|\cdot\|R(\lambda_0,T)\|)\|R(\lambda,T)\|\\&\geqslant\frac{1}{2}\|R(\lambda,T)\|\end{aligned}$$

即

$$\|R(\lambda,T)\| \leqslant 2\|R(\lambda_0,T\|.$$

再由第一预解式,

$$\|R(\lambda,T)-R(\lambda_0,T)\| \leqslant |\lambda-\lambda_0|\|R(\lambda,T)\|\|R(\lambda_0,T)\| \leqslant 2\|R(\lambda_0,T)\|^2|\lambda-\lambda_0|.$$

因此$R(\lambda,T)$连续.

(2) 再证明可微性. 由第一预解式得

$$\lim_{\lambda\to\lambda_0}\frac{R(\lambda,T)-R(\lambda_0,T)}{\lambda-\lambda_0} = -\lim_{\lambda\to\lambda_0}R(\lambda,T)R(\lambda_0,T) = -R(\lambda_0,T)^2.$$

假设对于某个给定的$k\in\mathbb{N}$,

$$\frac{\mathrm{d}^k}{\mathrm{d}\lambda^k}R(\lambda,T) = (-1)^k k!R(\lambda,T)^{k+1}.$$

因此

$$\begin{aligned}\frac{\mathrm{d}^{k+1}}{\mathrm{d}\lambda^{k+1}}R(\lambda,T)|_{\lambda=\lambda_0} &= \lim_{\lambda\to\lambda_0}\frac{\frac{\mathrm{d}^k}{\mathrm{d}\lambda^k}R(\lambda,T)-\frac{\mathrm{d}^k}{\mathrm{d}\lambda^k}R(\lambda,T)|_{\lambda=\lambda_0}}{\lambda-\lambda_0}\\ &= \lim_{\lambda\to\lambda_0}\frac{(-1)^k k![R(\lambda,T)^{k+1}-R(\lambda_0,T)^{k+1}]}{\lambda-\lambda_0}\\ &= (-1)^k k!\lim_{\lambda\to\lambda_0}\frac{\{[(\lambda_0-\lambda)R(\lambda,T)+I]R(\lambda_0,T)\}^{k+1}-R(\lambda_0,T)^{k+1}}{\lambda-\lambda_0}\\ &= (-1)^{k+1}(k+1)!R(\lambda,T)^{k+2}.\end{aligned}$$

由归纳法得, 对于任意$n\in\mathbb{N}$,

$$\frac{\mathrm{d}^n}{\mathrm{d}\lambda^n}R(\lambda,T) = (-1)^n n!R(\lambda,T)^{n+1}.$$

而当$|\mu-\lambda| < \|R(\lambda,T)\|^{-1}$, 则

$$R(\mu,T) = \sum_{k=0}^{\infty}(-1)^k R(\lambda,T)^{k+1}(\mu-\lambda)^k = \sum_{k=0}^{\infty}\frac{\mathrm{d}^k}{\mathrm{d}\lambda^k}R(\lambda,T)\frac{(\mu-\lambda)^k}{k!}.$$

所以$R(\lambda,T)$是算子值解析函数. □

定义3.1.2 设T是X上的闭算子, 称数$r(T)=\sup\{|\lambda|:\ \lambda\in\sigma(T)\}$为$T$的谱半径.

引理3.1.2 设X是Banach空间, $T\in\mathscr{L}(X)$, 则$r(T)=\limsup\limits_{n\to\infty}\|T^n\|^{1/n}$.

证明 由于

$$R(\lambda,T)=(\lambda I-T)^{-1}=\sum_{k=0}^{\infty}\frac{T^k}{\lambda^{k+1}}.$$

根据Cauchy收敛半径公式, 当$|\lambda|>\limsup\limits_{n\to\infty}\|T^n\|^{1/n}$时, $R(\lambda,T)\in\mathscr{L}(X)$, 从而$\lambda\in\rho(T)$. 这就意味着$r(T)\leqslant\limsup\limits_{n\to\infty}\|T^n\|^{1/n}$.

现证$r(T)\geqslant\limsup\limits_{n\to\infty}\|T^n\|^{1/n}$. 任意取定$\mathscr{L}(X)$上的连续线性泛函$g$, 则复函数$g(R(\lambda,T))$在$|\lambda|>r(T)$ 处解析并且其Laurent展开式为

$$g(R(\lambda,T))=\sum_{k=0}^{\infty}\frac{g(T^k)}{\lambda^{k+1}}.$$

根据解析函数的Laurent展开式及其收敛半径之间的关系, 对于任意取定的$\xi>0$,

$$\sum_{k=0}^{\infty}\frac{|g(T^k)|}{[r(T)+\xi]^{k+1}}<+\infty.$$

因此

$$\left|g\left(\frac{T^k}{[r(T)+\xi]^k}\right)\right|<+\infty,\ \forall k\in\mathbb{N}.$$

由线性泛函g的任意性, 再根据一致有界定理, 存在正常数$A<\infty$, 使得

$$\left\|\frac{T^k}{[r(T)+\xi]^k}\right\|<A,\ \forall k\in\mathbb{N}.$$

所以

$$\limsup_{n\to\infty}\|T^n\|^{1/n}<r(T)+\xi.$$

由正数ξ的任意性, 我们得到

$$\limsup_{n\to\infty}\|T^n\|^{1/n}\leqslant r(T).$$

结论得证. □

定理3.1.3 Banach空间X上的连续线性算子T的谱半径$r(T)$有以下性质:

(a) $\sigma(T)\subset\{z\in\mathbb{K}:|z|\leqslant r(T)\}$. 对任意$z\in\mathbb{K}$使得$|z|>r(T)$, 则算子$R(z,T)$可由Neumann级数表示.

(b) $r(T)\leqslant\|T^m\|^{1/m},\ \forall m\in\mathbb{N}$. 特别地, $r(T)\leqslant\|T\|$. 这意味着$r(T)=\lim\limits_{n\to\infty}\|T^n\|^{1/n}$.

(c) 若X是复空间, 则$\sigma(T)$非空.

证明 根据定义, 结论(a)是显然的. 现证明结论(b)和结论(c). 首先考虑结论(b), 任意取定$m \in \mathbb{N}$. 对任意$n \in \mathbb{N}$, 则存在唯一的表示$n = mp_n + q_n$, $p_n, q_n \in \mathbb{N}$且$q_n < m$. 记$C = \max\{1, \|T\|, \|T^2\|, \cdots, \|T^{m-1}\|\}$, 则

$$\|T^n\| \leqslant \|T^m\|^{p_n}\|T^{q_n}\| \leqslant C\|T^m\|^{p_n},$$

因此

$$\begin{aligned} r(T) &= \limsup_{n\to\infty} \|T^n\|^{1/n} \\ &\leqslant \limsup_{n\to\infty} C^{1/n}\|T^m\|^{1/m-(1/nm)q_n} \\ &= \|T^m\|^{1/m}. \end{aligned}$$

故$r(T) \leqslant \liminf\limits_{n\to\infty} \|T^n\|^{1/n}$, 即极限$\lim\limits_{n\to\infty} \|T^n\|^{1/n}$存在且$r(T) = \lim\limits_{n\to\infty} \|T^n\|^{1/n}$.

最后证结论(c) 假设$\sigma(T) = \varnothing$, 则$\rho(T) = \mathbb{C}$. 对任意$f \in X, g \in X^*$, $F_{fg} : z \mapsto \langle g, R(z,T)f\rangle$是整解析函数. 由于当$|z| > \|T\|$时, $\|(zI - T)f\| \geqslant (|z| - \|T\|)\|f\|$. 因此

$$\|R(z,T)\| \leqslant (|z| - \|T\|)^{-1}.$$

从而当$|z| \to \infty$, $F_{fg}(z) \to 0$. 这意味着F_{fg}是有界的. 再由Liouville定理知它是常数. 对任意$f \in X, g \in X^*$, $F_{fg} = 0$. 因此$R(z,T) = 0$. 这和前提假设是矛盾的. 所以$\sigma(T)$非空. 结论得证. □

推论3.1.2 对于任意$T \in \mathscr{L}(X)$, 极限$\lim\limits_{n\to\infty} \sqrt[n]{\|T^n\|}$存在.

推论3.1.3 设$T \in \mathscr{L}(X)$, 则级数$1 + T + T^2 + \cdots + T^n + \cdots$收敛的充分必要条件是存在$k$使得$\|T^k\| < 1$.

接下来我们讨论共轭算子的谱. 首先给出以下定理

定理3.1.4 设X, Y是赋范空间, $A \in \mathscr{L}(X,Y)$并且存在逆算子$A^{-1} \in \mathscr{L}(Y,X)$, 则:

(a) $(A^*)^{-1}$存在, 且$(A^*)^{-1} \in \mathscr{L}(X^*, Y^*)$;

(b) $(A^*)^{-1} = (A^{-1})^*$.

证明 (a) 先证A^*是单射, 对于任意的$f_1, f_2 \in Y^*$, 若有$A^*f_1 = A^*f_2$, 则有对于任意$x \in X$, 有$f_1(Ax) = f_2(Ax)$. 由于A是满射, 因此对于任意$y \in Y$, 有$f_1(y) = f_2(y)$成立, 即$f_1 = f_2$. 下证A^*是满射. 对于任意$g \in X^*$, 令$f(y) = g(A^{-1}y)$, 则有$f \in Y^*$, 从而

$$A^*f(x) = f(Ax) = g(A^{-1}Ax) = g(x).$$

即A^*是满射. 由逆算子定理, $(A^*)^{-1} \in \mathscr{L}(X^*, Y^*)$.

(b) 由上述分析, 对于任意$g \in X^*$,

$$A^*(A^{-1})^* g(x) = A^* g(A^{-1}x) = g(A^{-1}Ax) = g(x).$$

即$A^*(A^{-1})^* = I$, 因此$(A^*)^{-1} = (A^{-1})^*$. 结论得证. □

定理3.1.5 若T是Banach空间X上的一个有界线性算子, 则$\sigma(T) = \sigma(T^*)$.

证明 只需证$T^{-1} \in \mathscr{L}(X)$等价于$(T^*)^{-1} \in \mathscr{L}(X^*)$.

必要性由定理3.1.4知$(T^*)^{-1} = (T^{-1})^*$. 所以结论成立.

充分性由必要性的结论知$(T^{**})^{-1} \in \mathscr{L}(X^{**})$. 而$T = T^{**}|_X$, 又因为$T^{**}$具有有界的逆算子, 所以$T$是一一对应映射, 且$R(T) \subset X$是闭的. 下面证明$R(T) = X$. 用反证法证明, 假设等式不成立, 则存在非零$f \in X^*$, 使得$f$在$R(T)$上为0. 从而$T^* f = 0$. 因为$T'$可逆, 只能$f = 0$. 得出矛盾. 所以由逆算子定理知$T^{-1} \in \mathscr{L}(X)$. □

定理3.1.6 设T是Banach空间X上的一个有界线性算子, 则

$$\sigma_r(T) \subset \ \sigma_p(T^*) \subset \sigma_r(T) \cup \sigma_p(T).$$

证明 首先证明第一个包含关系, 对于任意$\lambda \in \sigma_r(T)$. 因为$R(\lambda I - T)$在X内不稠密, 因此由Hahn-Banach定理, 存在非零$f \in X^*$使得f在$R(\lambda I - T)$为0. 因此对任意$x \in X$,

$$0 = f((\lambda I - T)x) = (\lambda I^* - T^*) f(x).$$

所以$(\lambda I^* - T^*) f = 0$. 即$\lambda \in \sigma_p(T^*)$. 第一包含关系得证.

为了证明第二个包含关系, 设$\lambda \in \sigma_p(T^*)$. 即存在非零$f \in X^*$, 使得$(\lambda I^* - T^*) f = 0$. 因此对任意$x \in X$,

$$0 = (\lambda I^* - T^*) f(x) = f((\lambda I - T)x).$$

由定理3.1.5, $\lambda \in \sigma(T)$. 若$\lambda \in \sigma_c(T)$, 则$R(\lambda I - T)$是稠密的, 因此这时f必为零值泛函, 这是矛盾的. 所以$\lambda \in \sigma_r(T) \cup \sigma_p(T)$. □

特别地, 若X是自反空间, 则$\sigma_r(T^*) \subset \ \sigma_p(T^{**}) = \sigma_p(T)$.

令$R(T)$表示算子T的值域, $N(T)$表示其零空间, 即

$$R(T) = \{Tx : \ x \in X\}, \ N(T) = \{x \in X : \ Tx = 0\}.$$

并对任意集合$A \subset X, B \subset X^*$, 定义

$$^{\perp}A = \{f \in X^* | f(x) = 0, \forall x \in A\}, \quad B^{\perp} = \{x \in X | f(x) = 0, \forall f \in B\}.$$

我们接下来讨论T和T^*的定义域, 值域之间的关系. 有下述定理

定理3.1.7 设T是Banach空间X上的有界线性算子, 则:

(i) ${}^{\perp}R(T)=N(T^*)$, 或者$\overline{R(T)}=N(T^*)^{\perp}$;

(ii) $R(T^*)^{\perp}=N(T)$, 或者$\overline{R(T^*)}={}^{\perp}N(T)$.

证明 这里只证明(i). (ii)的证明过程类似. 因为

$$\begin{aligned} f\in N(T^*) &\Leftrightarrow T^*f=0,\ f\in X^* \\ &\Leftrightarrow \forall x\in X,\ T^*fx=0 \\ &\Leftrightarrow \forall x\in X,\ f(Tx)=0 \\ &\Leftrightarrow f\in{}^{\perp}R(T). \end{aligned}$$

所以${}^{\perp}R(T)=N(T^*)$.

另一方面, 容易验证$\overline{R(T)}\subseteq\left({}^{\perp}R(T)\right)^{\perp}$. 对于任意$x\in\left({}^{\perp}R(T)\right)^{\perp}$, 等价于任意$f\in X^*$, 如果满足$f(R(T))=0$(由$f$的连续性, 即$f(\overline{R(T)})=0$), 则有$f(x)=0$. 利用Hahn-Banach定理, $x\in\overline{R(T)}$, 这意味着$\overline{R(T)}\supseteq\left({}^{\perp}R(T)\right)^{\perp}$. 因此

$$\overline{R(T)}=\left({}^{\perp}R(T)\right)^{\perp}=N(T^*)^{\perp},$$

结论(i)得证. □

例3.1.5 设$1<p<\infty$. 在空间ℓ^p上考察右推移算子

$$T:\ x=(x_1,x_2,\cdots,x_n,\cdots)\mapsto(0,x_1,x_2,\cdots,x_n,\cdots).$$

则有

$$\sigma_p(T)=\varnothing;$$

$$\sigma_c(T)=\{\lambda\in\mathbb{C}:\ |\lambda|=1\};$$

$$\sigma_r(T)=\{\lambda\in\mathbb{C}:\ |\lambda|<1\}.$$

证明 由于T是ℓ^p上的一个等距算子, 因此$\sigma(T)\subseteq\{\lambda\in\mathbb{C}:\ |\lambda|\leqslant1\}$. 容易得出$\sigma_p(T)=\varnothing$. 而$T^*$是在$\ell^q$上左推移算子, $q=\dfrac{p}{p-1}$. 当$|\lambda|<1$时, 令$x=(1,\lambda,\lambda^2,\cdots,\lambda^n\cdots)\in\ell^q$, 有$T^*x=\lambda x$, 所以$\sigma_p(T^*)\supseteq\{\lambda\in\mathbb{C}:\ |\lambda|<1\}$. 又因为$\sigma(T')$是闭集, 所以$\sigma(T^*)=\{\lambda\in\mathbb{C}:\ |\lambda|\leqslant1\}$. 由于$\sigma_p(T)=\varnothing$, 并且$T^{**}=T$, 利用定理3.1.6得

$$\sigma_r(T^*)\subseteq\sigma_p(T^{**})=\sigma_p(T)=\varnothing.$$

所以$\sigma_r(T^*) = \varnothing$. 因此对$|\lambda| \leqslant 1$, 则$\lambda \in \sigma_p(T^*)$或$\lambda \in \sigma_c(T^*)$. 又因为$T^*x = \lambda x$有解$x = x_1(1, \lambda, \lambda^2, \cdots)$. 当$|\lambda| = 1$时, $x \notin \ell^q$; 当$|\lambda| < 1$时, $x \in \ell^q$. 故

$$\sigma_c(T') = \{\lambda \in \mathbb{C}:\ |\lambda| = 1\},\ \sigma_p(T') = \{\lambda \in \mathbb{C}:\ |\lambda| < 1\},$$

因此由定理3.1.6知

$$\sigma_r(T) \subset\ \sigma_p(T^*) \subset \sigma_r(T) \cup \sigma_p(T) = \sigma_r(T).$$

推出$\sigma_r(T) = \{\lambda \in \mathbb{C}:\ |\lambda| < 1\}$以及$\sigma_c(T) = \{\lambda \in \mathbb{C}:\ |\lambda| = 1\}$. □

练习3.1

1. 证明第二预解式. 设L, K是Banach空间X上的有界算子, 则

$$R(\lambda, L) - R(\lambda, K) = R(\lambda, L)(L - K)R(\lambda, K),\ \forall \lambda \in \rho(L) \cap \rho(K).$$

此表示$R(\lambda, L)$与$R(\lambda, K)$可交换.

2. 设$\ell^1 = \left\{x : x = \{\xi_n\}, \xi_n \in \mathbb{C}, \sum\limits_{n=1}^{\infty} |\xi_n| < +\infty\right\}$, 并带有范数$\|x\| = \sum\limits_{n=1}^{\infty} |\xi_n|$. 定义$\ell^1$上的有界线性算子

$$T\{\xi_1, \xi_2, \xi_3, \cdots, \xi_n, \cdots\} = \{0, -\xi_1, -\xi_2, \cdots, -\xi_{n-1}, \cdots\}.$$

求证: $\rho(T) = \{\lambda \in \mathbb{C} : |\lambda| > 1\}$, $\sigma(T) = \{\lambda \in \mathbb{C} : |\lambda| \leqslant 1\}$.

3. 设T和$T_n, n = 1, 2, \cdots$, 都是Banach空间X上的有界线性算子, $\|T_n - T\| \to 0\ n \to +\infty$. 证明对于任意$\lambda \in \rho(T)$, 存在自然数$N_\lambda$, 使得当$n > N_\lambda$时, $\lambda \in \rho(T_n)$, 并且$\lim\limits_{n\to\infty} (\lambda I - T_n)^{-1} = (\lambda I - T)^{-1}$.

4. 设T是Banach空间X上的有界线性算子, $T^2 = T$且$T \neq 0$, $T \neq I$. 求证: $\sigma(T) = \{0, 1\}$.

5. 设T是从Banach空间X到X上的有界线性映射, 其逆映射T^{-1}存在并且连续. 求证: $\sigma(T^{-1}) = \{\sigma|\lambda^{-1} \in \sigma(T)\}$.

6. 设T是从Banach空间X到X上的有界线性映射, 证明: $r(aT) = |a|r(T)$, $r(T^k) = r_\sigma^k(T)$.

7. 设T和U都是从Hilbert空间X到X上的有界线性映射, 证明: $r(UT) = r(TU)$.

8. 设T和U都是从复Bannch空间X到X上的有界线性映射, $UT = TU$. 证明: $r(UT) \leqslant r(U) \cdot r(T)$.

9. 设$T:\ \ell^2 \to \ell^2$为$T(x_1, x_2, x_3, \cdots) = (x_1, x_2/2, x_3, \cdots)$. 证明$T$为有界算子, 但$R(T)$不是闭集.

10. 设X, Y为Banach空间, $T \in \mathscr{L}(X, Y)$为下有界的, 即存在$c > 0$使得$\|Tx\| \geqslant c\|x\|$, $\forall x \in X$. 证明$R(T)$为闭集.

11. 设λ是线性算子$T \in \mathscr{L}(X)$的特征值, 证明$|\lambda| \leqslant \|T\|$且$|\lambda| \leqslant R(T)$.

12. 设X为Banach空间, $T, T_n \in \mathscr{L}(X)$且$\|T_n - T\| \to 0$, $n \to \infty$, 证明:

(i) $\rho(T) \subset \bigcup_{n\in\mathbb{N}} \bigcap_{k\geqslant n} \rho(T_k) := \liminf\limits_{n\to\infty} \rho(T_n)$;

(ii) 若$\lambda \in \rho(T)$, 则$\lim\limits_{n\to\infty} R(\lambda, T_n) = R(\lambda, T)$在$\mathscr{L}(X)$;

(iii) $\{\lambda \in \liminf\limits_{n\to\infty} \rho(T_n):\ \limsup\limits_{n\to\infty} \|R(\lambda, T_n)\| < \infty\} \subset \rho(T)$.

(提示: 利用预解公式)

3.2 紧算子及其谱性质

将有限维空间中矩阵(线性变换)的概念以及性质加以推广到无穷维Banach空间, 即可引出一类重要的算子, 它在解决积分方程和许多数学物理问题中发挥了关键的作用. 这类算子称为紧算子.

定义3.2.1 设T是Banach空间X到Banach空间Y的线性算子, 并且将X中的有界集映射成Y中的列紧集, 则称T为紧算子. 这些紧算子所构成的集合记为$\Theta(X, Y)$. 特别地, 当$X = Y$时, 将$\Theta(X, X)$简记为$\Theta(X)$.

根据定义容易验证, 紧算子有以下基本性质:

1. 由于在Banach空间中, 列紧集必定是有界集, 因此Banach空间上的紧算子必定是有界的. 即$\Theta(X, Y) \subseteq \mathscr{L}(X, Y)$;

2. 设X和Y是两个Banach空间, 则$T \in \Theta(X, Y)$当且仅当对于X中任意的有界可数点列$\{x_1, x_2, \cdots, x_n, \cdots\}$, $\{Tx_1, Tx_2, \cdots, Tx_n, \cdots\}$中至少存在一个收敛点列;

3. 设X和Y是两个Banach空间, $T_1, T_2 \in \Theta(X, Y)$. 则它们的任意线性组合$a_1T_1 + a_2T_2 \in \Theta(X, Y)$, 其中$a_1, a_2$是给定数域中的元素;

4. 设X, Y和Z是三个Banach空间, $T_1 \in \Theta(X, Y)$, $T_2 \in \mathscr{L}(Z, X)$, $T_3 \in \mathscr{L}(Y, Z)$, 则$T_1T_2 \in \Theta(Z, Y)$以及$T_3T_1 \in \Theta(X, Z)$.

例3.2.1 T是从Banach空间X到有限维Banach空间Y的有界线性算子, 则T是紧算子. 这是因为在有限维Banach空间的有界集即是列紧集.

例3.2.2 无穷维Banach空间上的恒等算子不是紧算子. 因为恒等算子将无穷维空间上的单位球映成单位球, 这一单位球是有界集, 但不是列紧集. 这意味着Banach空间的维数是有穷维等价于其上的恒等算子是紧算子.

由上述紧算子第4条基本性质和例3.2.2的结论, 我们得到:

例3.2.3 有穷维Banach空间X上的有界线性算子是紧算子. 即$\Theta(X) = \mathscr{L}(X)$.

例3.2.4 设$K(t,s)$是$[0,1]\times[0,1]$上的连续函数. 则积分算子

$$Tx(t)=\int_0^1 K(t,s)x(s)\mathrm{d}s$$

是$C[0,1]$上的紧算子. 这里$C[0,1]$表示定义域在$[0,1]$上的所有连续函数的全体.

证明 任意取定$C[0,1]$上的一组有界集合$\{x_1(t),x_2(t),\cdots\}$, 即存在常数$C<+\infty$使得

$$\max_{t\in[0,1]}|x_i(t)|\leqslant C, i=1,2,\cdots$$

只需证明$\{Tx_1(t),Tx_2(t),\cdots\}$是$C[0,1]$上的列紧集. 由于$K(t,s)$是$[0,1]\times[0,1]$上的连续函数, 故一致连续. 再利用上述不等式容易证得$\{Tx_1(t),Tx_2(t),\cdots\}$等度连续并且一致有界. 因此根据Arzela-Ascoli定理, $\{Tx_1(t),Tx_2(t),\cdots\}$是列紧集. □

定理3.2.1 紧算子的象是可分集.

证明 设T是从Banach空间X到Banach空间Y上的紧算子. 则

$$X=\bigcup_{n=1}^{\infty}H_n,$$

其中$H_n=\{x\in X:\|x\|\leqslant n\|$. H_n为有界集就意味着$T(H_n)$是列紧集, 因此可分. 于是T的象

$$\mathrm{R}(T)=T(X)=\bigcup_{n=1}^{\infty}T(H_n)$$

是可分的. □

定理3.2.2 设X和Y是两个Banach空间, 则$\Theta(X,Y)$是$\mathscr{L}(X,Y)$中的闭线性子空间.

证明 由上述性质, $\Theta(X,Y)$是$\mathscr{L}(X,Y)$中的线性子空间. 现证明它的闭性. 即如果存在$\Theta(X,Y)$上的一组元素$\{T_1,T_2,\cdots,T_n,\cdots\}$满足

$$\lim_{n\to\infty}\|T_n-T\|=0$$

这里$T\in\mathscr{L}(X,Y)$. 则必定有$T\in\Theta(X,Y)$.

对于X中任意有界点列$\{x_1,x_2,\cdots,x_n,\cdots\}$, 因为$T_1$是紧算子, 故存在这一点列的子列$\{x_{11},x_{21},\cdots,x_{n1},\cdots\}$使得$\{T_1x_{11},T_1x_{21},\cdots,T_1x_{n1},\cdots\}$收敛. 再由$T_2$的紧性, 同样有$\{x_{11},x_{21},\cdots,x_{n1},\cdots\}$的子列$\{x_{12},x_{22},\cdots,x_{n2},\cdots\}$ 使得$\{T_2x_{12},T_2x_{22},\cdots,T_2x_{n2},\cdots\}$是收敛子列. 重复这一过程, 我们得到一串点列$\{x_{1k},x_{2k},\cdots,x_{nk},\cdots\}$, $k\in\mathbb{N}$满足:

(a) $\{x_{1k},x_{2k},\cdots,x_{nk},\cdots\}\subseteq\{x_{1(k-1)},x_{2(k-1)},\cdots,x_{n(k-1)},\cdots\}$;

(b) 当$1 \leqslant m \leqslant k$时, $\{T_m x_{1k}, T_m x_{2k}, \cdots, T_m x_{nk}, \cdots\}$是收敛子列.

于是可以从中抽取出一组点列$\{x_{11}, x_{22}, \cdots, x_{nn}, \cdots\}$, 显然成立

$$\{x_{11}, x_{22}, \cdots, x_{nn}, \cdots\} \subseteq \{x_1, x_2, \cdots, x_n, \cdots\}.$$

现证明$\{Tx_{11}, Tx_{22}, \cdots, Tx_{nn}, \cdots\}$是收敛列, 根据Banach空间的完备性, 只需证明这一序列是基本列即可. 事实上,

$$\begin{aligned}\|Tx_{nn} - Tx_{mm}\| &\leqslant \|Tx_{nn} - T_k x_{nn}\| + \|T_k x_{nn} - T_k x_{mm}\| + \|T_k x_{mm} - Tx_{mm}\| \\ &\leqslant \|T - T_k\|(\|x_{nn}\| + \|x_{mm}\|) + \|T_k(x_{nn} - x_{mm})\|\end{aligned}$$

由点列$\{x_{11}, x_{22}, \cdots, x_{nn}, \cdots\}$的有界性, 得到上面不等式右边第一项当$k$充分大时可任意小. 然后将$k$固定, 当$m, n$充分大时, 第二项可任意小. 因此序列$\{Tx_{nn}\}_{n=1}^{+\infty}$是基本列. □

例3.2.5 对任意$x = (x_1, x_2, \cdots) \in \ell^p$, $1 < p < +\infty$, 定义线性算子

$$Tx = \left(x_1, \frac{1}{3}x_2, \frac{1}{5}x_3, \cdots, \frac{1}{2n-1}x_n, \cdots\right).$$

证明T是紧算子.

证明 对每个n, 设算子T_n为

$$T_n x = \left(x_1, \frac{1}{3}x_2, \frac{1}{5}x_3, \cdots, \frac{1}{2n-1}x_n, 0, 0, \cdots\right).$$

容易证明, $T_n : \ell^p \to \ell^p$ 是紧算子. 并且

$$\begin{aligned}0 \leqslant \|(T - T_n)\|_{l^p} &= \left(\sum_{k=n+1}^{+\infty} |\frac{1}{2k-1}x_k|^p\right)^{\frac{1}{p}} \\ &= \frac{1}{2n+1}\left(\sum_{k=n+1}^{+\infty} |x_k|^p\right)^{\frac{1}{p}} \\ &\leqslant \frac{1}{2n+1}\|x\|_{l^p} \to 0,\ n \to \infty.\end{aligned}$$

根据定理3.2.2, T是紧算子. □

例3.2.6 在空间ℓ^2中定义算子T:

$$T(x_1, x_2, \cdots, x_i, \cdots) = \left(\sum_{j=1}^{\infty} a_{1j}x_j, \sum_{j=1}^{\infty} a_{2j}x_j, \cdots, \sum_{j=1}^{\infty} a_{ij}x_j, \cdots\right),$$

其中a_{ij}是已知数, 并且$\sum\limits_{i,j=1}^{\infty} |a_{ij}|^2 < +\infty$. 证明$T : \ell^2 \to \ell^2$是紧算子.

证明 显然T是线性的. 由不等式

$$\sum_{i=1}^{\infty}\left|\sum_{j=1}^{\infty}a_{ij}x_j\right|^2 \leqslant \left(\sum_{i,j=1}^{\infty}|a_{ij}|^2\right)\left(\sum_{j=1}^{\infty}|x_j|^2\right) \tag{3.1}$$

得$T:\ \ell^2\to\ell^2$.

现证明T是紧算子. 定义算子T_n:

$$T_n(x_1,x_2,\cdots,x_n,x_{n+1},x_{n+2},\cdots)=\left(\sum_{j=1}^{\infty}a_{1j}x_j,\sum_{j=1}^{\infty}a_{2j}x_j,\cdots,\sum_{j=1}^{\infty}a_{nj}x_j,0,0,\cdots\right).$$

显然T_n是紧算子. 并且由前提条件$\sum\limits_{i,j=1}^{\infty}|a_{ij}|^2<+\infty$和不等式(3.1)得

$$\begin{aligned}\|(T_n-T)(x_1,x_2,\cdots)\|_{\ell^2} &= \sum_{i=n+1}^{\infty}\left|\sum_{j=1}^{\infty}a_{ij}x_j\right|^2\\ &\leqslant \left(\sum_{i=n+1}^{\infty}\sum_{j=1}^{\infty}|a_{ij}|^2\right)\left(\sum_{j=1}^{\infty}|x_j|^2\right),\end{aligned}$$

所以

$$\|T_n-T\|\leqslant\left(\sum_{i=n+1}^{\infty}\sum_{j=1}^{\infty}|a_{ij}|^2\right)\to 0,\ n\to+\infty.$$

根据定理3.2.2, T是紧算子. □

定理3.2.3 设T是从Banach空间X到Banach空间Y上的紧算子, X上的点列$\{x_n\}$弱收敛于x_0. 证明: $\lim\limits_{n\to\infty}\|Tx_n-Tx_0\|=0$.

证明 由于$\{x_n\}$是弱收敛点列, 由一致有界定理知$\{x_n\}$是有界集. T是紧算子则意味着$\{Tx_n\}$有收敛子列. 完成定理的证明只需证明$\{Tx_n\}$的任意收敛子列都收敛于Tx_0即可.

设$\{Tx_{n_k}\}$是$\{Tx_n\}$的一个收敛子列, $\lim\limits_{k\to\infty}Tx_{n_k}=s_0$. 则对任意$f\in Y^*$, 有

$$\lim_{k\to\infty}f(Tx_{n_k})=f(s_0).$$

另一方面, 注意到$T^*f\in X^*$, 利用$\{x_{n_k}\}$的弱收敛性质, 得

$$\lim_{k\to\infty}f(Tx_{n_k})=\lim_{k\to\infty}(T^*f)(x_{n_k})=(T^*f)(x_0)=f(Tx_0),$$

因此$f(Tx_0)=f(s_0)$. 利用Hahn-Banach定理得$Tx_0=s_0$. 结论得证. □

对于Hilbert空间上的紧算子性质, 我们列举出以下一个重要定理.

定理3.2.4 若T是从Hilbert空间X到X上的连续线性算子, 则以下结论等价:

(i) T是紧算子;

(ii) 对任意X上弱收敛于x_0的点列$\{x_n\}$, 则有$\lim\limits_{n\to\infty}\|Tx_n - Tx_0\| = 0$;

(iii) 对任意X上弱收敛于x_0的点列$\{x_n\}$, 以及弱收敛于s_0的点列$\{s_n\}$, 有

$$\lim_{n\to\infty}\langle Tx_n, s_n\rangle = \langle Tx_0, s_0\rangle.$$

证明 我们通过(i)⇒(ii)⇒(iii)⇒(i)循环论证的思路证明本定理. 由定理3.2.3, (i)⇒(ii)是显然的. 另外, 利用弱收敛子列的有界性, 以及下面的不等式

$$\begin{aligned}|\langle Tx_n, s_n\rangle - \langle Tx_0, s_0\rangle| &\leqslant |\langle T(x_n - x_0), s_n\rangle| + |\langle Tx_0, s_n - s_0\rangle| \\ &\leqslant \|T(x_n - x_0)\|\cdot\|s_n\| + |\langle Tx_0, s_n - s_0\rangle|\end{aligned}$$

即可得到(ii)⇒(iii).

现证明(iii)⇒(i). 对任意X上的有界点列$\{x_n\}$, 显然蕴含着数列$\{\langle x_1,\ x_n\rangle\}$是有界的. 因此存在$\{x_n\}$的一组子列$\{x_{n1}\}$ 使得$\{\langle x_1,\ x_{n1}\rangle\}$收敛. 同理, 存在$\{x_{n1}\}$的一组子列$\{x_{n2}\}$使得$\{\langle x_2, x_{n2}\rangle\}$收敛. 依此类推, 我们得到如下一串点列:

$$H_k = \{x_{1k},\ x_{2k},\ x_{3k},\ \cdots\},\ k = 1, 2, \cdots$$

满足$H_{k+1}\subseteq H_k$并且极限$\lim\limits_{n\to\infty}\langle x_k, x_{nk}\rangle$存在有界. 记

$$H = \{x_{11}, x_{22}, x_{33}, \cdots\},$$

首先证明H是弱收敛点列. 事实上, 对于X上的闭线性子空间

$$Y = \overline{\mathrm{span}\,\{x_n,\ n\in\mathbb{N}\}},$$

$H\subseteq Y$. 并且对任意$y\in Y$, 由上述推导知$\lim\limits_{n\to\infty}\langle y, x_{nn}\rangle$存在有限. 根据正交分解定理, $X = Y + Y^{\perp}$. 因此, 对任意$x\in X$,

$$x = x_Y + x_{Y^{\perp}},\ x_Y\in Y,\ x_{Y^{\perp}}\in Y^{\perp}.$$

于是$f(x) = \lim\limits_{n\to\infty}\langle x, x_{nn}\rangle = \lim\limits_{n\to\infty}\langle x_Y,\ x_{nn}\rangle$是存在有限的, 即是$X$上的连续线性泛函. 由Riesz表示定理知, 存在$x_0\in X$使得$f(x) = \langle x, x_0\rangle$. 故对任意$x\in X$, $\lim\limits_{n\to\infty}\langle x, x_{nn} - x_0\rangle = 0$. 这意味着$\{x_{nn}\}$弱收敛于$x_0$. 最后证明$\{Tx_{nn}\}$收敛于$Tx_0$. 因为$T\in\mathscr{L}(X)$, 故对任意$x\in X$,

$$\lim_{n\to\infty}\langle x, Tx_{nn}\rangle = \lim_{n\to\infty}\langle T^*x, x_{nn}\rangle = \langle T^*x, x_0\rangle = \langle x, Tx_0\rangle,$$

所以$\{Tx_{nn}\}$弱收敛于Tx_0. 于是也有

$$\lim_{n\to\infty}\langle Tx_{nn},\ Tx_0\rangle=\langle Tx_0,\ Tx_0\rangle.$$

再利用条件(iii)得

$$\lim_{n\to\infty}\langle Tx_{nn},\ Tx_{nn}\rangle=\langle Tx_0,Tx_0\rangle.$$

因此,

$$\begin{aligned}\lim_{n\to\infty}\|Tx_{nn}-Tx_0\|^2&=\lim_{n\to\infty}\langle Tx_{nn}-Tx_0,Tx_{nn}-Tx_0\rangle\\&=\lim_{n\to\infty}\langle Tx_{nn},Tx_{nn}\rangle+\langle Tx_0,Tx_0\rangle-\\&\quad\lim_{n\to\infty}\langle Tx_0,Tx_{nn}\rangle-\lim_{n\to\infty}\langle Tx_{nn},Tx_0\rangle\\&=0.\end{aligned}$$

即$\lim\limits_{n\to\infty}Tx_{nn}=Tx_0$. 因此$T$是紧算子. (iii)$\Rightarrow$ (i)得证. □

推论3.2.1 X是Hilbert空间, 则$T\in\mathscr{L}(X)$是紧算子当且仅当T^*是紧算子.

证明 由定理3.2.4, T是紧算子$\Leftrightarrow$对任意X上弱收敛于x_0的点列$\{x_n\}$, 以及弱收敛于s_0的点列$\{s_n\}$, 有

$$\lim_{n\to\infty}\langle Tx_n,s_n\rangle=\langle Tx_0,s_0\rangle.$$

于是

$$\begin{aligned}\lim_{n\to\infty}\langle T^*s_n,x_n\rangle&=\lim_{n\to\infty}\langle s_n,Tx_n\rangle\\&=\lim_{n\to\infty}\overline{\langle Tx_n,s_n\rangle}\\&=\overline{\langle Tx_0,s_0\rangle}\\&=\langle s_0,Tx_0\rangle\\&=\langle T^*s_0,x_0\rangle\end{aligned}$$

$\Leftrightarrow T^*$是紧算子. □

事实上, 如果将X换成是Banach空间, 上述结论仍然成立. 即

推论3.2.2 X是Banach空间, 则$T\in\mathscr{L}(X)$是紧算子当且仅当T^*是紧算子.

证明过程较为复杂, 故在此省略. 由例3.2.3已知, 在有穷维Banach空间中的有界线性算子都是紧算子. 但在无穷维的情形中, 紧算子却有着许多独特的性质, 充分的体现在其谱理论当中.

对于非零算子T, 设T的最小模为

$$\zeta(T)=\inf\{\|Tx\|:\ \mathrm{d}(x,N(T))=1\},$$

这里及以后$\mathrm{d}(x,M)$表示x到集合M的距离. 为讨论紧算子的谱性质, 我们首先证明以下引理.

引理3.2.1 非零线性算子$T\in\mathscr{L}(X,Y)$, 其中X,Y为Banach空间, 则值域$R(T)$是闭集的充要条件是$\zeta(T)>0$.

证明 先证明充分性. 设$\zeta(T)>0$, X上的点列$\{x_n\}$ 满足$\lim\limits_{n\to\infty}Tx_n=z_0$, 我们的目的是证明$z_0\in R(T)$. 由$\zeta(T)$的定义, 我们有

$$\zeta(T)\mathrm{d}(x_n-x_m,N(T))\leqslant\|Tx_n-Tx_m\|.$$

因为$\{Tx_n\}$是Y中的Cauchy列, 则存在一组子列$\{Tx_{n_k}\}$使得

$$\|Tx_{n_{k+1}}-Tx_{n_k}\|<\frac{\zeta(T)}{2^k},\ k=1,2,\cdots,$$

所以

$$\mathrm{d}(x_{n_{k+1}}-x_{n_k},\ N(T))<\frac{1}{2^k},\ k=1,2,\cdots.$$

因此存在$\{y_k\}\subset N(T)$, 对于任意$k\in\mathbb{N}$, 满足

$$\|x_{n_{k+1}}-x_{n_k}-y_k\|<\mathrm{d}(x_{n_{k+1}}-x_{n_k},N(T))+\frac{1}{2^k}<\frac{1}{2^{k-1}},$$

这意味着$\eta=\sum\limits_{k=1}^{\infty}(x_{n_{k+1}}-x_{n_k}-y_k)$是收敛的. 由$X$的完备性知$\eta\in X$. 并且由$\eta$的定义, 直接计算得

$$z_0=T\eta+Tx_{n_1}=T(\eta+x_{n_1}),$$

即$z_0\in R(T)$. 充分性得证.

接着证明必要性, 即$R(T)$是闭集, 需要证$\zeta(T)>0$. 因为$R(T)$是Banach空间Y 中的闭集, 故也是Banach空间. 由开映像定理, T是开映像. 即存在$\varepsilon>0$使得$B(\mathbf{0},\varepsilon)\bigcap R(T)\subset TB(\mathbf{0},1)$. 从而对任意$x\in X$, 存在$x_0\in B(\mathbf{0},1)\subset X$ 使得$\frac{\varepsilon}{2}\cdot\frac{Tx}{\|Tx\|}=Tx_0$. 令$x_1=\frac{2\|Tx\|x_0}{\varepsilon}$, 则$Tx=Tx_1$, 因此$x_2=x_1-x\in N(T)$, 所以

$$\|Tx\|\geqslant\frac{\varepsilon}{2}\|x_1\|\geqslant\frac{\varepsilon}{2}\|x+x_2\|\geqslant\frac{\varepsilon}{2}\mathrm{d}(x,N(T)),$$

这意味着$\zeta(T)>0$. 必要性得证. □

定理3.2.5 设T是从无穷维Banach空间X到X上的紧算子, $\lambda \in \mathbb{C}$. 求证:

(i) 若$\lambda = 0$, 则$\lambda \in \sigma(T)$;

(ii) $\lambda \neq 0$时, 值域$R(\lambda I - T)$是闭集;

(iii) $\lambda \neq 0$时, 若$R(\lambda I - T) = X$, 则$\lambda \in \rho(T)$;

(iv) $\lambda \neq 0$时, 若$R(\lambda I - T) \neq X$, 则$\lambda \in \sigma_p(T)$并且$N(\lambda I - T)$是有限维空间.

证明 首先证明结论(i). 如果$\lambda \notin \sigma(T)$, 即$0 \in \rho(T)$, 则$T^{-1} \in \mathscr{L}(X)$. 由紧算子的基本性质, 恒等算子$I = TT^{-1}$是紧算子, 这与例3.2.2中的结论是矛盾的. 因此结论(i)得证.

现在证明结论(ii). 由Riesz引理1.3.2, 等价于证明$\zeta(\lambda I - T) > 0$. 假设$\zeta(\lambda I - T) = 0$, 则存在点列$\{x_n\} \subset X$使得

$$\lim_{n\to\infty} \|(\lambda I - T)x_n\| = 0,\ \mathrm{d}(x_n, N(\lambda I - T)) = 1.$$

这说明存在$N(\lambda I - T)$上的点列$\{y_n\}$满足

$$1 \leqslant \|x_n - y_n\| < 1 + \frac{1}{n},\ n \in \mathbb{N}.$$

设$z_n = x_n - y_n$, 则点列$\{z_n\}$有界, $\lim\limits_{n\to\infty} \|z_n\| = 1$并且$\lim\limits_{n\to\infty} (\lambda I - T)z_n = 0$. 由于$T$是紧算子, 故存在$\{z_n\}$的子列$\{z_{n_k}\}$使得$\{Tz_{n_k}\}$收敛. 令$\lim\limits_{k\to\infty} Tz_{n_k} = z$, 则$\lim\limits_{k\to\infty} z_{n_k} = \lambda^{-1}z$. 因此$\|z\| = \lambda$, $Tz = \lambda z$, 即$\lambda^{-1}z \in N(\lambda I - T)$. 从而

$$\|z_{n_k} - \lambda^{-1}z\| = \|x_{n_k} - y_{n_k} - \lambda^{-1}z\| \geqslant \mathrm{d}(x_{n_k}, N(\lambda I - T)) \geqslant 1.$$

这与$\lim\limits_{k\to\infty} z_{n_k} = \lambda^{-1}z$矛盾, 因此$\zeta(\lambda I - T) > 0$, 即值域$R(\lambda I - T)$是闭集.

接着证明结论(iii). 假设$\lambda \notin \rho(T)$, 则$N(\lambda I - T) \neq \{0\}$. 令$H_n = N((\lambda I - T)^n)$, 容易验证$H_n$是$X$的闭子空间且$H_n \subset H_{n+1}$, $\forall n \in \mathbb{N}$. 取定$x_1 \in H_1$, $x_1 \neq 0$, 由于$R(\lambda I - T) = X$, 故存在X中的点列$\{x_n\}$满足

$$x_n \neq 0,\ (\lambda I - T)x_n = x_{n-1},\ \forall n \in \mathbb{N}, n > 1.$$

即$(\lambda I - T)^{n-1}x_n = x_1$, 因此$x_n \in H_n/H_{n-1}$. 这说明了对任意自然数$n$, H_{n-1}始终是H_n的真子集. 故由Riesz引理1.3.2知, 必存在点列$\{h_n\}$满足

$$h_n \in H_n/H_{n-1},\ \|h_n\| = 1,\ \mathrm{d}(h_n, H_{n-1}) > \frac{1}{3}.$$

因此当$n > m$时,

$$\lambda^{-1}(Th_m - Th_n) + h_n = h_m - \lambda^{-1}(\lambda I - T)h_m + \lambda^{-1}(\lambda I - T)h_n \in H_{n-1},$$

故

$$\begin{aligned}\|\lambda^{-1}(Th_m - Th_n)\| &= \|h_n - (\lambda^{-1}(Th_m - Th_n) + h_n)\| \\ &\geqslant \mathrm{d}(h_n, H_{n-1}) > \frac{1}{3}.\end{aligned}$$

这与T为紧算子是矛盾的, 因此$\lambda \in \rho(T)$.

最后证明结论(iv). 当$R(\lambda I - T) \neq X$时, 由结论(iii)得$\lambda \in \sigma(T)$. 假设$\lambda \notin \sigma_p(T)$, 利用结论(ii),

$$\overline{R(\lambda I - T)} = R(\lambda I - T) \neq X,$$

因此$\lambda \in \sigma_r(T)$. 即$N(\lambda I - T) = \{0\}$. 另一方面, 根据定理3.1.6, $\lambda \in \sigma_p(T^*)$, 即$N((\lambda I - T)^*) = \{0\}$. 再利用定理3.1.7,

$$X^* = \overline{R((\lambda I - T)^*)} =^{\perp} N((\lambda I - T)),$$

$$X = N((\lambda I - T)^*)^{\perp} = \overline{R(\lambda I - T)}.$$

矛盾. 因此$\lambda \in \sigma_p(T)$. 欲证$N(\lambda I - T)$是有限维空间, 只需证$N(\lambda I - T)$中的单位闭球是列紧集即可. 设$\{x_n\}$是$N(\lambda I - T)$上单位闭球的一组点列, 则

$$\|x_n\| \leqslant 1,\ (\lambda I - T)x_n = 0,\ x_n \in X.$$

T为紧算子, 则可取$\{x_{n_k}\} \subseteq \{x_n\}$满足$\{Tx_{n_k}\}$是收敛列. 从而$\{x_{n_k}\}$也是收敛列. 这意味着$N(\lambda I - T)$中的单位闭球是列紧集. 因此$N(\lambda I - T)$是有限维空间. □

定理3.2.6 *T是从无穷维Banach空间X到X上的紧算子, $\{\lambda_n\}$是$\sigma_p(T)$的子集并且其元素各不相同, 则$\limsup\limits_{n\to\infty} \lambda_n = 0$.*

证明 对于每一个n, 任取一个T的相对于特征值λ_n的特征向量, 即空间$N(\lambda_n I - T)$的一个非零元素x_n. 不难验证$x_1, x_2, \cdots, x_n$线性无关. 事实上, 如果数$a_1, \cdots, a_n$满足$\sum\limits_{k=1}^{n} a_k x_k = 0$, 用算子$(\lambda_2 I - T)(\lambda_3 I - T)\cdots(\lambda_n I - T)$作用于等式两边得

$$a_1(\lambda_2 - \lambda_1)(\lambda_3 - \lambda_1)\cdots(\lambda_n - \lambda_1)x_1 = 0,$$

因此$a_1 = 0$. 同理可证, $a_2 = a_3 = \cdots = a_n = 0$.

设$H_n = \operatorname{span}\{x_k\}_1^n$, 则$H_n$是$H_{n+1}$的$n$维闭线性真子空间. 由Riesz引理, 存在$s_n \in H_n$使得$\|s_n\| = 1,\ \mathrm{d}(s_n,\ H_{n-1}) > 1/3$. 直接验证得

$$s_n - T(\lambda_n^{-1} s_n) = \lambda_n^{-1}(\lambda_n I - T)s_n \in H_{n-1}.$$

因此对于$n > m$,

$$[\lambda_m^{-1}(\lambda_m I - T)s_m - \lambda_n^{-1}(\lambda_n I - T)s_n - s_m] \in H_{n-1},$$

这意味着

$$\|T(\lambda_n^{-1}s_n) - T(\lambda_m^{-1}s_m)\| \geqslant \mathrm{d}(s_n, H_{n-1}) > \frac{1}{3}.$$

于是$\{T(\lambda_n^{-1}s_n)\}$不收敛, T是紧算子就意味着序列$\{\lambda_n^{-1}s_n\}$无界. 因此结论成立. □

推论3.2.3 *设T是从无穷维Banach空间X到X上的紧算子, $\lambda \in \mathbb{C}$满足$\lambda \neq 0$且$R(\lambda I - T) \neq X$, 则λ是$\sigma(T)$中的孤立点.*

证明 假设结论不成立, 则存在$\sigma(T)$中的收敛于λ的序列$\{\lambda_n\}$. 由定理3.2.5, λ以及$\lambda_n, n \in \mathbb{N}$都属于$\sigma_p(T)$. 再根据定理3.2.6, $\limsup\limits_{n\to\infty} \lambda_n = 0$. 于是得到$\lambda = 0$. 这与$\lambda \neq 0$矛盾. 因此$\lambda$是$\sigma(T)$中的孤立点. □

综合上述结论, 我们得出

定理3.2.7 (Fredholm定理) *设T是从无穷维Banach空间X到X上的紧算子, $\lambda \in \mathbb{C}$且$\lambda \neq 0$, 则:*

(i) *对于任意$y \in X$, 方程$(\lambda I - T)x = y$有唯一解当且仅当$(\lambda I - T)x = 0$仅有零解;*

(ii) *对于任意$y \in X^*$, 方程$(\lambda I - T)^*x = y$有唯一解当且仅当$(\lambda I - T)^*x = 0$仅有零解.*

练习3.2

1. 设X, Y, Z为Banach空间, $S \in \mathscr{L}(X, Y)$, $T \in \mathscr{L}(Y, Z)$, 若S, T有一个为紧算子, 证明: ST和TS都是紧算子. 反之不真, 举例T^2 为紧算子, 但是T不是紧算子.

2. 设一个紧算子具有无穷秩, 证明它不可能下有界.

3. 设U是从Banach空间X到Banach空间Y上的紧算子, $T: X \to Y$是有界线性算子并且对任意$x \in X$, $\|Tx\| \leqslant \|Ux\|$, 证明T也是紧算子.

4. 对于任意$(s_1, s_2, \cdots, s_n, \cdots) \in l^2$, 定义算子$T$满足

$$T(s_1, s_2, \cdots, x_n, \cdots) = (a_1 s_1, a_2 s_2, \cdots, a_n s_n, \cdots)$$

其中, $\{a_1, a_2, \cdots,\}$为一组有界复数列. 证明T是紧算子当且仅当$\lim\limits_{n\to\infty} a_n = 0$.

5. 称T是从Banach空间X到X上的紧算子. 设α, β分别为T和T^*的特征值. g, f分别为T和T^*关于α, β的特征向量. 求证当$\alpha \neq \beta$时, $f(g) = 0$.

6. 设X是自反的Banach空间, Y是非零的赋范空间, T从X到Y内的紧算子, 则T的范数在闭单位球上能取到. (提示: 利用定理2.5.2) (反之也成立, 即若对任意从X到非零的赋范空间Y的紧算子在闭单位球上能取到, 则X必是自反的, 此时需要James定理: Banach空间X为自反的当且仅当其上的任意连续线性泛函在闭单位球上取到最大值, 见参考文献[20])

7. 设A为X上的紧算子. 设$|\lambda| > r(A)$, 证明$R(\lambda, A)$是紧算子.

8. 设$(H, \langle\cdot,\cdot\rangle)$为Hilbert空间, $(e_n)_{n\in\mathbb{N}}$为H的一个正交规范集, $(\lambda_n)_{n\in\mathbb{N}}$为一列有界复数. 对任意$x \in H$, 定义

$$Tx := \sum_{n=1}^{\infty} \lambda_n \langle x, e_n\rangle e_n.$$

   (i) 证明T为有界算子;

   (ii) 证明T为紧算子当且仅当$\lim\limits_{n\to\infty} \lambda_n = 0$;

   (iii) 计算T的特征值和特征空间.

9. 设$h : \mathbb{R} \to \mathbb{C}$为周期$2\pi$的函数且$h|_{[0,2\pi]} \in L^2[0, 2\pi]$. 定义算子

$$T_h f(t) = \frac{1}{2\pi}\int_0^{2\pi} f(s)h(t-s)\mathrm{d}s,\ \forall f \in L^2[0, 2\pi].$$

   (i) 证明T_h是定义好的且为紧算子;

   (ii) 利用h的Fourier级数计算T_h的特征值和特征空间.

   (提示: 利用前题的结论)

3.3 投影算子、自伴算子、正常算子和酉算子

本节要介绍Hilbert空间上的投影算子、自伴算子、正常算子和酉算子. 投影算子在第1章就出现过, 而自伴算子是在第2章出现的.

定理3.3.1 设$P \in \mathscr{L}(H)$, 则下述命题等价:

(i) P是一个投影算子;

(ii) $I - P$是一个投影算子;

(iii) P是幂等的且$R(P) = N(I - P)$;

(iv) P是幂等且自伴的, 即对任意$f_1, f_2 \in H$, $\langle Pf_1, f_2\rangle = \langle f_1, Pf_2\rangle$.

证明 (i)$\Leftrightarrow$(ii) 由投影算子的定义知P是投影算子等价于$I - P$是到$M^{\perp}$上的投影算子. 由此得$R(P) = M = M^{\perp\perp} = N(I - P)$, $N(P) = M^{\perp} = R(I - P)$.

(iii)$\Rightarrow$(i) 由于$R(P) = N(P)^{\perp}$, 即$R(P)$是闭子空间. 又由幂等性, 对任意$g \in R(P)$, $Pg = g$. 对任意$f \in H$, $f = g + h$, $g \in R(P)$, $h \in R(P)^{\perp} = N(P)$. 则$Pf = Pg + Ph = g$. 所以$P$是到$R(P)$上的投影算子.

(i)⇒(iv) 由投影算子的定义知P是幂等的. 若$f_j = g_j + h_j$, $g_j \in R(P)$, $h_j \in R(P)^{\perp}$, $j=1,2$. 则有

$$\langle Pf_1, f_2\rangle = \langle g_1, g_2+h_2\rangle = \langle g_1, g_2\rangle = \langle g_1+h_1, g_2\rangle = \langle f_1, Pf_2\rangle.$$

所以P是自伴的.

(iv)⇒(iii) 只需证$R(P) = N(P)^{\perp}$. 若$f \in R(P)$, $f = Pg$, 则$(I-P)f = Pg - P^2g = Pg - Pg = 0$, 故$f \in N(I-P)$. 若$f \in N(I-P)$, 即$f - Pf = 0$, 故$f \in R(P)$. 综合得$R(P) = N(I-P)$, 故$R(P)$是闭的. 由此得$R(P) = R(P)^{\perp\perp} = N(P^*)^{\perp} = N(P)^{\perp}$. □

设两个自伴算子$A, B \in \mathscr{L}(H)$, 若$\langle Af, f\rangle \leqslant \langle Bf, f\rangle$对所有$f \in H$都成立, 则称$A \leqslant B(B \geqslant A)$. 若$A \geqslant 0$, 则$A$称为非负的.

定理3.3.2 设M, N是H上的闭子空间, P_M, P_N分别是M, N上的投影算子.

(a) $P = P_MP_N$是投影算子的充分必要条件是$P_MP_N = P_NP_M$. 此时$P = P_{M\cap N}$. $M \perp N$等价于$P_MP_N = 0$;

(b) $Q = P_M + P_N$是投影算子的充分必要条件是$M \perp N$, 此时$Q = P_{M\oplus N}$;

(c) $T = P_M - P_N$是投影算子的充分必要条件是$M \supset N$, 此时$T = P_{M\ominus N}$;

(d) $0 \leqslant P_M \leqslant I$;

(e) 下述命题等价:

(i) $P_M \leqslant P_N$; (ii) $M \subset N$; (iii) $P_NP_M = P_M$; (iv) $P_MP_N = P_M$.

证明 (a) 若$P = P_MP_N$是投影算子, 则P是自伴的, 因此$P_MP_N = P = P^* = (P_MP_N)^* = P_N^*P_M^* = P_NP_M$. 反之, 若$P_MP_N = P_NP_M$. 则有$P^2 = P$, 且$P^* = P$. 由定理3.3.1知$P$是投影算子.

由于$P = P_MP_N = P_NP_M$, 则$R(P) \subset R(P_M) \cap R(P_N) = M \cap N$. 反之, 若$f \in M \cap N$, 则$Pf = P_MP_Nf = P_Mf = f$, 即$M \cap N \subset R(P)$, 综合得$M \cap N = R(P)$. 而$P_MP_N = 0$ 等价于对任意$g \in R(P_N) = N$, $g \in R(P_M)^{\perp} = M^{\perp}$. 因此得$M \perp N$等价于$P_MP_N = 0$.

(b) 若$Q = P_M + P_N$是投影算子, 则$\|f\|^2 \geqslant \|Qf\|^2 = \langle Qf, f\rangle = \langle P_M, f\rangle + \langle P_N, f\rangle = \|P_M\|^2 + \|P_N\|^2$. 若$f = P_Mg$, 则$\|P_Mg\|^2 \geqslant \|P_Mg\|^2 + \|P_NP_M\|^2$. 因此$P_NP_Mg = 0$对所有$g \in H$成立. 即$P_NP_M = 0$. 同理$P_MP_N = 0$. 因此由结论(a)得$M \perp N$. 显然$R(Q) \subset R(P_M) + R(P_N) = M \oplus N$. 反之, 若$f = g + h \in M \oplus N$, $g \in M, h \in N$. 则$Qf = Qg + Qh = P_Mg + P_Nh = g + h = f$. 因此$R(Q) = M \oplus N$.

若$M \perp N$, 则由结论(a)知$P_MP_N = P_NP_M = 0$. 因此$Q^2 = (P_M + P_N)^2 = P_M^2 + P_N^2 = P_M + P_N = Q$. 又由于$P_M, P_N$是自伴的, 则$Q$也是自伴的. 因此$Q$ 是投影算子.

(c) 若$T = P_M - P_N$是L上的投影算子, 则$P_M = P_L + P_N$. 由结论(b), $L \perp N$, 且$M = L \oplus N \supset N$. 即$L = M \ominus N$. 即T是$M \ominus N$上的投影算子. 反之, 若$N \subset M$, $L = M \ominus N$, 则由结论(b), $P_M = P_L + P_N$. 因此$T = P_M - P_N = P_L$是投影算子.

(d) 显然成立.

(e) (i)⇒(ii) 若$P_M \leqslant P_N$, 则$\|P_M f\|^2 = \langle P_M f, f\rangle \leqslant \langle P_N f, f\rangle = \|P_N\|^2$对所有$f \in H$都成立. 因此$N(P_N) \subset N(P_M)$. 由此得$M = R(P_M) = N(P_M)^\perp \subset N(P_N)^\perp = R(P_N) = N$.

(ii)⇒(iii) 记$L = N \ominus M$. 由本定理(a)和(b), 则$P_N P_M = (P_M + P_L)P_M = P_M^2 = P_M$.

(iii) ⇒(iv) 因为$P_N P_M$是投影算子, 由本定理(a), 则$P_M P_N = P_N P_M = P_M$.

(iv)⇒(i) 由等式$P_M P_N = P_M$, 则对所有$f \in H$,

$$\langle P_M f, f\rangle = \|P_M f\|^2 = \|P_M P_N f\|^2 \leqslant \|P_N f\|^2 = \langle P_N f, f\rangle. \qquad \square$$

设$\{T_n\}$是$\mathscr{L}(H)$中的一列自伴算子, 若$\forall f \in H$, $\{\langle T_n f, f\rangle\}$是单调的(非降或非增), 则称$\{T_n\}$为单调的(非降或非增).

定理3.3.3 (a) 设$\{T_n\}$是$\mathscr{L}(H)$中的一列自伴算子. 若$T_n \xrightarrow{w} T \in \mathscr{L}(H)$, 则$T$也是自伴的. (b) 设$\{T_n\}$是$\mathscr{L}(H)$中的一列自伴单调的有界算子列, 则存在$T \in \mathscr{L}(H)$使得$T_n \xrightarrow{s} T$.

证明 (a) $\forall x, y \in H$, $\langle Tx, y\rangle = \lim\limits_{n\to\infty}\langle T_n x, y\rangle = \lim\limits_{n\to\infty}\langle x, T_n y\rangle = \langle x, Ty\rangle$, 故$T$也是对称的.

(b) 因为对任意$f \in H$, $\{\langle T_n f, f\rangle\}$是单调有界的, 因此必收敛. 记$C = 2\sup\{\|T_n\| : n \in \mathbb{N}\}$. 则$\|T_n - T_m\| \leqslant C$, $n, m \in \mathbb{N}$. 不妨设$\{T_n\}$单调非降, 又取$n > m$, 则由非负的共轭二次型$s(g, f) = \langle g, (T_n - T_m)f\rangle$的Cauchy-Schwarz不等式得$\forall f \in H$,

$$\begin{aligned}
\|(T_n - T_m)f\| &= \langle (T_n - T_m)f, (T_n - T_m)f\rangle^{1/2} \\
&= s((T_n - T_m)f, f)^{1/2} \\
&\leqslant s((T_n - T_m)f, (T_n - T_m)f)^{1/4} s(f, f)^{1/4} \\
&= \langle (T_n - T_m)f, (T_n - T_m)^2 f\rangle\rangle^{1/4}\langle f, (T_n - T_m)f\rangle^{1/4} \\
&\leqslant \|(T_n - T_m)f\|^{1/4}\|(T_n - T_m)^2 f\|^{1/4}\langle f, (T_n - T_m)f\rangle^{1/4} \\
&\leqslant C^{3/4}\|f\|^{1/2}\langle f, (T_n - T_m)f\rangle^{1/4} \\
&\to 0, \ n, m \to \infty.
\end{aligned}$$

即$\{T_n f\}$是H中的Cauchy列. 记$Tf = \lim\limits_{n\to\infty} T_n f$, 对任意$f \in H$. T是H上的有界算子且T_n强收敛到T. $\square$

定理3.3.4 (a) 设$\{P_n\}$是$\mathscr{L}(H)$中的单调投影算子列，则存在H上的投影算子P使得$P_n \xrightarrow{s} P$. (b) 若$\{P_n\}$是$\mathscr{L}(H)$中的非减的投影算子列，则(a)中的P是$\overline{\bigcup\limits_{n\in\mathbb{N}} R(P_n)}$上的投影算子. (c) 若$\{P_n\}$是$\mathscr{L}(H)$中的非增的投影算子列，则(a)中的$P$是$\bigcap\limits_{n\in\mathbb{N}} R(P_n)$上的投影算子.

证明 (a) 由定理3.3.3知存在自伴算子$P\in\mathscr{L}(H)$使得$P_n \xrightarrow{s} P$. 又由于

$$\langle P^2 f, g\rangle = \langle Pf, Pg\rangle = \lim_{n\to\infty}\langle P_n f, P_n g\rangle = \langle P_n^2 f, g\rangle = \langle Pf, g\rangle$$

对所有的$f,g\in H$都成立. 即P是幂等的. 因此P是投影算子.

(b) 若$f \perp \overline{\bigcup\limits_{n\in\mathbb{N}} R(P_n)}$，则$P_n f = 0$, $n\in\mathbb{N}$, 因此$Pf = \lim\limits_{n\to\infty} P_n f = 0$. 即得$\overline{\bigcup\limits_{n\in\mathbb{N}} R(P_n)}^{\perp} \subset N(P)$. 因此

$$\overline{\bigcup_{n\in\mathbb{N}} R(P_n)} = \left[\overline{\bigcup_{n\in\mathbb{N}} R(P_n)}^{\perp}\right]^{\perp} \supset N(P)^{\perp} = R(P).$$

若$f\in \bigcup\limits_{n\in\mathbb{N}} R(P_n)$，即存在$n_0\in\mathbb{N}$使得$f\in R(P_{n_0})$. 由于$R(P_n)\supset R(P_{n_0})$, $n\geqslant n_0$, 得$P_n f = P_{n_0} f$, $n\in\mathbb{N}$, 因此$Pf = f$. 即$\bigcup\limits_{n\in\mathbb{N}} R(P_n)\subset R(P)$. 由于$R(P)$是闭的，所以$\overline{\bigcup\limits_{n\in\mathbb{N}} R(P_n)} \subset R(P)$. 综合得$\overline{\bigcup\limits_{n\in\mathbb{N}} R(P_n)} = R(P)$.

(c) 序列$Q_n = I - P_n$是非减的，由(b), $Q = \lim\limits_{n\to\infty} Q_n$是$\overline{\bigcup\limits_{n\in\mathbb{N}} R(Q_n)} = \overline{\bigcup\limits_{n\in\mathbb{N}} N(P_n)}$上的投影算子. 因此$P = I - Q$是$\overline{\bigcup\limits_{n\in\mathbb{N}} N(P_n)}^{\perp} = \bigcap\limits_{n\in\mathbb{N}} N(P_n)^{\perp} = \bigcap\limits_{n\in\mathbb{N}} R(P_n)$上的投影算子. □

设T是复Hilbert空间H上的有界算子，记T的数值半径$w(T) := \sup\limits_{\|x\|=1} |\langle Tx, x\rangle|$. 对于自伴算子有如下的基本结论.

定理3.3.5 设A是H上的自伴算子，则下列结论成立.

(i) A是H上的自伴算子等价于对任意$x\in H$, $\langle Ax, x\rangle\in\mathbb{R}$;

(ii) 若A是自伴算子，则$\sigma(A)\subset\mathbb{R}$且$\|(\lambda I - A)^{-1}\|\leqslant 1/|\mathrm{Im}\lambda|$, $\lambda\in\mathbb{C}, \mathrm{Im}\lambda\neq 0$;

(iii) 设A是H上的自伴算子，若H_1是H的闭子空间，则$A|_{H_1}$也是H_1上的自伴算子;

(iv) 若A是自伴算子，$\lambda_1\neq\lambda_2\in\sigma_p(A)$, 则$N(\lambda_1 - A)\perp N(\lambda_2 - A)$;

(v) 若A是自伴算子，则$w(A) = \|A\|$;

(vi) 若A是自伴算子，记$M = \sup\limits_{\|x\|=1}\langle Ax, x\rangle$, $m = \inf\limits_{\|x\|=1}\langle Ax, x\rangle$, 则$\sigma(A)\subset[m, M]$, 且$m, M\in\sigma(A)$.

证明 (i) 若A是自伴的, 对任意$x \in H$, 有$\langle Ax, x\rangle = \langle x, Ax\rangle = \overline{\langle Ax, x\rangle}$, 因此$\langle Ax, x\rangle$为实数. 反之, 对任意$x \in H$, $\langle Ax, x\rangle \in \mathbb{R}$. 由于对任意$x, y \in H$, 有

$$\begin{aligned}\langle Ax, y\rangle = \frac{1}{4}\{&\langle A(x+y), x+y\rangle - \langle A(x-y), x-y\rangle + \\ &\mathrm{i}[\langle A(x+\mathrm{i}y), x+\mathrm{i}y\rangle - \langle A(x-\mathrm{i}y), x-\mathrm{i}y\rangle]\}.\end{aligned}$$

所以

$$\begin{aligned}\langle Ax, y\rangle &= \frac{1}{4}\{\langle A(x+y), x+y\rangle - \langle A(x-y), x-y\rangle + \\ &\quad \mathrm{i}[\langle A(\mathrm{i}x+y), \mathrm{i}x+y\rangle - \langle A(y-\mathrm{i}x), y-\mathrm{i}x\rangle]\} \\ &= \frac{1}{4}\{\langle A(x+y), x+y\rangle - \langle A(x-y), x-y\rangle - \\ &\quad \mathrm{i}[\langle A(x+\mathrm{i}y), x+\mathrm{i}y\rangle - \langle A(x-\mathrm{i}y), x-\mathrm{i}y\rangle]\} \\ &= \overline{\langle Ax, y\rangle} = \langle y, Ax\rangle.\end{aligned}$$

即A是自伴的.

(ii) 设$\lambda = \mu + \mathrm{i}\nu$, $\nu \neq 0$, $\mu, \nu \in \mathbb{R}$. 根据对称性对任意$x \in H$得

$$\|(\lambda I - A)x\|^2 = \|(\mu I - A)x\|^2 + |\nu|^2\|x\|^2 \geqslant |\nu|^2\|x\|^2.$$

还有$R(\lambda I - A) = H$, 因为$R(\lambda I - A)^{\perp} = N(\bar{\lambda} I - A^*) = N(\bar{\lambda} I - A)$, 由上式知$N(\bar{\lambda} I - A) = 0$. 所以当$\mathrm{Im}\lambda \neq 0$时,有$\|(\lambda I - A)^{-1}\| \leqslant 1/|\mathrm{Im}\lambda|$.

(iii) 是显然的.

(iv) 若$\lambda_1 \neq \lambda_2 \in \sigma_p(A)$, 任取$x_1 \in N(\lambda_1 - A)$, $x_2 \in N(\lambda_2 - A)$, 则有

$$\lambda_1\langle x_1, x_2\rangle = \langle Ax_1, x_2\rangle = \langle x_1, Ax_2\rangle = \lambda_2\langle x_1, x_2\rangle,$$

得$\langle x_1, x_2\rangle = 0$.

(v) 显然有$w(T) \leqslant \|A\|$. 下证反向的不等式. 根据结论(i)中的说明对任意$x, y \in H$且$\|x\| = \|y\| = 1$, 有

$$\mathrm{Re}\langle Ax, y\rangle = \frac{1}{4}[\langle A(x+y), x+y\rangle - \langle A(x-y), x-y\rangle] \leqslant \frac{w(A)}{4}[\|x+y\|^2 + \|x-y\|^2] \leqslant w(A).$$

令$\alpha \in \mathbb{C}$使得$|\alpha| = 1$且$|\langle Ax, y\rangle| = \alpha\langle Ax, y\rangle$, 则有

$$|\langle Ax, y\rangle| = \alpha\langle Ax, y\rangle = \langle A\alpha x, y\rangle = \mathrm{Re}\langle A\alpha x, y\rangle \leqslant w(A).$$

因此$\|A\| \leqslant w(A)$.

(vi) 由结论(ii)知, 只需考虑$\lambda \in \mathbb{R}$. 若$\lambda \in \mathbb{R}$, 但$\lambda \notin [m, M]$, 则对任意$x \in H$, $\|x\| = 1$, 有

$$\langle \lambda x - Ax, \lambda x - Ax \rangle = (\lambda - \langle Ax, x \rangle)^2 + \|Ax\|^2 - \langle Ax, x \rangle^2 \geqslant d,$$

这里$d = \min\{(\lambda - m)^2, (\lambda - M)^2\} > 0$. 因此得对任意$x \in H$, 有

$$\langle \lambda x - Ax, \lambda x - Ax \rangle \geqslant d\|x\|^2.$$

这说明$\lambda - A$是单射. 由此还可以证明$R(\lambda - A)$是闭集. 更有$R(\lambda - A) = H$, 因为, 若$R(\lambda - A) \neq H$, 存在$w \in H, \|w\| = 1$, 且$w \in R(\lambda - A)^{\perp}$, 即对任意$x \in H$, $\langle \lambda x - Ax, w \rangle = 0$; 令$x = w$, 则有$\lambda = \langle Aw, w \rangle$, 即得$\lambda \in [m, M]$, 而这与假设矛盾. 因此, 由逆有界算子存在定理得$\lambda \in \rho(A)$, 即得$\sigma(A) \subset [m, M]$.

下面证明$m, M \in \sigma(A)$. 由结论(v)知, 只需考虑$\|A\| = M$, 其他的情形可以通过考虑$A + cI$ 或$-A + cI$, 其中c是实数. 因此存在点列$x_n \in H, \|x_n\| = 1, n \in \mathbb{N}$, 使得$\langle Ax_n, x_n \rangle \to M$, 因此得

$$\langle Mx_n - Ax_n, Mx_n - Ax_n \rangle = M^2 + \|Ax_n\|^2 - 2M\langle Ax_n, x_n \rangle \leqslant 2M^2 - 2M\langle Ax_n, x_n \rangle \to 0.$$

即$\|Mx_n - Ax_n\| \to 0$, 这就是说$M - A$不可能存在有界的逆算子. 即$M \in \sigma(A)$. □

定义3.3.1 设算子U是从Hilbert空间H_1到H_2内的, 若$D(U) = H_1$, 且$\|Uf\| = \|f\|, \forall f \in H_1$, 称$U$为等距算子. 若$U$是等距的且$R(U) = H_2$, 则称$U$是等距同构的. 此时称$U$为一个酉算子. 若$D(U) = H_1$且存在$H_1$的闭子空间$M$使得$\|Uf\| = \|f\|, \forall f \in M$, $Uf = 0$, $f \in M^{\perp}$, 称U为部分等距. 此时有$R(U) = U(M)$, 且$R(U)$是闭的. 闭子空间M和$R(U)$分别称为U的初始域和最终域.

定理3.3.6 设H_1, H_2是Hilbert空间, U是从H_1到H_2内的算子且$D(U) = H_1$.

(a) 下面的陈述等价.

(i) U是拥有初始域M和最终域N的部分等距算子;

(ii) $R(U) = N$, 且$\langle Uf, Ug \rangle = \langle P_M f, g \rangle$, $\forall f, g \in H_1$;

(iii) $U^*U = P_M$ 且$UU^* = P_N$;

(iv) U^*是拥有初始域N和最终域M的部分等距算子.

(b) 下面的陈述等价.

(i) U是酉算子;

(ii) $R(U) = H_2$, 且$\langle Uf, Ug \rangle = \langle P_M f, g \rangle$, $\forall f, g \in H_1$;

(iii) $U^*U = I_{H_1}$ 且$UU^* = I_{H_2}$, 即$U^* = U^{-1}$;

(iv) U^*是酉算子.

证明 (a) (i)与(ii)的等价是由于$\forall f \in H_1$, $\|Uf\| = \|P_M f\|$. 因此由极化等式可得它们等价.

(i) $\Rightarrow$(iv) 由于$N(U^*) = R(U)^\perp = N^\perp$, 且由(i)推出(ii), 则$\|U^*Uf\| = \|P_M f\| = \|Uf\|$对所有$f \in H_1$成立. 即$\|U^*h\| = \|h\|$, $\forall h \in R(U) = N$. 因此U^*是拥有初始域N的部分等距算子. 若交换U和U^*, 则U^*的最终域等于$U^{**} = U$的初始域, 所以U^*的初始域为M.

(iv) $\Rightarrow$(i) 同(i) $\Rightarrow$(iv)的推理.

(i) $\Rightarrow$(iii) 由(i)可得(ii), 因此$U^*U = P_M$. 又由(i)可得(iv), 所以$UU^* = P_N$.

(iii) $\Rightarrow$(ii) 因为$R(U) \subset R(UU^*) = R(P_N) = N$, 又因为$\|U^*f\|^2 = \langle U^*Uf, f\rangle = \|P_N f\|^2$. 因此$N(U^*) = N^\perp$. $R(U) \subset N(U^*)^\perp = N$. 综合得$R(U) = N$. 更有对任意$f, g \in H_1$, $\langle Uf, Ug\rangle = \langle U^*Uf, g\rangle = \langle P_M f, g\rangle$.

(b)是(a)的特例. □

定义3.3.2 设$T \in \mathscr{L}(H)$, 若$TT' = T'T$, 则称T为正常算子.

正常算子有如下的等价描述.

定理3.3.7 若$T \in \mathscr{L}(H)$, 则T是正常的等价于$\|Tx\| = \|T'x\|$, $\forall x \in H$.

证明 若T是正常的, 则对任意$x \in H$,

$$\|Tx\|^2 = \langle Tx, Tx\rangle = \langle T'Tx, x\rangle = \langle TT'x, x\rangle = \langle T'x, T'x\rangle = \|T'x\|^2.$$

反之, 若$\|Tx\| = \|T'x\|$, $\forall x \in H$, 则

$$\|Tx\|^2 = \langle T'Tx, x\rangle = \|T'x\|^2 = \langle TT'x, x\rangle,$$

即$\langle (TT' - TT')x, x\rangle = 0$. 由下面的引理可得$TT' = T'T$. □

引理3.3.1 若$T \in \mathscr{L}(H)$且对任意$x \in H$, $\langle Tx, x\rangle = 0$, 则$T = 0$.

证明 对任意$x, y \in H$, 则有

$$0 = \langle T(x+y), x+y\rangle = \langle Tx, x\rangle + \langle Ty, y\rangle + \langle Tx, y\rangle + \langle Ty, x\rangle = \langle Tx, y\rangle + \langle Ty, x\rangle,$$

用$\mathrm{i}y$替换y得$-\mathrm{i}\langle Tx, y\rangle + \mathrm{i}\langle Ty, x\rangle = 0$. 得$\langle Tx, y\rangle - \langle Ty, x\rangle = 0$. 综合得$\langle Tx, y\rangle = 0$. 所以$T = 0$. □

定理3.3.8 若$T \in \mathscr{L}(H)$是正常的, 则谱半径$r(T) = \|T\|$.

证明 因为T是有界算子, 故$T^{**}=T$, 所以$T'T$是自伴算子. 由定理2.6.3(v)知, $\|T'T\|=\|T\|^2$.

特别地, 对自伴算子T, 有$\|T^2\|=\|T\|^2$, 由归纳法得$\|T^{2^n}\|=\|T\|^{2^n}$, $n\in\mathbb{N}$. 设T是正常的, 由于$r(T)\leqslant\|T\|$总成立, 又由于$r(T)=r(T')$和TT'是自伴的, 因此有

$$\begin{aligned}r(T)^2=r(T')r(T)&=\lim_{n\to\infty}\{\|(T')^{2^n}\|\|T^{2^n}\|\}^{1/2^n}\\&\geqslant\lim_{n\to\infty}\|(T^{2^n}T')^{2^n}\|^{1/2^n}=\lim_{n\to\infty}\|(TT')^{2^n}\|^{1/2^n}=\|TT'\|=\|T\|^2.\end{aligned}$$

故$r(T)\geqslant\|T\|$. 综合, 定理得证. □

练习3.3

1. 设T是Hilbert空间H上的有界算子, 证明如下命题等价.

   (i) T是等距的;

   (ii) 对任意$x,y\in H$, $\langle Tx,Ty\rangle=\langle x,y\rangle$;

   (iii) $T'T=I$.

2. 设T是复Hilbert空间H上的有界算子, 记T的数值半径$w(T):=\sup\limits_{\|x\|=1}|\langle Tx,x\rangle|$. 证明: (i) $\|T\|\leqslant 2w(T)$; (ii) $w(T^2)\leqslant w(T)^2$; (iii) 若T是正常算子, 则$\|T\|=w(T)$.

3. 证明等距算子的伴随算子是到上的部分等距算子.

4. 设T是Hilbert空间H上的有界算子, 证明: (i) $N(T')=R(T)^{\perp}$; (ii) $R(T')^{\perp}=N(T)^{\perp}$; (iii) $N(T')^{\perp}=\overline{R(T)}$.

5. 设T是Hilbert空间H上的有界算子, 证明$N(T)=N(T')$.

6. 设T是Hilbert空间H上的有界算子, 证明T^{-1}是H上的有界算子当且仅当T是下有界的且$N(T')=\{0\}$.

7. 设T是Hilbert空间H上的正常的有界算子, 证明T^{-1}是H上的有界算子当且仅当T是下有界的.

8. 设T是Hilbert空间H上的正常的有界算子, 若x与y是T的对应不同特征值的特征向量, 证明它们正交.

9. 设T是Hilbert空间H上的正常的有界算子, 证明: (i) $N(T)$是T'的不变子空间; (ii) $N(T)^{\perp}$是T的不变子空间; (iii) $N(T)=N(T^2)$; (iv) $N(T)=N(T^k)$.

10. (i) 给出$\ell^2\to\ell^2$的一个等距但非满射的算子;

    (ii) 给出$\ell^2\to\ell^2$的一个部分等距但非单射的算子;

    (iii) 给出$\ell^2\to\ell^2$的一个部分等距既非满射又非单射的算子.

11. 设T是Hilbert空间H上的有界自伴算子, $\alpha\in\mathbb{C}$且$\mathrm{Im}\alpha\neq 0$. 证明算子$U=(\bar{\alpha}I+T)(\alpha I+T)^{-1}$为酉算子.

12. 设T是Hilbert空间H上的有界自伴酉算子, 证明存在投影算子P_1, P_2使得$T = P_1 - P_2$. (提示分别令P_1, P_2为$N(I-T)$和$N(-I-T)$上的投影算子)

13. 设H为Hilbert空间, 若$x \in h$使得$\overline{\{x, Tx, T^2x, \cdots\}} = H$, 则称$x$为$T$的一个循环向量. 设$T$是Hilbert空间$H$上的有界正常算子, 若$x \in H$为$T$的一个循环向量, 证明$x$ 也是T'的一个循环向量. (提示: 对于任意$y \in H$, $\varepsilon > 0$, 只需证明存在多项式q使得$\|y - q(T')x\| < \varepsilon$. 由于$x$为$T$的一个循环向量, 只需证明对于非负的正整数$n$, $y = T^n x$成立即可. 可是$T^n - q(T')$为正常的, 所以

$$\|(T^n - q(T'))x\| = \|(T^n - q(T'))'x\| = \|(T')^n x - \bar{q}(T)x\|.$$

由于x为T的一个循环向量, 对于$(T')^n x$, 这样的多项式q是存在的.)

3.4 Hilbert空间上的紧自伴算子

在线性代数中知道, 有限维的对称矩阵$\boldsymbol{A}$通过正交变换可以对角化, 且对角化后对角线上的元素对应矩阵$\boldsymbol{A}$的特征值, 而这些特征值又是$\boldsymbol{A}$所对应的二次型$\langle \boldsymbol{A}x, x\rangle$在单位球面上的极值. 要将这些性质推广到无穷维的Hilbert空间上仅假设算子自伴是不能成立的. 但是对于紧的自伴算子可得到相应的结论.

定理3.4.1 *若T是Hilbert空间H上的自伴紧算子, 则存在$x_0 \in H, \|x_0\| = 1,$使得$|\langle Tx_0, x_0\rangle| = w(T)$, 且$Tx_0 = |\langle Tx_0, x_0\rangle| x_0$.*

证明 这里不妨设$w(T) = \sup\limits_{\|x\|=1} \langle Tx, x\rangle$, 否则考虑$-T$.

设$w(T) > 0$, 设$x_n \in H$使得$\|x_n\| = 1$且$\langle Tx_n, x_n\rangle \to w(T)$. 由于$T$是紧的, 则存在$Tx_n$的子列收敛, 不妨设$\lim\limits_{n\to\infty} Tx_n = g \in H$, 则$g$是特征值为$w(T)$的特征向量. 这是因为

$$\begin{aligned}\|Tx_n - w(T)x_n\|^2 &= \|Tx_n\|^2 - 2w(T)\langle Tx_n, x_n\rangle + w(T)^2\|x_n\|^2 \\ &\leqslant \|T\|^2 - 2w(T)\langle Tx_n, x_n\rangle + w(T)^2\|x_n\|^2 \\ &\leqslant 2w(T)^2 - 2w(T)\langle Tx_n, x_n\rangle \to 0,\end{aligned}$$

此处利用了定理3.3.5(v); 由于$Tx_n \to g$, 则有$w(T)x_n \to g$, 再由T的连续性得$w(T)Tx_n \to Tg$, 因此得$Tg = w(T)g$; 还有$g \neq 0$, 否则由$\|Tx_n\| \to 0$, 得$\langle Tx_n, x_n\rangle \to 0$, 由此得$w(T) = \|T\| - 0$, 这与假设矛盾. 因此有$\|g/w(T)\| = 1$, 因为$x_n \to g/w(T)$. 记$x_0 = g/w(T)$, 此时有$\langle Tx_0, x_0\rangle = w(T)$且$Tx_0 = w(T)x_0$. □

定理3.4.2 设T是复Hilbert空间H上的正常紧算子, $\{\lambda_1, \lambda_2, \cdots\}$是$T$的非零特征值, 设$\{P_1, P_2, \cdots\}$是相应上述特征值的特征空间上的投影算子, 由定理3.2.5知它们都是有限秩算子, 则

(i) $T = \sum\limits_j \lambda_j P_j$, 此级数依$\mathscr{L}(H)$上的范数收敛;

(ii) 存在H的一列正交列(e_j)和一列非零的数(u_j)使得

$$Tx = \sum_{i\in\alpha} u_i \langle x, e_i\rangle e_i, \quad \forall x \in H.$$

证明 (i) 设M是$\{R(P_j)\colon j=1,2,\cdots\}$的线性闭包, P是到$M^\perp$上的投影算子. 若$M^\perp \neq \{0\}$, 则对任意$x \in M^\perp$, $y \in H$, $j=1,2,\cdots$, 有$\langle Tx, P_j y\rangle = \langle x, TP_j y\rangle = \lambda_j \langle x, P_j y\rangle = 0$, 即$TM^\perp \subset M^\perp$. 记$T$限制在$M^\perp$的算子为$S$, 则$S$是$M^\perp$上的自伴算子. S的特征值也是T的特征值, 而S的特征空间在$M^\perp$内, 因此S只能有零特征值, 由定理3.2.5知$\sigma(S)=\{0\}$. 因此S的谱半径$r(S)=0$, 由定理3.3.7得$S=0$. 即T在$M^\perp$上为0.

由于$\forall x \in H$, $x = Px + \sum\limits_j P_j x$, 所以有$Tx = TPx + T(\sum\limits_j P_j x) = \sum\limits_j \lambda_j P_j x$. 若数列$(\lambda_j)$是无穷的, 则对任意$x \in H$, $m \in \mathbb{N}$,

$$\left\| \left(T - \sum_{j=1}^{m} \lambda_j P_j \right) x \right\|^2 = \sum_{j=m+1}^{\infty} |\lambda_j|^2 \|P_j x\|^2 \leqslant \sup\{|\lambda_j|^2\colon j \geqslant m+1\} \|x\|^2.$$

由于$\lambda_j \to 0$, $j \to \infty$, 因此得收敛性.

(ii) 记$\{g_{j1}, \cdots, g_{jk_j}\}$为$R(P_j)$的正交规范基, 则由(i), $\forall x \in H$, 有

$$Tx = \sum_j \lambda_j P_j x = \sum_j \sum_{i=1}^{k_j} \lambda_j \langle P_j x, g_{ji}\rangle g_{ji} = \sum_j \sum_{i=1}^{k_j} \lambda_j \langle x, g_{ji}\rangle g_{ji} = \sum_{i\in\alpha} u_i (x, e_i) e_i.$$

而$\{e_i: i \in \alpha\}$的正交性由练习3.3习题8得. □

对于特征值有下列结论:

定理3.4.3 若T是复Hilbert空间H上的自伴紧算子, $\{\lambda_1, \lambda_2, \cdots\}$是$T$的非零特征值, 每个特征值按它的重数计算, 且$|\lambda_j| \geqslant |\lambda_{j+1}|$, 对所有$j$, 则$|\lambda_1| = \|T\|$, 且

$$|\lambda_{n+1}| = \inf_{g_1,\cdots,g_n \in H} \sup\{\|Tf\|\colon f \in H, f \perp g_1, \cdots, g_n,\ \|f\|=1\},\ \forall \in \mathbb{N}.$$

证明 由谱半径定理知$r(T) = \|T\|$, 而由定理3.2.5知$\sigma(T)\backslash\{0\} \subset \sigma_p(T)$, 因此$|\lambda_1| = \|T\|$. 设$(e_j)$是一列正交列使得$Te_j = \lambda_j e_j$. 若取$g_j = e_j$, $j=1,\cdots,n$, 则对任意$x \perp g_1, \cdots, g_n$, 有

$$\|Tx\|^2 = \left\| \sum_{j>n} \lambda_j \langle x, e_j\rangle e_j \right\|^2 = \sum_{j>n} |\lambda_j|^2 |\langle x, e_j\rangle|^2 \leqslant |\lambda_{n+1}|^2 \sum_{j>n} |\langle x, e_j\rangle|^2 \leqslant |\lambda_{n+1}|^2 \|x\|^2.$$

因此得

$$|\lambda_{n+1}| \geqslant \inf_{g_1,\cdots,g_n\in H} \sup\{\|Tf\|\colon f\in H, f\perp g_1,\cdots,g_n,\ \|f\|=1\}.$$

反之, 设$g_1,\cdots,g_n$是任意的, 则存在$x\in \mathrm{span}\{e_1,\cdots,e_{n+1}\}$使得$\|x\|=1$且$x\perp g_1,\cdots,g_n$. 因此有

$$\|Tx\|^2=\left\|\sum_{j=1}^{n+1}\lambda_j\langle x,e_j\rangle e_j\right\|^2=\sum_{j=1}^{n+1}|\lambda_j|^2|\langle x,e_j\rangle|^2\geqslant|\lambda_{n+1}|^2\sum_{j=1}^{n+1}|\langle x,e_j\rangle|^2=|\lambda_{n+1}|^2\|x\|^2.$$

因此得

$$|\lambda_{n+1}| \leqslant \inf_{g_1,\cdots,g_n\in H} \sup\{\|Tf\|\colon f\in H, f\perp g_1,\cdots,g_n,\ \|f\|=1\}.$$

从而得定理的证明. □

由上面正常紧算子的表示可得如下紧算子的表示.

定理3.4.4 设H_1,H_2是Hilbert空间, T是$H_1\to H_2$内的紧算子, 则存在$N\in\mathbb{N}\bigcup\{\infty\}$, 正交集$\{\phi_n\}_{n=1}^N\subset H_1$, $\{\psi_n\}_{n=1}^N\subset H_2$,和一列数$\{\lambda_n\}_{n=1}^N\subset\mathbb{C}$; 若$N=\infty$, 还有$\lim\limits_{n\to\infty}\lambda_n=0$, 满足

$$Tf=\sum_{n=1}^N\lambda_n\langle f,\phi_n\rangle\psi_n,\quad \forall f\in H_1.$$

证明 由于算子$T'T\in\Theta(H_1)$且是自伴的, 因此由定理3.4.2知, 存在一列正交集$\{\phi_n\}_{n=1}^N\subset H_1$和$\{\mu_n\}_{n=1}^N\subset(0,\infty)$使得

$$T'Tf=\sum_{n=1}^N\mu_n\langle f,\phi_n\rangle\phi_n,\quad \forall f\in H_1.$$

令$\lambda_n=\sqrt{\mu_n}$, 定义$\sqrt{T'T}$为

$$\sqrt{T'T}f=\sum_{n=1}^N\lambda_n\langle f,\phi_n\rangle\phi_n,\quad \forall f\in H_1,$$

则$\sqrt{T'T}\in\Theta(H_1)$. 又定义$U\in\mathscr{L}(H_1,H_2)$为

$$Uf=\sum_{n=1}^N\lambda_n^{-1}\langle f,\phi_n\rangle T\phi_n,\quad \forall f\in H_1,$$

则U是定义好的, 因为

$$\langle\lambda_n^{-1}T\phi_n,\lambda_m^{-1}T\phi_m\rangle=\lambda_m^{-1}\lambda_n^{-1}\langle\phi_n,T'T\phi_m\rangle=\lambda_m^{-1}\lambda_n^{-1}\lambda_m^2\delta_{m,n}=\delta_{m,n},$$

其中$\delta_{m,n}=1$, 当$m=n$, 其他情形为0, 这表示$\{\lambda_n^{-1}T\phi_n\}_{n=1}^N$是$H_2$的一个正交规范集, 更有

$$\|Uf\|^2=\sum_{n=1}^N|\langle f,\phi_n\rangle|^2=\|Pf\|^2,\quad \forall f\in H_1,$$

这里$P=P_{N(T)^\perp}$. 因此将$\sqrt{T'T}f$代替f得

$$U\sqrt{T'T}f=\sum_{n=1}^N\lambda_n^{-1}\langle\sqrt{T'T}f,\phi_n\rangle T\phi_n=\sum_{n=1}^N\langle f,\phi_n\rangle T\phi_n=Tf,$$

因为$f=\sum\limits_{n=1}^N\langle f,\phi_n\rangle\phi_n+Pf$. 而$U\phi_n=\sum\limits_{j=1}^N\lambda_n^{-1}\langle\phi_n,\phi_j\rangle T\phi_j$, 所以$T\phi_n=\lambda_nU\phi_n$,

$$Tf=\sum_{n=1}^N\lambda_n\langle f,\phi_n\rangle U\phi_n=\sum_{n=1}^N\lambda_n\langle f,\phi_n\rangle\psi_n,$$

这里$\psi_n=U\phi_n=\lambda_n^{-1}T\phi_n$, $\{\psi_n\}$是H_2的一个正交列. □

练习3.4

1. 设T是复Hilbert空间H上的紧的非负算子, 证明存在H上的一个紧的非负算子S使得$S^2=T$.

2. 设T是复Hilbert空间H上的正常的紧算子, 证明T是非负的当且仅当T的每一个特征值是非负的实数.

3. 设T是从Hilbert空间H到H上的紧自伴算子, 如果T是紧算子, 并且等于其伴随算子T^*. 证明: T的任一非零谱点都是实数, 并且是其特征值.

3.5 谱定理

设X为Banach空间, $T\in\mathscr{L}(X)$, $p(z)=a_0+a_1z+\cdots+a_nz_n$为复多项式, 定义算子多项式

$$p(T)=a_0T+a_1T+\cdots+a_nT^n\in\mathscr{L}(X). \tag{3.2}$$

这是一个从多项式空间到$\mathscr{L}(X)$的映射. 若T是Hilbert空间上的自伴算子, 则前面的映射可以扩张为对所有$f\in C(\sigma(T))$.

定理3.5.1 (连续函数演算) 设$T\in\mathscr{L}(X)$为Hilbert空间X上的一个自伴算子. 则存在唯一的映射$\varPhi_T:\ C(\sigma(T))\to\mathscr{L}(X)$, $f\mapsto f(T)$ 满足:

(i) $(\alpha f+\beta g)(T)=\alpha f(T)+\beta g(T)$;

(ii) $\|f(T)\|=\|f\|_\infty$, 因此$\varPhi_T$为单射;

(iii) $1(T)=I$且$p_1(T)=T$, 这里$p_1(z)=z$;

(iv) $(f\cdot g)(T)=f(T)g(T)=g(T)f(T)$;

(v) $f(T)^*=\bar{f}(T)$;

对所有的$f,g\in C(\sigma(T)),\alpha,\beta\in\mathbb{C}$成立, 特别对于任意多项式$p$, 有$\Phi(p)=p(T)$.

证明 首先证明性质(i)~(v)对任意多项式成立. 设$p(t)=a_0+a_1t+\cdots+a_nt^n$, $q(t)=b_0+b_1t+\cdots+b_mt^m,t\in\mathbb{R}$, $a_j,b_j\in\mathbb{C}$, $p\mapsto p(t)$, $q\mapsto q(t)$), 由式(3.2)的定义, 显然性质(i)~(iii)都成立. 由于$T=T^*$, 则$p(T)^*=\sum\bar{a_j}(T^j)^*=\bar{p}(T)$, 从而(v)也成立. 更有

$$(p\cdot q)(T)=\sum_{l=0}^{m+n}(\sum_{j+k=l}a_jb_k)T^l=\sum_{j=0}^{n}a_jT^j\sum_{k=0}^{m}b_kT^k=p(T)\cdot q(T).$$

同时$(p\cdot q)(T)=(qp)(T)=q(T)p(T)$. 即性质(iv)也成立. 由性质(iv)和性质(v)得$p(T)$为正常算子, 因此由定理3.3.8和下面的引理3.5.1得

$$\|p(T)\|=\max\{|\lambda|:\ \lambda\in\sigma(p(T))\}=\max\{|\lambda|:\ \lambda\in p(\sigma(T))\}=\|p\|_\infty.$$

由于$\sigma(T)$为紧集, 由Weierstrass逼近定理, 多项式在$C(\sigma(T))$内稠密. 因此可以将映射$p\mapsto p(T)$线性等距延拓到$C(\sigma(T))$为$\Phi_T:\ f\mapsto f(T)$. 由连续性得性质(iv)和性质(v)对$C(\sigma(T))$上函数都成立.

假若还存在映射$\Psi:\ C(\sigma(T))\to\mathscr{L}(X)$满足性质(i)~(v), 则$\Psi(p)=p(T)=\Phi_T(p)$对所有多项式都成立, 因此$\Psi=\Phi_T$. □

引理3.5.1 设T是Banach空间X上的一个有界线性算子, p为多项式, 则$\sigma(p(T))=p(\sigma(T))$.

此引理是3.6节定理3.6.2的特殊情况, 我们省略其证明.

推论3.5.1 设T为自伴算子, $f\in C(\sigma(T))$, 则下列陈述成立.

(vi) 若$Tx=\lambda x,\ x\in X,\ \lambda\in C$, 则$f(T)x=f(\lambda)x$;

(vii) $f(T)$为正常的;

(viii) $\sigma(f(T))=f(\sigma(T))$(谱映射定理);

(ix) $f(T)$为自伴当且仅当f为实值的.

证明 选取一列多项式p_n一致收敛到f. 若$Tx=\lambda x$. 则(vi)对任意多项式成立, 因为$p(T)x=\sum a_jT^jx=\sum a_j\lambda^jx=p(\lambda)x$. 因此

$$f(T)x=\lim_{n\to\infty}p_n(T)x=\lim_{n\to\infty}p_n(\lambda)x=f(\lambda)x.$$

即性质(vi)成立. 由性质(v)和性质(iv), 得

$$f(T)\cdot\bar{f}(T)^*=f(T)\cdot\bar{f}(T)=\bar{f}(T)\cdot f(T)=f(T)^*f(T).$$

因此$f(T)$为正常的.

(viii) 若$u \notin f(\sigma(T))$, 则$g = \frac{1}{u-f} \in C(\sigma(T))$. 由性质(iii)和性质(iv)得

$$(uI - f(T)) \cdot g(T) = g(T) \cdot (uI - f(T)) = g(T)(u-f)(T) = ((u-f)g)(T) = 1(T) = I.$$

即$u \in \rho(f(T))$.

设$u = f(\lambda), \lambda \in \sigma(T)$. 由引理3.5.1则$u_n = p_n(\lambda) \in \sigma(p_n(T))$, 更有$u_nI - p_n(T) \to uI - f(T)$. 若$uI - f(T)$可逆, 则当$n$充分大时, $u_nI - p_n(T)$也可逆, 这是不可能的, 所以$u \in \sigma(f(T))$.

(ix) 由于$f(T) = f(T)^*$当且仅当$(f - \bar{f})(T) = 0$. 等价于$f - \bar{f} = 0$, 因为$\varPhi_T$为单射. □

练习3.5

1. 设$n \in \mathbb{N}$, T为自伴算子且$\sigma(T) \subset R_+$(此时$T = T^* \geqslant 0$). 则存在自伴算子W使得$\sigma(W) \subset R_+$且$W^n = T$.

2. 设H是Hilbert空间, 记$\mathcal{P}$为$\mathscr{L}(H)$中的非负元的全体. 证明映射$T \mapsto T^2$和$T \mapsto T^{1/2}$是从$\mathcal{P}$到$\mathcal{P}$的双射.

3.6 解析泛函演算

设$U \subset \mathbb{C}$为开集, $f:\ U \to Y$为解析的(复可微), $\varGamma \subset U$为一条分段C^1曲线, 其参数方程为$r:\ [a,b] \to U$. 定义曲线积分

$$\int_\varGamma f(z)\mathrm{d}z = \int_a^b f(r(t)) \cdot r'(t)\mathrm{d}t$$

为Banach空间值的Riemann积分(与实值的Riemann积分类似, 参见练习2.8习题4). 若$T \in \mathscr{L}(Y,Z)$, 则$T\int_\varGamma f(z)\mathrm{d}z = \int_\varGamma Tf(z)\mathrm{d}z$. 闭曲线$\varGamma$的指数为

$$n(\varGamma, z) = \frac{1}{2\pi\mathrm{i}} \int_\varGamma \frac{\mathrm{d}w}{w-z},\ z \in \varGamma.$$

若$\varGamma$为闭的, $Y = \mathbb{C}$且$n(\varGamma, z) = 0,\ z \notin U$, 则有Cauchy积分定理和公式

$$\int_\varGamma f(z)\mathrm{d}z = 0. \tag{3.3}$$

$$\frac{1}{2\pi\mathrm{i}} \cdot \int_\varGamma \frac{f(w)}{w_z}\mathrm{d}w = n(c,z)f(z), \forall z \in U. \tag{3.4}$$

对一般的Banach空间Y, 式(3.3)和式(3.4)也成立, 因为$\forall y^* \in Y^*$, 式(3.3)和式(3.4)对函数$z \mapsto \langle y^*, f(z)\rangle$成立, 即$\langle y^*, \int_\varGamma f(z)\mathrm{d}z\rangle = 0$对所有$y^* \in Y^*$ 成立. 因此由Hahn-Banach定理知$\int_\varGamma f(z)\mathrm{d}z = 0$. 同理得式(3.4)也成立.

定义空间$H(K)=\{f:$ 某个开集$D(f)\subset\mathbb{C}$使得$K\subset D(f)$且$f:D(f)\to\mathbb{C}$为解析$\}$. 设$K\subset U$, K为紧集, 则由参考文献[8]的性质VIII 1.1的证明可知, 存在对K和U的可允许曲线Γ使得$\Gamma\subset U\setminus K$为分段$C^1$曲线, $n(\Gamma,z)=1$, $\forall z\in K$, $n(\Gamma,z)=0$, $\forall z\in\mathbb{C}\setminus U$. 因此$\Gamma=\Gamma_1\cup\cdots\cup\Gamma_n$为有限个闭曲线$\Gamma_j$的并. 令$\int_\Gamma f(z)\mathrm{d}z=\int_{\Gamma_1}f(z)\mathrm{d}z+\cdots+\int_{\Gamma_n}f(z)\mathrm{d}z$. 设$T\in\mathscr{L}(X)$, $f\in H(\sigma(T))$, Γ为对$\sigma(T)$和$D(f)$可允许的. 则定义

$$f(T)=\frac{1}{2\pi\mathrm{i}}\int_\Gamma f(\lambda)R(\lambda,T)\mathrm{d}\lambda\in\mathscr{L}(X),\tag{3.5}$$

此积分在Banach空间$\mathscr{L}(X)$内存在, 因为$\lambda\mapsto f(x)R(\lambda,T)$在$\rho(T)\cap D(f)\supset\Gamma$上解析, $R(\lambda,T)$表示为$\frac{1}{\lambda-T}$, 则可以看出式(3.4)和式(3.5)是相似的. 可是$R(\lambda,T)$在$\sigma(T)$不存在, 而式(3.4)中函数$w\mapsto\frac{1}{w-z}$ 仅在z处不存在. 若Γ'是对$\sigma(T)$和$D(f)$的另外一条曲线, 记$\Gamma''=\Gamma\cup(-\Gamma')$, 负号表示反方向, 则有

$$n(\Gamma'',z)=n(\Gamma,z)-n(\Gamma',z)=\begin{cases}1-1=0, & z\in\sigma(T),\\ 0-0=0, & z\in D(f).\end{cases}$$

将式(3.3)运用到$U=D(f)\setminus\sigma(T)$得

$$0=\int_{\Gamma''}f(\lambda)R(\lambda,t)\mathrm{d}\lambda=\int_\Gamma f(\lambda)R(\lambda,T)\mathrm{d}\lambda.$$

因此式(3.5)是不依赖于可允许曲线. 记$r_\lambda(z)=\frac{1}{\lambda-z}$, $\lambda\neq z$, $p_1(z)=z$, $\forall z\in\mathbb{C}$.

定理3.6.1 设X为Banach空间, $T\in\mathscr{L}(X)$, 设映射$\Phi:\ H(\sigma(T))\to\mathscr{L}(X), f\mapsto f(T)$由式(3.3)定义, 则$\Phi$为线性映射且满足:

(i) $\|f(T)\|\leqslant c(T)\sup\limits_{\lambda\in\Gamma}|f(x)|$, $c(\Gamma)>0$;

(ii) $1(T)=I$, $p_1(T)=T$, $r_\lambda(T)=R(\lambda,T)$, $\lambda\in\rho(T)$;

(iii) $f(T)\cdot g(T)=g(T)f(T)=(f\cdot g(T))$;

(iv) $f(T)^*=f(T^*)$;

(v) 若f, g, $f_n\in H(\sigma(T))$, $D(f_n)=D(f)$, $\forall n\in\mathbb{N}$, f_n在$D(f)$的紧集上一致收敛到f, 则当$n\to\infty$, $f_n(T)\to f(T)$在$\mathscr{L}(X)$内.

Φ是从$H(\sigma(T))$到$\mathscr{L}(X)$内的唯一映射, 满足性质(i)~(iii). 对于多项式p, 由式(3.5)和式(3.2)定义的算子是相同的.

证明 显然$f\mapsto f(T)$为线性的, 性质(i)由如下得

$$\|f(T)\|\leqslant\frac{1}{2\pi}\cdot\ell(\Gamma)\sup_{\lambda\in\Gamma}\|R(\lambda,T)\|\cdot\sup\|f(\lambda)\|=:c(\Gamma)\cdot\sup_{\lambda\in\Gamma}|f(\lambda)|,$$

这里$\ell(\Gamma)$表示Γ的弧长. 将$f(T)$替换为$f(T)-f_n(T)=(f-f_n)(T)$. 得性质(v).

下面验证性质(iv), 由于$\sigma(T)=\sigma(T^*)$, $R(\lambda,T)^*=R(\lambda,T^*)$. 因此

$$f(T)^*=\frac{1}{2\pi\mathrm{i}}\int_\Gamma f(\lambda)R(\lambda,\Gamma)^*\mathrm{d}\lambda=f(T^*).$$

接着验证性质(iii). 选取一个有界开集$U\subset\mathbb{C}$使得$\sigma(T)\subset U\subset D(f)\cap D(g)$, 可允许曲线$\Gamma_f$在$U\setminus\sigma(T)$内, 在$(D(f)\cap D(g))$ 可允许曲线Γ_g, 则$n(\Gamma_f,u)=0$, $\forall u\in\Gamma_g\subset C\setminus U$, $n(\Gamma_g,\lambda)=1$, $\forall\lambda\in\Gamma_f\subset U$. 由预解等式, 在$\mathscr{L}(X)$内运用Fubini定理和式(3.4), 则有

$$\begin{aligned}f(T)g(T)&=\frac{1}{2\pi\mathrm{i}}\int_{\Gamma_f}f(\lambda)R(\lambda,T)\frac{1}{2\pi\mathrm{i}}\int_{\Gamma_g}g(\mu)R(\mu,T)\mathrm{d}\mu\mathrm{d}\lambda\\&=\left(\frac{1}{2\pi\mathrm{i}}\right)^2\int_{\Gamma_f}\int_{\Gamma_g}f(\lambda)g(\mu)\frac{1}{\mu-\lambda}[R(\lambda,T)-R(\mu,T)]\mathrm{d}\mu\mathrm{d}\lambda\\&=\frac{1}{2\pi\mathrm{i}}\int_{\Gamma_f}f(\lambda)R(\lambda,T)\frac{1}{2\pi\mathrm{i}}\int_{\Gamma_g}\frac{g(\mu)}{\mu-\lambda}\mathrm{d}\mu\mathrm{d}\lambda+\\&\quad\frac{1}{2\pi\mathrm{i}}\int_{\Gamma_g}g(\mu)R(\mu,T)\frac{1}{2\pi\mathrm{i}}\int_{\Gamma_f}\frac{f(\lambda)}{\lambda-\mu}\mathrm{d}\lambda\mathrm{d}\mu\\&=\frac{1}{2\pi\mathrm{i}}\int_{\Gamma_f}f(\lambda)g(\lambda)R(\lambda,T)\mathrm{d}\lambda.\end{aligned}$$

此等式也表示$(fg)(T)=(gf)(T)=g(T)f(T)$.

最后验证性质(ii). 取$f=1$且$D(f)=\mathbb{C}$. 选取$\Gamma_0=\partial B(\mathbf{0},2\|T\|)$. 则

$$1(T)=\frac{1}{2\pi\mathrm{i}}\int_\Gamma R(\lambda,T)\mathrm{d}\lambda=\frac{1}{2\pi\mathrm{i}}\int_\Gamma\sum_{n=0}^\infty T^n\lambda^{-n-1}\mathrm{d}\lambda=\sum_{n=0}^\infty T^n\frac{1}{2\pi\mathrm{i}}\int_\Gamma\lambda^{-n-1}\mathrm{d}\lambda=I.$$

因为级数在$\mathscr{L}(X)$内在Γ_0 上一致收敛, 且$\int_\Gamma\lambda^{-m}\mathrm{d}\lambda=2\pi\mathrm{i}$, 当$m=1$, 而在$m\in\mathbb{Z}\backslash\{1\}$时为0. 类似可得$p_1(T)=T$. 若$\lambda\in\rho(T)$, 考虑函数$f_\lambda(z)=\lambda-z$. 由刚证明的结论得$f_\lambda(T)=\lambda I-T$且$f_\lambda(T)r_\lambda(T)=r_\lambda(T)f_\lambda(T)=(r_\lambda f_\lambda)(T)=1(T)=I$. 因此$r_\lambda(T)=R(\lambda,T)$. 若$\Psi$: $H(\sigma(T))\to\mathscr{L}(X)$为线性映射且满足性质(i)~(iii). 则由线性性质, 性质(ii)和性质(iii)得$\Psi(p)=p(T)=a_0+a_1T+\cdots+a_mT^m$ 对任意多项式$p(z)=a_0+a_1z+\cdots+a_mz^m$成立. 若$f\in H(\sigma(T))$且$\Gamma\subset D(f)\setminus\sigma(T)$ 为可允许的, 则存在多项式p_n 在紧集Γ上一致收敛到f. 根据性质(v), $p_n(T)\to\Psi(f)$, 因此得$\Psi=\Phi$. □

例3.6.1 设$E=C(K)$, $K\subset\mathbb{R}^d$中紧集, $m\in C(K)$, 定义$M\varphi=m\varphi$, $\forall\varphi\in E$, 则$M\in\mathscr{L}(E)$, $\sigma(M)=m(K)$, $R(\lambda,M)\varphi=\frac{1}{\lambda-m}\varphi$, $\forall\lambda\in\rho(M)$.

设$f\in H(m(K))$, Γ为$D(f)\backslash m(K)$内的一条允许曲线, $\varphi\in E$, $x\in K$. 映射$\psi\mapsto\psi(x)$是

从E到$\mathbb{C}$内的连续线性映射, 对$u = m(x) \in m(K)$利用Cauchy公式(3.4), 则

$$\begin{aligned}(f(M)\varphi)(x) &= \frac{1}{2\pi\mathrm{i}}\int_\Gamma f(\lambda)R(\lambda,m)\varphi\mathrm{d}\lambda(x)\\ &= \frac{1}{2\pi\mathrm{i}}\int_\Gamma f(\lambda)(R(\lambda,M)\varphi)(x)\mathrm{d}\lambda\\ &= \frac{1}{2\pi\mathrm{i}}\int_\Gamma f(\lambda)\frac{1}{\lambda-m(x)}\mathrm{d}\lambda\varphi(x)\\ &= f(m(x))\varphi(x).\end{aligned}$$

因此$f(M)\varphi = (f\circ m)\varphi(x)$也是一个乘积算子.

定理3.6.2 设$T \in \mathscr{L}(X), f \in H(\sigma(T))$, 则谱映射定理成立: $\sigma(f(T)) = f(\sigma(T))$.

证明 设$u \notin f(\sigma(T))$, 则$g = \frac{1}{u-f} \in H(\sigma(T))$且

$$g(T)(uI - f(T)) = (uI - f(T))g(T) = (g(u-f))(T) = I.$$

故$u \in \rho(f(T))$. 反之, 设$u = f(\lambda)$, $\lambda \in \sigma(T)$, 令$g(z) = \frac{f(z)-f(\lambda)}{z-\lambda}$, $z \in D(f)\setminus\{\lambda\}$ 且$g(\lambda) = f'(\lambda)$. 由于$f \in C^2$, 所以g在$D(f)$上解析, 且$g(z)(z-\lambda) = f(z) - u$, $\forall z \in D(f)$. 假若$u \in \rho(f(T))$, 由于

$$g(T)(\lambda I - T) = (\lambda I - T)g(T) = (g(\lambda - p_1))(T) = (u-f)(T) = uI - f(T),$$

由于$\lambda I - T$具有逆$g(T)(uI - f(T))^{-1}$, 这是不可能的, 因此$u \in \sigma(f(T))$. □

通过上面的算子演算可以构造许多的算子半群, 而算子半群是发展方程的一个主要的工具. 有关算子半群的详细理论可参见参考文献[11, 24].

定义3.6.1 设$\{T(t), t \geqslant 0\}$为Banach空间X上的一族有界线性算子. 若它们满足: (i) $T(0) = I$; (ii) 对任意$t, s \geqslant 0$, $T(t+s) = T(t)T(s)$; (iii) 对任意$x_0 \in \mathscr{X}$, $\|T(t)x_0 - x_0\| \to 0$, 当$t \to 0^+$. 则称$\{T(t), t \geqslant 0\}$为强连续C_0半群.

下面的例子说明$\{\mathrm{e}^{tA}\}$不但是算子半群实际上它是算子群.

例3.6.2 设$A \in \mathscr{L}(X)$. 对任意$t \in \mathbb{R}$, 令$f_t(z) = \mathrm{e}^{tz}$, 定义$\mathrm{e}^{tA} = f_t(A)$. 则$\{\mathrm{e}^{tA}\}$是算子群.

证明 首先有

$$\mathrm{e}^{(t+s)A} = f_{t+s}(A) = f_t f_s(A) = f_t(A)f_s(A) = \mathrm{e}^{tA}\mathrm{e}^{sA} = \mathrm{e}^{sA}\mathrm{e}^{tA},$$

$\mathrm{e}^{0A} = I = \mathrm{e}^{tA}\mathrm{e}^{-tA}$, $\forall t, s \in \mathbb{R}$. 其次由于$\mathrm{e}^{tz}$在有界集上对$z$一致收敛到1, 当$t \to 0$. 所以$\mathrm{e}^{tA}$收敛到$I$. 因此$\{\mathrm{e}^{tA}\}$是算子群.

更有$t \mapsto \mathrm{e}^{tA}$属于$C^1(\mathbb{R}, \mathscr{L}(X))$且$\frac{\mathrm{d}}{\mathrm{d}t}\mathrm{e}^{tA} = A\mathrm{e}^{tA} = \mathrm{e}^{tA}A$. 映射$u(t) = \mathrm{e}^{tA}x$是方程

$$\frac{\mathrm{d}}{\mathrm{d}t}u(t) = Au(t),\ \forall t \in \mathbb{R},\quad u(0) = x$$

在$C^1(\mathbb{R}, X)$内的唯一解, 这里$x \in X$为给定的. 由定理3.6.2得

$$r(\mathrm{e}^{tA}) = \max\{|\mu|:\ \mu \in \sigma(\mathrm{e}^{tA}) = \mathrm{e}^{t\sigma(A)}\} = \max\{\mathrm{e}^{t\mathrm{Re}\lambda}:\ \lambda \in \sigma(A)\} = \mathrm{e}^{ts(A)},$$

这里$s(A) = \max\{\mathrm{Re}\lambda:\ \lambda \in \sigma(A)$. 若$s(A) < 0$, 则由定理3.1.3得

$$1 > r(\mathrm{e}^{A}) = \lim_{n\to\infty} \|(\mathrm{e}^{A})^n\|^{\frac{1}{n}} = \lim_{n\to\infty} \|\mathrm{e}^{nA}\|^{\frac{1}{n}}.$$

因此存在$N \in \mathbb{N}$使得$q := \|\mathrm{e}^{NA}\| < 1$. 将$t > 0$写成$t = hN + \tau$, $h \in \mathbb{N}_0$, $0 \leqslant \tau < N$. 则有

$$\|\mathrm{e}^{tA}\| = \|(\mathrm{e}^{NA})^h \mathrm{e}^{\tau A}\| \leqslant q^h \|\mathrm{e}^{\tau A}\| \leqslant \max_{0\leqslant\tau<N} \|\mathrm{e}^{\tau A}\| \exp\left(Nh\frac{\ln q}{N}\right) \leqslant M\mathrm{e}^{-wt},$$

其中$w := -\frac{\ln q}{N} > 0$, $M := \max\limits_{0\leqslant\tau<N} \|\mathrm{e}^{\tau A}\| \mathrm{e}^{|\ln q|}$. □

这里我们只介绍了有界算子的函数演算, 对于无界算子的函数演算, 请读者参见参考文献[17].

练习3.6

1. 设A是Hilbert空间H上的一个有界自伴算子, 令$f_t(z) := \mathrm{e}^{\mathrm{i}tz}$, 记$U(t) := f_t(A)$. 证明:

   (i) $\forall t \in \mathbb{R}$, $U(t)$为酉算子;

   (ii) $\forall t, s \in \mathbb{R}$, $U(t+s) = U(t)U(s)$;

   (iii) 若$t \to t_0$, 则$U(t)x \to U(t_0)x$, $\forall x \in H$;

   (iv) 若$t \to 0$, 则$\frac{U(t)x - x}{t} \to \mathrm{i}Ax$, $\forall x \in H$.

   即$\{\mathrm{e}^{\mathrm{i}tA}:\ t \in \mathbb{R}\}$为一个酉算子群.

2. 设A是Banach空间X上的一个有界算子, 对任意$t \in \mathbb{R}$, 则e^{tA}可以定义如下

$$\mathrm{e}^{tA} = I + tA + \frac{t^2A^2}{2!} + \cdots + \frac{t^nA^n}{n!} + \cdots$$

   由此可证明:

   (i) $T(0) = I$;

   (ii) 对任意$t, s \in \mathbb{R}$, $T(t+s) = T(t)T(s)$;

   (iii) $\|T(t) - I\| \to 0$, 当$t \to 0$.

3. 设A为n阶方阵, 对任意$t \in \mathbb{R}$, 定义$f(t) = \det \mathrm{e}^{tA}$, 其中$\mathrm{e}^{tA}$定义如上题.

   (i) 证明$\lim\limits_{t\to 0}\dfrac{f(t)-1}{t} = \operatorname{tr} A$, 这里$\operatorname{tr} A$ 为A的迹, 即其主对角线上元素之和;

   (ii) 证明$f: \mathbb{R}^n \to \mathbb{R}^n$是可微的且满足方程$f' = \operatorname{tr} A f$;

   (iii) 证明$\det \mathrm{e}^{tA} = \mathrm{e}^{t\operatorname{tr} A}$.

   (提示: 将A对角化或者上三角化得到命题(i)).

4. 设A为X上的紧算子. 设$\mathrm{e}^{tA} = I + B_t$, $t \geqslant 0$, 证明B_t为紧算子.

5. 设A是Banach空间X上的一个有界算子使得$(-\infty, 0] \subset \rho(A)$, 定义

$$f: \mathbb{R} \times \mathbb{C}\backslash(-\infty, 0] \to \mathbb{C}, \ f(t,z) = -\mathrm{i}z^{\mathrm{i}t},$$

   计算$\frac{\mathrm{d}}{\mathrm{d}t}(f(t,A))|_{t=0}$. (提示: $f(t,z) = -\mathrm{i}z^{\mathrm{i}t} = -\mathrm{i}\mathrm{e}^{\mathrm{i}t\log(z)}$, 且$\frac{\mathrm{d}}{\mathrm{d}t}(f(t,z)) = \log(z)\mathrm{e}^{\mathrm{i}t}$在$\mathbb{R} \times \mathbb{C}\backslash(-\infty, 0]$上连续, 因此由定理3.6.1得$\frac{\mathrm{d}}{\mathrm{d}t}(f(t,A))|_{t=0} = \log(z)$).

参考文献

[1] S. K. Berberian, Lectures in Functional Analysis and Operator Theory, Graduate Texts in Mathematics 15, Springer-Verlag, 1974.

[2] L. Bernal-González, D. Pellegrino, J. B. Seoane-Sepúlveda, Linear subsets of nonlinear sets in topological vector spaces, Bull. Amer. Math. Soc. 51(1), 71-130, 2014.

[3] L. Bittner, A remark concerning Hahn-Banach's extension theorem and the quasilinearization of convex functionals, Math. Nachr., 51(1-6), 357-372, 1971.

[4] J. M. Borwein, A. S. Lewis, Convex Analysis and Nonlinear Optimization, 2nd ed., Springer, 2006.

[5] D. S. Bridges, Foundations of Real and Abstract Analysis, Graduate Texts in Mathematics 174, Springer, 1997.

[6] H. Brezis, Functional Analysis, Sobolev Spaces and Partial Differential Equations, Springer, 2011.

[7] X. Carvajal, W. Neves, Operators that achieve the norm, Integral Equations and Operator Theory, 72, 179-195, 2012.

[8] J. B. Conway, Functions of One Complex Variable, 2nd ed., Springer-Verlag, New York, 1990.

[9] F. R. Deutsch, Best Approximation in Inner Product Spaces, Springer, New York, 2001.

[10] E. DiBenedetto, Real Analysis, Birkhäusr, Basel, 2002.

[11] K. Engel, R. Nagel. One-parameter Semigroups for Linear Evolution Equations, Graduate Texts in Mathematics 194, Springer-Verlag, 1999.

[12] L. C. Evans, Partial Differential Equations, 2nd ed., American Math Society, 2010.

[13] Fabian, P. Habala, P. Hǿjek, V. Zizler, V. Montesinos, Banach Space Theory: The Basis for Linear and Nonlinear Analysis, CMS Books in Mathematics, Springer, 2010.

[14] M. Foreman, F. Wehrung, The Hahn-Banach theorem implies the existence of a non-Lebesgue measurable set, Fund. Math., 138 (1991), 13-19.

[15] J. R. Giles, Introduction to the Analysis of Normed Linear Spaces, Cambridge University Press, 2000.

[16] K. Grögkr, A simple proof of Brouwer fixed point theorem, Math. Nachr., 102, 293-295, 1981.

[17] M. Haase, The Functional Calculus for Sectorial Operators, Operator Theory: Advances and Applications, vol. 169, Birkhäuser Verlag, Basel, 2006.

[18] E. Hewitt, K. Stromberg, Real and Abstract Analysis, Graduate Texts in Mathematics 25, Springer-Verlag, 1975.

[19] R. C. James, A non-reflexive Banach space isometric with its second conjugate space, Proc. Nat. Acad. Sci. USA 37, 174-177, 1951.

[20] R. E. Megginson, An Introduction to Banach Space Theory, Graduate Texts in Mathematics 183, Springer-Verlag, 1998.

[21] L. V. Kantrovich, G. P. Akilov, Functional analysis, 2nd ed., Pergamon Press, Oxford, 1982.

[22] A. B. Kharazishvili, Strange functions in real analysis, 2nd ed., Chapman & Hall/CRC, Boca Raton, FL, 2006.

[23] J. C. Oxtoby, Measure and Category, 2nd ed., Graduate Texts in Mathematics 2, Springer-Verlag, 1980.

[24] A. Pazy. Semigroups of Linear Operators and Applications to Partial differential Equations, Springer, New York, 1983.

[25] E. M. Stein, R. Shakarchi, Functional Analysis: Introduction to Further Topics in Analysis, Princeton University Press, 2011.

[26] P. P. Zabreiko, A theorem for semiadditive functionals, Functional Analysis and its Applications, 3(1), 70-72, 1969.

[27] 王仁宏, 梁学章. 多元函数逼近[M]. 北京: 科学出版社, 1988

[28] 张恭庆, 林源渠. 泛函分析讲义: 上册[M]. 北京: 北京大学出版社, 2008.

[29] A H 柯尔莫戈洛夫, C B 佛明. 函数论与泛函分析初步[M]. 段虞荣, 郑洪深, 郭思旭, 译. 北京: 高等教育出版社, 2006.

[30] M S Berger. 非线性及泛函分析[M]. 罗亮生, 林鹏, 译. 北京: 科学出版社, 2005.

[31] 徐景实, 泛函分析[M]. 北京: 科学出版社, 2011.

[32] 纳汤松. 函数构造论: 上册[M]. 徐家福, 郑维行, 译. 北京: 科学出版社, 1958.

[33] 李炳仁. Banach代数[M]. 北京: 科学出版社, 1992.

索引